1+X 药物制剂生产职业技能等级证书配套

# 药物制剂生产

# （中级）

主编　杨宗发　韩永红　许嵘

中国教育出版传媒集团

高等教育出版社·北京

内容提要

本书根据药物制剂生产职业技能等级标准(中级),以药物制剂生产过程各岗位所需要的知识和技能为依据,以生产流程为主线,主要介绍常见的固体制剂、半固体制剂、液体制剂、气体制剂和无菌制剂的概念、特点、工艺流程、制备方法、制剂设备操作与维护等内容,同时融入职业道德、安全生产、生产管理和相关法律法规等。

同时,本书依托国家职业教育药学专业教学资源库平台,配套一体化的数字资源,包括知识导图、PPT、视频、动画、知识拓展、实例分析、在线测试习题等,学习者可通过扫描二维码在线观看学习,也可登录智慧职教(www.icve.com.cn)平台,在"1+X 药物制剂生产(中级)"数字课程页面学习。教师可通过职教云(user.icve.com.cn)平台一键导入该数字课程,开展线上线下混合式教学(详见"智慧职教"服务指南)。

本书适合高等职业教育、应用型本科院校学生及社会从业人员报考药物制剂生产职业技能等级证书(中级)培训使用,也可作为药品类、药学类相关专业的教学用书,同时可供药品生产企业在职员工及社会学习者参考。

图书在版编目（CIP）数据

药物制剂生产：中级 / 杨宗发，韩永红，许嵘主编
.--北京：高等教育出版社,2023.4
ISBN 978-7-04-059648-9

Ⅰ.①药…　Ⅱ.①杨…②韩…③许…　Ⅲ.①药物－制剂－生产工艺－高等职业教育－教材　Ⅳ.① TQ460.6

中国国家版本馆CIP数据核字（2023）第007853号

YAOWU ZHIJI SHENGCHAN〔ZHONG JI〕

| 策划编辑 | 吴　静 | 责任编辑 | 吴　静 | 封面设计 | 张志奇 | 版式设计 | 张　杰 |
| 责任绘图 | 李沛蓉 | 责任校对 | 陈　杨 | 责任印制 | 高　峰 | | |

| 出版发行 | 高等教育出版社 | 网　　址 | http://www.hep.edu.cn |
| 社　　址 | 北京市西城区德外大街 4 号 | | http://www.hep.com.cn |
| 邮政编码 | 100120 | 网上订购 | http://www.hepmall.com.cn |
| 印　　刷 | 北京市密东印刷有限公司 | | http://www.hepmall.com |
| 开　　本 | 787mm×1092mm　1/16 | | http://www.hepmall.cn |
| 印　　张 | 24.25 | | |
| 字　　数 | 510千字 | 版　　次 | 2023 年 4 月第 1 版 |
| 购书热线 | 010-58581118 | 印　　次 | 2023 年 4 月第 1 次印刷 |
| 咨询电话 | 400-810-0598 | 定　　价 | 68.00元 |

# 《药物制剂生产(中级)》编写人员

**主　编**　杨宗发　韩永红　许　嵘

**副主编**　江尚飞　夏晓静　刘　然

**编　者**（以姓氏笔画为序）

王芝春（济南护理职业学院）

刘　然（深圳职业技术学院）

江尚飞（重庆医药高等专科学校）

许　嵘（泉州医学高等专科学校）

李华锋（江苏恒瑞医药股份有限公司）

杨　税（苏州卫生职业技术学院）

杨宗发（重庆医药高等专科学校）

房　静（天津生物工程职业技术学院）

夏晓静（浙江药科职业大学）

龚　伟（重庆三峡医药高等专科学校）

崔娟娟（山东医学高等专科学校）

章　斌（雅安职业技术学院）

彭启伦（毕节医学高等专科学校）

董大鹏（扬州市职业大学）

韩永红（江苏护理职业学院）

程明科（重庆药友制药有限责任公司）

路　芳（长春医学高等专科学校）

# "智慧职教"服务指南

"智慧职教"（www.icve.com.cn）是由高等教育出版社建设和运营的职业教育数字教学资源共建共享平台和在线课程教学服务平台，与教材配套课程相关的部分包括资源库平台、职教云平台和 App 等。用户通过平台注册，登录即可使用该平台。

● **资源库平台：为学习者提供本教材配套课程及资源的浏览服务。**

登录"智慧职教"平台，在首页搜索框中搜索"1+X 药物制剂生产（中级）"，找到对应作者主持的课程，加入课程参加学习，即可浏览课程资源。

● **职教云平台：帮助任课教师对本教材配套课程进行引用、修改，再发布为个性化课程（SPOC）。**

1. 登录职教云平台，在首页单击"新增课程"按钮，根据提示设置要构建的个性化课程的基本信息。

2. 进入课程编辑页面设置教学班级后，在"教学管理"的"教学设计"中"导入"教材配套课程，可根据教学需要进行修改，再发布为个性化课程。

● **App：帮助任课教师和学生基于新构建的个性化课程开展线上线下混合式、智能化教与学。**

1. 在应用市场搜索"智慧职教 icve" App，下载安装。

2. 登录 App，任课教师指导学生加入个性化课程，并利用 App 提供的各类功能，开展课前、课中、课后的教学互动，构建智慧课堂。

**"智慧职教"使用帮助及常见问题解答请访问 help.icve.com.cn。**

# 总序

　　药物制剂生产职业技能等级证书是由江苏恒瑞医药股份有限公司牵头,联合重庆医药高等专科学校、太极集团西南药业股份有限公司、重庆药友制药有限责任公司和重庆华森制药股份有限公司等高水平院校和大型医药企业,贯彻落实《国家职业教育改革实施方案》《职业技能等级标准开发指南(试行)》要求,在全面调研医药行业发展与全国各区域药品生产企业生产核心岗位现状基础上,组织全国知名行业企业专家、职业院校专业教授共同开发制定的。该证书于 2021 年 4 月正式公布,填补了制药领域 1+X 证书的空白。为进一步推进各试点院校积极开展"书证融通"课程体系建设,提高证书的获取率和通过率,江苏恒瑞医药股份有限公司联合国内 40 家职业院校、医药企业、行业学会、信息平台的优质教学资源和培训资源,设计并组织了证书配套教材的编写工作。

　　配套教材的开发以《药品生产质量管理规范》(GMP)为依据,以药物制剂生产职业技能等级证书规定的职业技能要求为基础,参考江苏恒瑞医药股份有限公司等先进制药企业标准,紧密结合企业用人实际,融合全流程智能化药品生产线中的新技术、新工艺、新规范,从"人、机、料、法、环"全过程规范化培养学生的药物制剂生产职业技能,对接口服固体制剂、口服液体制剂和无菌制剂生产等核心工作领域中的典型工作岗位,力求知识储备、技能训练、综合素质与行业发展、企业能力需求"零距离"对接。

　　配套教材的编写采用"互联网 + 教育"理念,除传统纸质教材外,还包含丰富的知识导图、PPT、视频、动画、知识拓展、实例分析、在线测试习题等素材,基于物联网、5G 等技术,对接智慧职教等资源平台,打造纸质教材、在线课程和日常教学三位一体的新形态一体化教材体系,构建"以学生为中心"的双线环绕式学习空间,推进多元交互智慧教学。

　　配套教材基于真实工作场景编写,适配岗位需求,具有企业参与度深、内容贴近岗位职业能力、编写队伍强大、"三教"改革基础深厚、示范效应显著、配套资源丰富、纸质教材与在线资源一体化设计等鲜明特点,学生可在课堂内外、线上线下享受不受时空限制的个性化学习环境。希望本套教材的出版能够推动"书证融通"改革进程,促进教师教学和学生学习方式变革,更好地发挥学校、企业优质资源的辐射作用,服务于药学类人才培养质量与水平的不断提升!

江苏恒瑞医药股份有限公司

2023 年 1 月

# 前言

按照《国家职业教育改革实施方案》部署，全面落实《关于在院校实施"学历证书＋若干职业技能等级证书"制度试点方案》文件精神，为了有效、快速、平稳推进等级证书的教学、培训、考核工作，药物制剂生产职业技能等级证书评价组织江苏恒瑞医药股份有限公司，联合证书考核总站点重庆医药高等专科学校、全国多家职业院校和制药企业，共同编写了 1+X 药物制剂生产职业技能等级证书配套教材，《药物制剂生产（中级）》为其中之一。

《药物制剂生产（中级）》以党的二十大精神为指引，根据药物制剂生产职业技能等级标准（中级），以药物制剂生产过程各岗位所需要的知识和技能为依据，以生产流程为主线，主要介绍常见的固体制剂、半固体制剂、液体制剂、气体制剂和无菌制剂的概念、特点、工艺流程、制备方法、制剂设备操作与维护等内容，同时融入职业道德、安全生产、生产管理和相关法律法规等，落实立德树人根本任务。同时，本书配套有一体化的数字资源，包括知识导图、PPT、视频、动画、知识拓展、实例分析、在线测试习题等，并依托国家职业教育药学专业教学资源库平台，建设数字课程，可实现线上线下混合式教学，推进教育数字化。

本书是团队合作的结晶，编者们反复磋商、数易其稿，最终由主编杨宗发统稿。编写人员及分工如下：杨宗发，项目 1；李华锋，项目 2；程明科，项目 3；夏晓静，项目 4、5；杨税，项目 6、20；章斌，项目 7、21；韩永红，项目 8、12；刘然，项目 9、22；许嵘，项目 10；彭启伦，项目 11；龚伟，项目 13、24；路芳，项目 14、23；王芝春，项目 15；房静，项目 16；江尚飞，项目 17、25；崔娟娟，项目 18；董大鹏，项目 19、26。

本书在编写过程中参阅了大量的国内外相关教材和资料，吸纳了国内中高职院校近年来的教学改革经验及行业龙头企业的相关技术创新，得到了院校教授、大国工匠、技能专家及高等教育出版社的大力支持和帮助，在此谨向这些单位及个人表示衷心感谢，也向本书所引用文献的作者表示诚挚的谢意。

因编者水平有限，疏漏不足之处在所难免，恳请广大读者批评指正，以利再版时修正和提高。

编者
2023 年 1 月

# 目录

## 设　备　篇

# 二维码链接的数字资源目录

续表

续表

续表

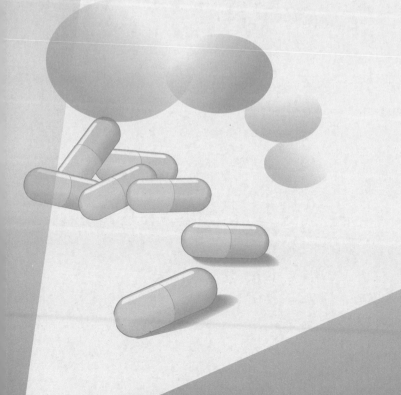

基础篇

# 项目 1
# 职业道德培养

>>> **学习目标**

1. 掌握药学职业道德基本原则、作用,药学职业道德规范,GMP 中的职业道德要求。
2. 熟悉社会主义职业道德,能进行药学职业道德和制药生产职业道德典型案例分析。
3. 了解职业道德的特征。

>>> **知识导图**

请扫描二维码了解本项目主要内容。

知识导图:
职业道德
培养

# 任务 1.1　药学人员基本职业道德培养

 **任务描述**

　　职业道德涉及医药全产业链，良好的职业道德是药物制剂生产从业人员必备的素养。本任务主要是通过学习药学人员基本职业道德相关内容，领会药学职业道德基本原则、作用，养成良好的职业道德规范。

 **知识准备**

## 一、药学职业道德内涵

**1. 职业道德**　道德是靠社会舆论、传统习惯、教育和内心信念所维系，调节人与人、人与社会、人与自然之间关系的行为规范的总和。职业道德是社会道德在职业活动中的具体体现，是从业人员在符合职业特点的要求下具备的道德准则、道德品质和道德情操的总和，是从业人员在职业活动中的行为准则。

职业道德具有一般道德的性质，也具有自己的特征。

（1）职业性：职业道德鲜明地表达职业义务、职业责任及职业行为上的道德准则。

（2）多样性：职业道德是与社会职业分工紧密联系的，各行各业都有适合自身行业特点的职业道德规范。

（3）继承性：职业道德具有历史继承性，呈现世代延续的特征。

（4）规范性：职业道德通过条例、章程、公约、守则等对从业人员的行为加以规范。

（5）实践性：职业道德是从业人员通过职业实践活动表现出来的。

（6）时代性：职业道德随时代变化而发展，并在一定程度上体现时代要求。

职业道德所起的作用主要有：调节职业交往中从业人员内部及从业人员与服务对象间的关系；维护和提高本行业的信誉；促进行业发展；提高社会道德水平。

**2. 社会主义职业道德**　社会主义职业道德是社会主义社会各行各业的劳动者在职业活动中必须共同遵守的基本行为准则。它是判断人们职业行为优劣的具体标准，也是社会主义道德在职业生活中的反映。《中共中央关于加强社会主义精神文明建设若干问题的决议》规定了现在各行各业都应共同遵守的职业道德的五项基本规范，即"爱岗敬业、诚实守信、办事公道、服务群众、奉献社会"。其中，为人民服务是社会主义

职业道德的核心规范,它是贯穿于全社会共同的职业道德之中的基本精神。社会主义职业道德的基本原则是集体主义。因为集体主义贯穿于社会主义职业道德规范的始终,是正确处理国家、集体、个人关系的最根本的准则,也是衡量个人职业行为和职业品质的基本准则,是社会主义社会的客观要求,是社会主义职业活动获得成功的保证。

**3. 药学职业道德**　药学是连接健康科学和化学科学的医疗保健行业,它承担着确保药品的安全和有效使用的职责。药学主要研究药物的来源、炮制、性状、作用、分析、鉴定、调配、生产、保管和寻找(包括合成)新药等。药学的主要任务是不断提供更有效的药物和提高药物质量,保证用药安全,使患者以伤害最小、效益最大的方式治疗或治愈疾病。

药学职业道德是社会主义职业道德在药学领域的特殊体现,是药学从业人员在符合药学职业特点的要求下具备的职业道德。药学职业道德是药学从业人员从事药学科研、生产、经营、使用、教育和管理等各项工作的行为准则和规范。

(1) 药学职业道德基本原则　药学是关乎人们身体健康和生命安全的特殊行业。因此,药学职业道德除具有一般社会职业道德的要求外,还应遵循社会主义职业道德的基本规范,以服务人民为核心。药学职业道德的主要原则如下。

1) 以患者为中心,实行人道主义,体现继承性和时代性的统一。人道主义是古今中外药学职业道德传统的精华所在,它的核心是尊重人的生命,一视同仁地治愈人的疾病,保障身体及心理健康。

2) 以患者为中心,为人民防病治病提供安全、有效、经济、合理的优质药品和药学服务。这是药学领域各行业药学人员共同的根本任务,也是药学职业道德的基本特点。药学领域各行业的根本目的是保障人民健康,药学人员的各项工作必须要以患者为本,从治愈疾病和提高患者生活质量出发,以高尚的思想品质和真心诚意为患者提供药学服务。

3) 全心全意为人民服务,是药学职业道德的根本宗旨。药学人员应以患者为本,把救死扶伤、防病治病作为一切工作的出发点,做一个真正"毫不利己,专门利人",全心全意为人民服务的药学人员。

(2) 药学职业道德的作用　药学职业道德有助于激励药学工作人员提高自身职业素养,调整医药行业内部、医药行业与其他行业之间的关系,维护和提高药学行业信誉,规范药学从业人员行为,积极推动人类健康事业的发展。

## 二、药学职业道德规范

药学职业道德规范是药学从业人员在药学实践中所要遵守的标准和准则,包括药学从业人员在职业活动中处理各种关系、矛盾的行为准则,是评价药学从业人员职业行为好坏的标准。依据在药学领域中所承担职能的不同,其具体内容也不尽相同。

**1. 药品研发中的药学职业道德**　药学从业人员所做研究应以事实和科学理论为依据;实验设计要具有科学性和可行性;在实验中严格遵守操作规程,保证实验结果的准确性、可靠性和可重复性;观察实验要认真,如实记录实验数据;科学总结,撰写科研论文尊重客观事实,报道科研成果实事求是。

**2. 药品生产中的药学职业道德** 药学从业人员应生产出质量符合既定标准的维护人民群众健康和生命质量所需要的药品。认真、自觉、严格地用《药品生产质量管理规范》(GMP)条款来约束和规范自身的行为，这既是法规和管理方面的规定和要求，也是药品生产过程中的道德要求。

**3. 药品经营中的药学职业道德** 药学从业人员应以患者为中心，提供安全、有效、经济、合理的药品和药学服务，将维护患者生命和公众健康作为最高道德行为准则，严格遵守药品经营法律法规。

**4. 医院药学服务中的药学职业道德** 药学从业人员应从药品购进的源头把关，保证采购药品的质量；在药品的招标采购中，坚持公平、公开、择优的原则，在药效相同的情况下，多进廉价药，少进高价药。同时对患者用药进行有效指导。

**5. 药品监督管理中的药学职业道德** 药学从业人员不仅要知法懂法，而且要会用法，严格执法、坚持原则、正直无私、爱憎分明、尽职尽责。

**6. 药品检验中的药学职业道德** 药学从业人员必须要有高度的责任心，严格按质量规定的标准检验；制定药品质量标准时，保证药品标准的科学性和实用性，修订标准时，应对药品中所含的有害物质严格控制；对疗效不确切、毒副作用大、不宜生产使用的品种，及时向药品监督管理部门提出停产和停止销售、使用的建议。

 **任务实施**

▶▶▶ **药学职业道德典型案例分析**

### 药学时代楷模：屠呦呦

2015 年 10 月 5 日，瑞典卡罗琳医学院宣布将诺贝尔生理学或医学奖授予中国中医科学院药学家屠呦呦等三名科学家，以表彰他们在疟疾等寄生虫疾病治疗研究方面取得的成就。屠呦呦成为第一位获得诺贝尔科学奖项的中国本土科学家。2015 年 12 月 7 日，屠呦呦在卡罗琳医学院诺贝尔大厅用中文做了题为《青蒿素——中医药给世界的一份礼物》的演讲。这是中国医学界迄今为止获得的最高奖项，也是中医药研究成果获得的最高奖项。

请查阅相关事件报道和文献，分析：

(1) 屠呦呦团队是如何找到安全、有效的青蒿素的？

(2) 结合屠呦呦团队取得的成就，以及药学职业道德规范，你有什么体会？

知识拓展：屠呦呦获诺贝尔奖事件报道

案例分析：药学时代楷模屠呦呦

 **知识总结**

1. 职业道德具有职业性、多样性、继承性、规范性、实践性和时代性等特征。

2. 社会主义职业道德是社会主义社会各行各业的劳动者在职业活动中必须共同

遵守的基本行为准则。

3. 药学职业道德是社会主义职业道德在药学领域的特殊体现,是药学从业人员在符合药学职业特点的要求下具备的职业道德。

4. 全心全意为人民服务,是药学职业道德的根本宗旨。

5. 药品研发、药品生产、药品经营、药学服务、药品监督管理和药品检验中,均要遵守相应的职业道德规范。

 **在线测试**

请扫描二维码完成在线测试。

在线测试:
药学人员基
本职业道德
培养

# 任务 1.2  药物制剂生产职业道德培养

**任务描述**

通过学习药品生产过程中的职业道德要求,确保药品生产的全过程自觉遵循和执行 GMP 的指导原则,确保生产出安全、有效、稳定、均一的药品,这既是法律责任,也是道德的根本要求,养成良好的职业道德规范。

PPT:
药物制剂生
产职业道德
培养

授课视频:
药物制剂生
产职业道德
培养

 **知识准备**

药品生产过程是药品质量形成过程的组成部分,是药品质量能否符合预期标准的关键。要保证药品的安全、有效、均一,除了严格按照 GMP 生产药品,还需要药物制剂生产从业人员遵循药品生产的道德要求。

**1. 用户至上**  所谓用户至上,指药品生产活动应一切以药品使用者为中心,急患者之所急、想患者之所想,保证药品供应,及时提供社会需要的药品。

药品是用于治病救人的特殊商品,不能"病等药",而需要"药等病"。因此,药品生产企业应明确生产目的,端正经营思想,按防病治病工作需要进行生产,不能一味考虑经济利益,只生产利润高的药品。对于那些利润低、价格低廉而疗效好的药品,企业也应大力生产。企业应及时根据市场需求,并根据自己的生产能力,组织药品生产,最大限度地满足人民群众防病治病的需要。

**2. 质量第一**  药品质量直接决定了临床疗效,关系到人民的健康。药品的特殊性,

客观要求药品生产企业必须严格保证质量,力求安全、有效、均一,禁止偷工减料,以次充好,以伪充真。药品生产企业在药品生产过程中要树立"质量第一"的观念,强化质量"第一责任人"的意识。

为了保证药品质量,我国制定了《中华人民共和国药品管理法》(以下简称《药品管理法》)、GMP 等一系列法律法规。GMP 强调生产过程的全面质量管理,对凡能引起药品质量问题的诸因素,均须严格管理,强调生产流程的检查与防范紧密结合,以防范为主要手段。《药品管理法》规定:"药品生产企业应当对药品进行质量检验。不符合国家药品标准的,不得出厂。"药品生产的全过程必须自觉遵循和执行 GMP 的指导原则,确保生产出安全、有效、稳定、均一的药品,这既是法律责任,也是职业道德的根本要求。

3. 保护环境　在药品生产过程中通常会产生废气、废液、废渣等有害物质,这些物质若随意排放,势必会影响周围环境,损害周边群众的健康。同时,药品生产过程中产生的一些有毒有害物质也会对生产一线操作人员的身体健康造成影响。因此,药品生产企业应以人民健康为重,注重保护环境,采取有效、必要的防护措施,保护药品生产人员和周边群众的健康。

4. 规范包装　药品包装是指药品在贮存、销售、运输和使用过程中,为保持其质量和价值而采用包装材料进行的技术处理。药品包装按其在流通领域中的作用可分为内包装和外包装两大类,具有保护药品、方便应用和商品宣传三个方面的功能。直接接触药品的包装材料和容器应符合药用要求,符合保障人体健康、安全的标准。药品外包装和药品说明书的内容应科学、简单易懂,并将相应的警示语或忠告语印制在药品包装或药品使用说明书上。任何扩大药品疗效或适应证、隐瞒药品不良反应,或采用劣质包装等行为都是不道德的。

5. 依法促销　药品促销应符合国家的政策、法律和一般道德规范。所有药品的促销策略必须真实合法、准确可信。促销宣传资料应有科学依据,没有误导或不实语言,也不会导致药品的不正确使用。为医师、药师提供药学资料,不能以经济或物质利益促销。药品广告中不得含有不科学的表示功效的断言或者保证用词,不得含有其他不恰当的语言、名义和形象。

## 任务实施

▶▶▶ **药物制剂生产职业道德典型案例分析**

### 欣 弗 事 件

2006 年 7 月,青海西宁部分患者使用安徽某公司生产的克林霉素磷酸酯葡萄糖注射液(即欣弗)后,出现胸闷、心悸、寒战、肾区疼痛、腹痛、腹泻、恶心、呕吐、过敏性休克、肝肾功能损害等

临床表现。青海省食品药品监督管理局第一时间发出紧急通知。随后,广西、浙江、黑龙江、山东等省、自治区食品药品监督管理局也分别报告相似病例。

2006 年 7 月 28 日,国家食品药品监督管理局组织专家赶赴青海,协助青海省食品药品监督管理局开展药品检验、病例报告分析和关联性评价等工作。8 月 15 日,国家食品药品监督管理局通报了对该公司生产过程的调查结果,查明导致欣弗不良反应事件的主要原因是:2006 年6 月至 7 月该公司生产的欣弗未按批准的工艺参数灭菌,工作人员擅自降低灭菌温度、缩短灭菌时间、增加灭菌柜装载量,影响了灭菌效果(该药品按规定应经过 105 ℃、30 min 的灭菌过程,但该公司却擅自将灭菌温度降低到 100 ℃至 104 ℃不等,将灭菌时间缩短到 1 min 至 4 min 不等)。经中国药品生物制品检定所对相关样品进行检验,结果表明无菌检查和热原检查不符合规定。

请查阅相关事件报道和文献,分析:

(1) 欣弗应被认定为劣药,还是假药? 按照《药品管理法》,应做何处罚?

(2) 欣弗事件中,药物制剂生产从业人员缺失了哪些药品生产过程中的职业道德?

案例分析:
欣弗事件

 **知识总结**

1. 药品生产过程是药品质量形成过程的组成部分,是药品质量能否符合预期标准的关键。

2. 药品生产中的职业道德要求包括用户至上、质量第一、保护环境、规范包装和依法促销等内容。

3. 药品生产的全过程必须自觉遵循和执行 GMP 的指导原则,确保生产出安全、有效、稳定、均一的药品,这既是法律责任,也是职业道德的根本要求。

 **在线测试**

请扫描二维码完成在线测试。

在线测试:
药物制剂生产职业道德培养

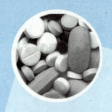

# 项目2
# 安全生产

▶▶▶ **学习目标**

1. 掌握药品安全生产的组成、内涵,学会安全生产操作和职业损害防护。
2. 熟悉安全生产管理,安全生产标志与劳动防护,学会常见急救方法。
3. 了解职业性有害因素、职业损害。

▶▶▶ **知识导图**

请扫描二维码了解本项目主要内容。

知识导图:
安全生产

# 任务 2.1　安全生产意识培养

**任务描述**

　　通过对药品安全生产的内涵和安全生产管理的学习,能熟练识别安全生产标志,学会使用防护用品,能正确进行安全用电操作、易燃易爆危险化学品安全操作及制药设备安全操作,发生紧急情况能及时疏散,树立安全生产意识。

 **知识准备**

## 一、药品安全生产的内涵

　　药品安全生产可以理解为采取一定的行政、法律、经济、科学技术等方面措施,预知并控制药品生产的危险,减少和预防事故的发生,实现药品生产过程中的正常运转,避免经济损失和人员伤亡的过程。

　　药品安全生产主要由三个基础部分组成:① 安全管理:主要内容有安全生产方针、政策、法规、制度、规程、规范,安全生产的管理体制,安全目标管理,危险性评价,人的行为管理,工伤事故分析,安全生产的宣传、教育、检查等。② 安全技术:是一种技术工程措施,是为了防止工伤事故、减轻体力劳动而采取的技术工程措施。如制药设备采用的防护装置、保险装置、信号指示装置等,自动化设备的应用等都属于安全技术的范畴。③ 职业健康:是研究生产过程中有毒有害物质对人体的危害,从而采取的技术措施和组织措施。如用通风、密闭、隔离等方法排除有毒有害物质,生产工艺上用无毒或低毒的物质代替有毒或高毒的物质等,均属于职业健康的范畴。

　　药品安全生产的内涵包括以下几方面。

　　(1) 生产必须安全,安全促进生产:"生产必须安全,安全促进生产"科学地揭示了生产与安全的辩证关系,必须坚持"安全第一"和"管生产必须同时管安全"的原则。

　　(2) 安全生产,人人有责:安全生产是一项综合性的工作,贯彻专业管理和群众管理相结合,做到安全生产人人重视,个个自觉,提高警惕,互相监督,发现隐患,及时消除。企业法定代表人是安全生产第一责任人,对本企业安全生产负全面责任;分管安全生产工作的负责人,承担相应的领导责任。

　　(3) 安全生产,重在预防:应该抓安全生产的基础工作,不断提高员工识别、判断、

预防和处理事故的本领。

## 二、安全生产管理

重视和加强药品安全生产制度建设,是安全生产和劳动保护法制的重要内容,体现在许多相关的法律法规中,对不断完善安全生产和劳动保护制度提出了具体要求。如安全生产责任制、安全教育制度、安全生产检查制度、伤亡事故报告处理制度、劳动保护措施计划、建设工程项目的安全卫生规范、劳动保护监察制度、工伤保险制度等。

**1. 药品安全生产责任制**　安全生产责任制是根据"安全第一,预防为主,综合治理"的安全生产方针和安全生产建立的各级领导、职能部门、工程技术人员、岗位操作人员在劳动生产过程中对安全生产层层负责的制度。药品安全生产责任制是药品生产企业岗位责任制的一个组成部分,是企业最基本的安全制度,是安全规章制度的核心。安全生产责任制是以企业法人代表为责任核心的安全生产管理制度,法人代表是第一责任人。一个药品生产企业由行政部、采购部、生产部、质量部和工程部等组成,各部门各司其职、相互配合,才能真正做到安全生产。

**2. 药品安全生产委员会制度**　每个药品生产企业都应该建立全面的安全生产委员会制度。委员会主任由法人代表担任,副主任由分管安全生产的负责人担任,质量、生产、工程、营销、财务、行政等相关部门负责人参加,并使药品安全生产委员会制度成为实施企业全面安全管理的一种制度。

**3. 其他安全生产管理制度**　药品安全生产岗位责任制度包括人员安全职责和部门安全职责,企业必须建立动态的安全审核制度,定期进行安全评审。建立药品安全生产教育制度,提高员工保护自我和保护他人的意识,牢固树立"安全第一"的思想。建立事故及时报告制度,在进行事故报告的同时,应迅速组织实施应急管理措施,组织事故调查组调查取证。建立危险作业申请、审批制度,需要经常进行的危险作业,应该有完善的安全操作规程,且对危险品有严格管理。建立药品安全生产奖惩制度,做到赏罚分明、责任明确,才能鼓励先进、督促后进。建立特殊设备、特殊岗位管理制度,取得"特种作业人员操作证",方能持证上岗。

## 三、安全生产标志与劳动防护

**1. 安全生产标志**　在有危险因素的生产经营场所和有关设施、设备上设置安全警示标志,及时提醒从业人员注意危险,防止从业人员发生事故,是一项在生产过程中,保障生产经营单位安全生产的重要措施。安全标志是用以表达特定安全信息的标志,由图形符号、安全色、几何形状(边框)或文字构成。安全色是传递安全信息含义的颜色,包括红、蓝、黄、绿四种颜色。安全标志分禁止标志、警告标志、指令标志和提示标志。

（1）禁止标志:是禁止人们不安全行为的图形标志。其基本形式是带斜杠的圆边框,白底黑色图案,红色轮廓线。

（2）警告标志:是提醒人们注意周围环境,以避免可能发生危险的图形标志。其基

知识拓展:
认识安全生
产标志

本形式是正三角形边框,黄底黑色图案,黑色轮廓线。

(3) 指令标志:是强制人们必须做出某种动作或采用防范措施的图形标志。其基本形式是蓝底白色图案。

(4) 提示标志:是向人们提供某种信息(如标明安全设施或场所等)的图形标志。其基本形式是绿底 / 红底白色图案或文字。

**2. 劳动防护**　为保证药品安全生产,相关工作人员在作业过程中要进行劳动防护,要按规定佩戴和使用劳动防护用品。所谓劳动防护用品,是指由生产经营单位为从业人员配备的,使其在劳动过程中免遭或者减轻事故伤害及职业危害的个人防护装备。

(1) 劳动防护用品的种类:① 头部防护用品:是为保护头部不受外来物体打击和其他因素危害而采取的个人防护用品,如安全帽、防静电帽、防尘帽。② 呼吸器官防护用品:是为防止有害气体、蒸气、粉尘、烟、雾经呼吸道吸入或直接向佩用者供氧或清新空气,保证在有尘、有毒污染或缺氧环境中作业人员正常呼吸的防护用具,如防尘口罩和防毒口罩(面具)。③ 眼 / 面部防护用品:预防烟雾、尘粒、金属火花和飞屑、热、电磁辐射、激光、化学品等伤害眼睛或面部的个人防护用品称为眼 / 面部防护用品,如防尘和防化学品飞溅有机玻璃眼镜。④ 手部防护用品:具有保护手和手臂的功能,供作业者劳动时戴用的手套称为手部防护用品,也称劳动防护手套。⑤ 足部防护用品:是防止生产过程中有害物质和能量损伤劳动者足部的护具,常称为防护鞋,如防静电鞋、防酸碱鞋,从事电工作业的用电绝缘鞋。⑥ 躯干防护用品:就是防护服,如普通防护服、防静电服、耐酸碱服,电焊维修工和消防员一般用阻燃服。⑦ 防坠落用品:是防止人体从高处坠落,通过绳带,将高处作业者的身体系接于固定物体上或在作业场所的边沿下方张网,以防不慎坠落的防护用品,这类用品主要有安全带和安全网两种。

(2) 劳动防护用品的使用要求:劳动防护用品使用前应首先做一次外观检查。检查的目的是认定用品对有害因素防护效能的程度,用品外观有无缺陷或损坏,各部件组装是否严密,启动是否灵活等。

劳动防护用品的使用必须在其性能范围内,不得超过极限使用;不得使用未经国家指定和检测达不到标准的产品;不能随便代替,更不能以次充好。

从业人员在作业过程中,必须按照安全生产规章制度和劳动防护用品使用规则,正确佩戴和使用劳动防护用品;未按规定佩戴和使用劳动防护用品的,不得上岗作业。

 **任务实施**

## 一、安全用电操作

1. 电气设备在运行过程中,因受外界的影响如冲击压力、潮湿、异物侵入,或因内部材料的缺陷、老化、磨损、受热、绝缘损坏,或因运行过程中的误操作等,有可能发生各种故障和不正常的运行情况,所以有必要对电气设备进行保护。对电气设备的保护一般有过负荷保护、短路保护、欠压和失压保护、断相保护及防误操作保护等。

2. 电气设备的外壳按有关安全规程必须进行防护性接地或接零,并经常检查,保证牢固。在操作闸刀开关、磁力开关时,必须将盖盖好,防止在短路时发生电弧或熔丝熔断伤人。经常接触和使用的配电箱、配电板、闸刀开关、按钮开关、插座、插销及导线等,必须保持完好、安全,不得有破损或将带电部分裸露出来。

3. 工作台使用的局部照明,其电压不得超过 36 V。在进行容易产生静电、火灾、爆炸事故的操作时,必须有良好的接地装置,以便及时导除聚集的静电。

4. 发生电气火灾时应立即切断电源,用黄沙、二氧化碳、四氯化碳等灭火器材灭火,切不可用水或泡沫灭火器灭火,因为它们有导电的危险。同时在灭火时应注意自己身体的任何部分及灭火器具不得与电线、电气设备接触,以防触电。

5. 在打扫卫生、擦拭设备时,严禁用水冲洗电气设施,严禁用湿抹布擦拭电气设施,以防止短路或触电事故。

## 二、防火防爆和危险化学品安全操作

1. 在制造和使用各种易燃、易爆、有毒、有腐蚀性等危险化学品的建筑物内电气设备应具有防爆功能,电气装置、电热设备、电线、保险装置等都应符合要求。易燃、易爆危险化学品车间应设置防爆型强化通风设备和照明设施,远离火种火源,禁止吸烟,禁止使用易产生火花的机械设备和工具。

2. 盛装和输送各种易燃、易爆、有毒、有腐蚀性等危险化学品的容器、管道不得有跑、冒、漏、滴的现象,检查漏气用肥皂水,严禁用明火试验。气体钢瓶不得放在热源附近,或在日光下暴晒,使用氧气禁止与油脂接触。各种易燃、易爆、有毒、有腐蚀性等危险化学品的容器的测温仪表、压力表要灵敏、准确,各种安全阀、卸压片、报警装置等应灵敏可靠。

3. 操作人员应按规定佩戴和使用防护面具、防护口罩、防护手套等防护用品,同时应配备自救、急救药物,防护用品应定期检查和更换。严格按工艺要求进行投放料、升降温、升降压,投放料、升降温、升降压的速率不要太快,以免料液喷射产生静电引起事故,操作者不能离开现场,以防止跑料、冲料、混料,易燃、有毒的化学品不得采用人工投料操作。

4. 易燃、易爆危险化学品要按类存放保管、使用,严禁在车间内超量存放。各种易燃、易爆、有毒、有腐蚀性等危险化学品的残渣不准倒入垃圾箱、污水池和下水道内,应放置在密闭的容器内待处理。粘有油脂的抹布、棉丝、纸张应放在有盖的金属容器中,不得乱扔乱放,防止自燃。

5. 生产结束后要将工作场所收拾干净,关闭可燃气体、液体的阀门,清理危险品并封存好,断绝电源,关好门窗,并进行安全检查后方可离开。

## 三、制药设备安全操作

1. 必须正确穿戴好个人防护用品。操作前要对设备进行安全检查,如阀门开闭情况、安全消防情况、各种机电设备及电气仪表等,而且要空车运行,确认正常后方可投入运行。

2. 制药设备在运行中也要按规定进行安全检查,如各种仪表是否正常,是否有异常的噪声和振动,各种固件是否松动等,保持环境整洁,防锈防潮,保持各转动部件的润滑良好。

3. 严禁向旋转部位、有相对运动或高温部件等一切有伤害可能的部件伸手,制药设备在运行时,严禁用手调整,也不得用手测量零件或进行润滑、清扫杂物等。制药设备严禁带故障运行,在操作过程中,发现设备异常应立即停机处理,不得在运行状态下进行处理,必要时通知维修人员处理。

4. 清理设备和处理故障时,必须停机后处理,必要时切断总电源,对于一些特殊设备的清理、润滑等工作必须由一个人完成,不得有两个人同时操作,对制药设备上的电气件进行维修时必须断电后处理或制定有效的安全隔离措施,在电源开头处必须悬挂"禁止合闸"警示牌,并对电气采取临时接地保护措施。非专业人员严禁进行电气维修作业。

5. 制药设备的安全装置必须按规定正确使用,不准将其拆掉不使用。制药设备运转时操作者不得离开工作岗位,以防止发生问题时无人处理。工作结束后,应关闭开关,切断电源,按清场标准进行操作。

## 四、洁净区安全疏散

1. 从业人员应熟悉洁净区安全消防通道,洁净区每一层应设两个安全出口。保持安全出口畅通无阻,切不可堆放杂物,或封闭上锁。会正确使用消防器材,能在发生火灾时迅速离开现场。

2. 火势初期,如果发现火势不大,未对人员与环境造成很大威胁,且附近有消防器材(灭火器、消防栓、自来水等),应尽可能第一时间进行扑灭,不可置小火不顾而酿成大灾。

3. 当火势失控时,不要惊慌,应冷静应对,辨明方向,利用消防通道尽快撤离险地,并及时发出信号,寻求外界帮助,如果火灾现场人员较多,切不可慌张,更不要拥挤,盲目跟从或乱冲乱撞,相互踩踏,以免造成意外伤害。如果现场烟雾较大,能见度低,应贴近墙壁或按指示灯的指示摸索前行。

4. 如果要经过充满烟雾的路线,为避免浓烟呛入口鼻,可用湿毛巾或口罩蒙住口鼻,同时使身体尽量贴地面或匍匐前行,穿过烟火封锁区应尽量佩戴防毒面具、头盔、阻热服等护具,如果没有这些护具,可向头部、身上浇水或用湿毛巾等将头、身体裹好,再冲出去。

5. 如果用手摸房门已感到烫手,或已知房间被大火或烟雾围困,此时切不可打开房门,否则火焰与浓烟会顺势冲进房间,这时可采取创造避难场所、固守待援的办法。首先应关紧迎火的门窗,打开背火的门窗,用湿毛巾或湿布条堵住迎火门窗缝隙,并不停泼水降温,同时用水淋透房间内可燃物,防止烟火渗入,固守在房间内,等待救护人员的到达。

### ▶▶▶ 安全生产案例分析

#### 某制药公司制剂车间爆炸事件

2010 年 12 月 30 日上午,某制药公司工厂四楼片剂车间洁净区段当班职工按工艺要求在制粒间进行混合、制软材、制粒、干燥等操作。9 时 30 分,检修人员为给空调更换初效过滤器,断电停止了空调工作,净化后的空气无法进入洁净区。导致制粒室内积聚了大量可燃烧的乙醇蒸气和空气的混合性气体,由于烘箱工作过程中烘箱送风机或轴流风机运转过程中产生电气火花,引爆浓度处于爆炸极限范围内的混合性气体,引发安全事故。

炸毁烘箱后,爆炸所产生的冲击波将四层生产车间的有关设施毁坏,辐射热瞬间引燃整个洁净区其他可燃物,导致过火面积遍及四层生产车间,致使部分现场工作人员不能及时逃生,造成 5 人死亡、8 人受伤的惨剧。

分析:从该制药公司片剂车间爆炸事件我们能吸取什么教训?

案例分析:
某制药公司
制剂车间爆
炸事件

### 知识总结

1. 药品安全生产包括安全管理、安全技术和职业健康三个组成部分。

2. 生产必须安全,安全促进生产;安全生产,人人有责;安全生产,重在预防。

3. 安全生产责任制是以企业法人代表为责任核心的安全生产管理制度,法人代表是第一责任人。

4. 安全色是传递安全信息含义的颜色,包括红、蓝、黄、绿四种颜色。安全标志分禁止标志、警告标志、指令标志和提示标志。

5. 劳动防护用品包括头部防护用品、呼吸器官防护用品、眼/面部防护用品、手部防护用品、足部防护用品、躯干防护用品和防坠落用品等。

6. 电气设备的保护一般有过负荷保护、短路保护、欠压和失压保护、断相保护及防误操作保护等。

7. 易燃、易爆危险化学品车间应设置防爆型强化通风设备和照明设施,远离火种火源,禁止吸烟,禁止使用易产生火花的机械设备和工具。

8. 制药设备的安全装置必须按规定正确使用,不准将其拆掉不使用。

9. 从业人员应熟悉洁净区安全消防通道,洁净区每一层应设两个安全出口。

**在线测试**

请扫描二维码完成在线测试。

在线测试：
安全生产意
识培养

# 任务 2.2　药物制剂生产自我防护

 **任务描述**

　　通过职业性有害因素和职业损害相关知识学习,明确职业损害防护措施,减少职业损害,学会常见的急救方法,培养药品生产过程中的自我防护素养。

PPT：
药物制剂生
产自我防护

授课视频：
药物制剂生
产自我防护

## 知识准备

　　制药企业员工在生产过程中,良好的生产条件不但能保证其生产的药品质量合格,也能保护其健康;而不良的生产条件不但会影响其生产的药品质量,也会引起健康损害,甚至引起职业病。

### 一、职业性有害因素

　　在生产环境、生产过程和劳动过程中存在的可直接危害生产者健康的因素称为职业性有害因素。制药企业的职业性有害因素主要是生产过程中的生产性有害因素,按其性质分为三类。

#### 1. 物理因素

（1）异常气候条件：如高温、强热辐射；低温、高气流等。

（2）噪声、振动。

（3）电离辐射：如 X 线、γ 射线、β 粒子等。

（4）非电离辐射：如紫外线、可见光、红外线、激光等。

#### 2. 化学因素

（1）生产性毒物：常见的有以下几类。① 金属,如铅、汞、镉及其化合物；② 类金属,如砷、磷及其化合物；③ 有机溶剂,如苯、甲苯、二硫化碳等；④ 有害气体,如氯气、氨、酸类、一氧化碳、硫化氢等；⑤ 苯的氨基、硝基化合物等；⑥ 高分子化合物生产过程中产生的毒物等。

(2) 生产性粉尘：如无机粉尘、有机粉尘等。

### 3. 生物因素

(1) 生物制品：生产企业使用或生产的菌种，如炭疽杆菌、布鲁氏菌等。

(2) 生产过程中的强迫体位可能引起背痛、腰痛、下肢静脉曲张、脊柱弯曲变形等。

(3) 运动器官过度紧张可能引起肩周炎、滑囊炎、神经痛、肌肉痉挛等。

(4) 视觉器官过度紧张可能引起视力障碍。

(5) 劳动制度不合理、劳动强度过大或生产定额不当、职业性精神紧张等也会影响制药企业员工的身体健康。

## 二、职业损害的类型

职业性有害因素能否对接触者造成健康伤害，主要与接触方式、接触浓度（或强度）和作用时间有关。一般情况下，作用于机体的有害因素需要累积达到一定量时，才会对健康造成伤害。在接触的量相同时，个体因素如年龄、性别、营养状况、遗传因素、体质、生活方式等不同，个体的受损害程度会有差异。职业性有害因素对健康的损害主要包括职业病、工作有关疾病和职业性工伤。

**1. 职业病** 医学上所称的职业病泛指职业性有害因素引起的特定的疾病；而《中华人民共和国职业病防治法》中职业病是指企业、事业单位和个体经济组织等用人单位的劳动者在职业活动中，因接触粉尘、放射性物质和其他有毒、有害等因素而引起的疾病。故此，在立法意义上，职业病具有一定的范围。职业病与生活中常见疾病不同，一般认为职业病应具备下面三个条件：① 疾病与工作场所的职业性有害因素密切相关。② 接触有害因素的剂量，已足以导致疾病发生。③ 在受同样职业性有害因素作用的人群中有一定的发病率，一般不会只出现个别患者。

**2. 工作有关疾病** 职业性有害因素除会导致机体一系列的功能性或器质性的病理变化外，还能使机体的抵抗力下降，造成潜在的疾病显露或已患的疾病加重，表现为接触人群中某些常见疾病的发病率增高或病情加重，这类疾病称为工作有关疾病。例如，高温作业者的消化道疾病，接触粉尘作业者的呼吸道疾病，接触一氧化碳等化学物质作业者的冠心病，其发病率和病死率增高。由于职业性有害因素不是引起工作有关疾病的唯一直接原因，故工作有关疾病不属于法定职业病。

**3. 职业性工伤** 作业者在生产过程中因操作失误、违反操作规程或防护措施不当而发生的突发性意外伤害，称为职业性工伤。其性质的确定及伤残程度评定，由国家相关机构认定。

## 三、职业损害防护措施

为防止职业性有害因素对操作者造成职业损害，可以采取以下几方面措施。

**1. 单位组织措施** 制药企业应建立职业病防治保健网，严格执行有关法律法规，如《中华人民共和国安全生产法》《中华人民共和国职业病防治法》等。

2. **个体防护措施**　作业者应根据工种需要选用工作服、工作帽、鞋、手套、口罩、面具、耳塞、眼镜等防护用具。

3. **卫生技术措施**　① 厂房设计要符合卫生要求,尤其是杜绝有害因素的发生源,使接触者受到的影响降至最低限度。② 重视工艺改革和技术革新,采用低毒或无毒物质代替有毒物质,改革能产生有害因素的工艺流程。③ 实现生产过程的密闭化、遥控化、机械化和自动化,防止有害物质污染环境。④ 对生产场所存在的有毒物质、产热源、噪声、微波、放射源等采取有效的隔离与屏蔽方法。

4. **卫生保健措施**　① 定期检测生产环境,发现问题及时整改。② 进行就业前健康检查,及时发现职业禁忌证。③ 进行就业后定期健康检查和职业病普查。④ 建立合理的作息制度,做好季节性多发病的预防,适当安排必要的康复疗养或休养。

 **任务实施**

▶▶▶ **职业损害急救**

1. **足踝扭伤急救法**　轻度足踝扭伤,应先冷敷患处,24 h 后改用热敷,用绷带缠住足踝,将足部垫高,即可减轻症状。

2. **触电急救法**　迅速切断电源,若一时找不到闸门,可用绝缘物挑开电线或砍断电线。立即将触电者抬到通风处,解开衣扣、裤带,若呼吸停止,须做口对口人工呼吸或将其送附近医院急救。

3. **出血急救法**　出血伤口不大时,可将消毒棉球敷在伤口上,加压包扎,一般就能止血。出血不止时,可将伤肢抬高,减慢血流的速度,协助止血。四肢出血严重时,可将止血带扎在伤口的近心端,扎前应先垫上毛巾或布片,然后每隔半小时必须放松 1 次,绑扎时间总共不得超过 2 h,以免肢体缺血坏死。做初步处理后,应立即送医院救治。

4. **骨折急救法**　如有出血,可采用指压、包扎、止血带等办法止血。对开放性骨折,可用消毒纱布加压包扎,暴露在外的骨端不可送回。以软物衬垫着夹上夹板,把伤肢上下两个关节固定起来,无夹板时也可用木棍等代替。如有条件,可在清创、止痛后送医院治疗。

5. **酸碱伤眼急救法**　酸碱伤眼,第一时间用清水反复冲洗眼部,根据严重程度,决定是否需要送医院进行检查和治疗。

6. **头部外伤急救法**　头部外伤,若无伤口但有皮下血肿,可用包扎压迫止血;若头部局部凹陷,表明有颅骨骨折,只可用纱布轻覆,切不可加压包扎,以防脑组织受损,尽快送往医院救治。

7. **脱臼急救法**　肘关节脱臼,可把肘部弯成直角,用三角巾把前臂和肘部托起,挂在颈上;肩关节脱臼,可用三角巾托起前臂,挂在颈上,再用一条宽带连上臂缠过胸部,在对侧胸前打结,把脱臼关节上部固定住;髋关节脱臼,应用担架将患者送往医院救治。脱臼应急处理后,应尽快送往医院进行复位治疗。

**8. 烫伤急救法**　迅速脱离烫伤源,以免烫伤加剧。尽快脱掉或剪开烫伤处的衣裤、鞋袜,第一时间用冷水反复冲洗伤处以降温。小面积轻度烫伤可用烫伤膏等涂抹。根据烫伤的严重程度,保护伤处,并尽快送医院治疗。

▶▶▶ **安全生产案例分析**

### 某制药厂克念菌素中毒事件

2005 年 6 月 3 日上午 9 时 30 分,某制药厂 302 车间开始生产克念菌素,在生产过程中产生少量粉尘。在该室操作的共有 4 人,上午 11 时左右工作结束。其后 1 名操作工于上午 11 时 30 分左右感觉不适,有发冷、寒战、恶心、头晕、喉部不适等症状。后感觉呼吸时胸部疼痛,咳嗽加剧,咳后呕吐,共呕吐了 7 次,随后就医。另两名操作工下午上班时感觉头昏、头晕、恶心、胸闷、发冷、乏力,于下午 3 时、4 时到医院就诊。医院给予抗菌药物、抗毒素、激素等治疗后,症状缓解,目前均已恢复。

据查,当天生产室内送排风装置已开启,但粉碎机内除尘风机未开启,导致室内有粉尘扬起,4 名操作工进入车间前经二次更衣后穿上连体工作衣帽再戴上普通纱布口罩,但其中一人未戴口罩就进行操作,最终造成克念菌素吸入性中毒。

分析:从该事件中能吸取什么经验教训?

案例分析:
某制药厂克
念菌素中毒
事件

### 知识总结

1. 在生产环境、生产过程和劳动过程中存在的可直接危害生产者健康的因素称为职业性有害因素。

2. 职业性有害因素按其性质分为物理因素、化学因素和生物因素三类。

3. 职业性有害因素能否对接触者造成健康伤害,主要与接触方式、接触浓度(或强度)和作用时间有关。

4. 职业性有害因素对健康的损害主要包括职业病、工作有关疾病和职业性工伤。

5. 职业损害防护措施包括单位组织措施、个体防护措施、卫生技术措施和卫生保健措施等。

6. 常见的急救方法有足踝扭伤急救法、触电急救法、出血急救法、骨折急救法、酸碱伤眼急救法、头部外伤急救法、脱臼急救法和烫伤急救法等。

### 在线测试

请扫描二维码完成在线测试。

在线测试:
药物制剂生
产自我防护

# 项目 3
# 法律法规学习

>>>> **学习目标**

1. 掌握《药品管理法》主要法律条文，并能灵活运用。
2. 熟悉《药品管理法实施条例》主要法律条文，《药品生产质量管理规范》主要内容。
3. 了解《药品生产监督管理办法》主要内容。

>>>> **知识导图**

请扫描二维码了解本项目主要内容。

知识导图：
法律法规
学习

# 任务 3.1　相关法律学习

 任务描述

　　通过对《药品管理法》的系统学习，修订前后全文对比解读，做到知法守法，在药品研制、生产、经营、使用和监督检查过程中，严格遵守相关法律、法规和相关规范管理办法，确保人民用药安全、有效、经济、合理，学会依据相关法律法规条文进行相关案例分析。

 知识准备

▶▶▶ **药品管理法**

　　《药品管理法》是以宪法为依据，以药品监督管理为中心内容，调整国家药品监督管理部门、药品生产企业、药品经营企业、医疗机构和公民个人在药品研究、生产、经营、使用和管理活动中产生法律关系的法律，是国家卫生行政机关、工商行政管理机关、司法机关和药品生产企业、药品经营企业、医疗单位及公民个人必须共同遵守和执行的法律，是衡量国家药品管理活动合法与违法的标准，是制定各项具体药品法规的依据。《药品管理法》于 1984 年颁布，2001 年第一次修订，2013 年第一次修正，2015 年第二次修正，2019 年第二次修订。

　　2019 年第二次修订后的《药品管理法》共有十二章、一百五十五条；该法指出了立法目的是加强药品管理，保证药品质量，保障公众用药安全和合法权益，保护和促进公众健康；药品管理应当以人民健康为中心，坚持风险管理、全程管控、社会共治的原则，建立科学、严格的监督管理制度，全面提升药品质量，保障药品的安全、有效、可及；国家对药品管理实行药品上市许可持有人制度，药品上市许可持有人依法对药品研制、生产、经营、使用全过程中药品的安全性、有效性和质量可控性负责；国家建立药品追溯和药物警戒制度；界定了药品是用于预防、治疗、诊断人的疾病，有目的地调节人的生理机能并规定有适应证或者功能主治、用法和用量的物质，包括中药、化学药和生物制品等；国家发展现代药和传统药，充分发挥其在预防、医疗和保健中的作用；本法自 2019 年 12 月 1 日起施行。

　　**1. 药品研制和注册**　国家鼓励研究和创制新药，保护公民、法人和其他组织研究、

开发新药的合法权益。

(1) 国家支持以临床价值为导向、对人的疾病具有明确或者特殊疗效的药物创新,鼓励具有新的治疗机理、治疗严重危及生命的疾病或者罕见病、对人体具有多靶向系统性调节干预功能等的新药研制,推动药品技术进步。

国家鼓励运用现代科学技术和传统中药研究方法开展中药科学技术研究和药物开发,建立和完善符合中药特点的技术评价体系,促进中药传承创新。

国家采取有效措施,鼓励儿童用药品的研制和创新,支持开发符合儿童生理特征的儿童用药品新品种、剂型和规格,对儿童用药品予以优先审评审批。

(2) 从事药品研制活动,应当遵守药物非临床研究质量管理规范、药物临床试验质量管理规范,保证药品研制全过程持续符合法定要求。

(3) 申请药品注册,应当提供真实、充分、可靠的数据、资料和样品,证明药品的安全性、有效性和质量可控性。

**2. 药品上市许可持有人**　药品上市许可持有人是指取得药品注册证书的企业或者药品研制机构等。药品上市许可持有人应当依照本法规定,对药品的非临床研究、临床试验、生产经营、上市后研究、不良反应监测及报告与处理等承担责任。其他从事药品研制、生产、经营、贮存、运输、使用等活动的单位和个人依法承担相应责任。药品上市许可持有人的法定代表人、主要负责人对药品质量全面负责。

(1) 药品上市许可持有人应当建立药品质量保证体系,配备专门人员独立负责药品质量管理;建立药品上市放行规程,对药品生产企业出厂放行的药品进行审核,经质量受权人签字后方可放行,不符合国家药品标准的,不得放行;建立并实施药品追溯制度和年度报告制度。

(2) 药品上市许可持有人可以自行生产药品,也可以委托药品生产企业生产;可以自行销售其取得药品注册证书的药品,也可以委托药品经营企业销售;可以转让药品上市许可。

**3. 药品生产**　对药品生产企业实行药品生产许可证制度。从事药品生产活动,应当经所在地省、自治区、直辖市人民政府药品监督管理部门批准,取得药品生产许可证。无药品生产许可证的,不得生产药品。

(1) 从事药品生产活动,应当遵守药品生产质量管理规范,建立健全药品生产质量管理体系,保证药品生产全过程持续符合法定要求。药品应当按照国家药品标准和经药品监督管理部门核准的生产工艺进行生产。生产、检验记录应当完整准确,不得编造。

(2) 中药饮片应当按照国家药品标准炮制;国家药品标准没有规定的,应当按照省、自治区、直辖市人民政府药品监督管理部门制定的炮制规范炮制。不符合国家药品标准或者不按照省、自治区、直辖市人民政府药品监督管理部门制定的炮制规范炮制的,不得出厂、销售。

(3) 生产药品所需的原料、辅料,应当符合药用要求、药品生产质量管理规范的有关要求;直接接触药品的包装材料和容器,应当符合药用要求,符合保障人体健康、安全的标准。

(4) 药品生产企业应当对药品进行质量检验,不符合国家药品标准的,不得出厂;建立药品出厂放行规程,明确出厂放行的标准、条件,符合标准、条件的,经质量受权人签字后方可放行。

(5) 药品包装应当适合药品质量的要求,方便贮存、运输和医疗使用;应当按照规定印有或者贴有标签并附有说明书,标签或者说明书应当注明药品的通用名称、成分、规格、上市许可持有人及其地址、生产企业及其地址、批准文号、产品批号、生产日期、有效期、适应证或者功能主治、用法、用量、禁忌、不良反应和注意事项。

(6) 直接接触药品的工作人员,应当每年进行健康检查。患有传染病或者其他可能污染药品的疾病的,不得从事直接接触药品的工作。

**4. 药品经营**　从事药品批发活动,应当经所在地省、自治区、直辖市人民政府药品监督管理部门批准,取得药品经营许可证。从事药品零售活动,应当经所在地县级以上地方人民政府药品监督管理部门批准,取得药品经营许可证。无药品经营许可证的,不得经营药品。

(1) 从事药品经营活动,应当遵守药品经营质量管理规范,建立健全药品经营质量管理体系,保证药品经营全过程持续符合法定要求。

从事药品零售连锁经营活动的企业总部,应当建立统一的质量管理制度,对所属零售企业的经营活动履行管理责任。

(2) 应当从药品上市许可持有人或者具有药品生产、经营资格的企业购进药品;但是,购进未实施审批管理的中药材除外。

(3) 应当建立并执行进货检查验收制度,验明药品合格证明和其他标识;不符合规定要求的,不得购进和销售。

(4) 购销药品,应当有真实、完整的购销记录。购销记录应当注明药品的通用名称、剂型、规格、产品批号、有效期、上市许可持有人、生产企业、购销单位、购销数量、购销价格、购销日期及国务院药品监督管理部门规定的其他内容。

(5) 零售药品应当准确无误,并正确说明用法、用量和注意事项;调配处方应当经过核对,对处方所列药品不得擅自更改或者代用。对有配伍禁忌或者超剂量的处方,应当拒绝调配;必要时,经处方医师更正或者重新签字,方可调配。销售中药材,应当标明产地。

(6) 应当制定和执行药品保管制度,采取必要的冷藏、防冻、防潮、防虫、防鼠等措施,保证药品质量。药品入库和出库应当执行检查制度。

(7) 城乡集市贸易市场可以出售中药材。

**5. 医疗机构药事管理**　医疗机构应当配备依法经过资格认定的药师或者其他药学技术人员,负责本单位的药品管理、处方审核和调配、合理用药指导等工作。非药学技术人员不得直接从事药剂技术工作。

(1) 应当建立并执行进货检查验收制度,验明药品合格证明和其他标识;不符合规

定要求的,不得购进和使用。应当有与所使用药品相适应的场所、设备、仓储设施和卫生环境,制定和执行药品保管制度,采取必要的冷藏、防冻、防潮、防虫、防鼠等措施,保证药品质量。

(2) 应当坚持安全有效、经济合理的用药原则,遵循药品临床应用指导原则、临床诊疗指南和药品说明书等合理用药,对医师处方、用药医嘱的适宜性进行审核。

(3) 依法经过资格认定的药师或者其他药学技术人员调配处方,应当进行核对,对处方所列药品不得擅自更改或者代用。对有配伍禁忌或者超剂量的处方,应当拒绝调配;必要时,经处方医师更正或者重新签字,方可调配。

(4) 医疗机构配制制剂:医疗机构配制的制剂,应当是本单位临床需要而市场上没有供应的品种,并应当经所在地省、自治区、直辖市人民政府药品监督管理部门批准,取得医疗机构制剂许可证。应当有能够保证制剂质量的设施、管理制度、检验仪器和卫生环境。应当按照核准的工艺进行,所需的原料、辅料和包装材料等应当符合药用要求。应当按照规定进行质量检验;合格的,凭医师处方在本单位使用。经国务院药品监督管理部门或者省、自治区、直辖市人民政府药品监督管理部门批准,医疗机构配制的制剂可以在指定的医疗机构之间调剂使用。医疗机构配制的制剂不得在市场上销售。

**6. 药品上市后管理**　药品上市许可持有人应当制定药品上市后风险管理计划,主动开展药品上市后研究,对药品的安全性、有效性和质量可控性进行进一步确证,加强对已上市药品的持续管理。

(1) 对药品生产过程中的变更,按照其对药品安全性、有效性和质量可控性的风险和产生影响的程度,实行分类管理。药品上市许可持有人应当按照国务院药品监督管理部门的规定,全面评估、验证变更事项对药品安全性、有效性和质量可控性的影响。

(2) 药品上市许可持有人应当对已上市药品的安全性、有效性和质量可控性定期开展上市后评价;应当开展药品上市后不良反应监测,主动收集、跟踪分析疑似药品不良反应信息,对已识别风险的药品及时采取风险控制措施。

(3) 药品上市许可持有人、药品生产企业、药品经营企业和医疗机构应当经常考察本单位所生产、经营、使用的药品质量、疗效和不良反应。发现疑似不良反应的,应当及时向药品监督管理部门和卫生健康主管部门报告。

(4) 药品存在质量问题或者其他安全隐患的,药品上市许可持有人应当立即停止销售,告知相关药品经营企业和医疗机构停止销售和使用,召回已销售的药品,及时公开召回信息,必要时应当立即停止生产,并将药品召回和处理情况向省、自治区、直辖市人民政府药品监督管理部门和卫生健康主管部门报告。

**7. 药品价格和广告**　国家完善药品采购管理制度,对药品价格进行监测,开展成本价格调查,加强药品价格监督检查,依法查处价格垄断、哄抬价格等药品价格违法行为,维护药品价格秩序。

（1）依法实行市场调节价的药品，药品上市许可持有人、药品生产企业、药品经营企业和医疗机构应当按照公平、合理和诚实守信、质价相符的原则制定价格，为用药者提供价格合理的药品；应当遵守国务院药品价格主管部门关于药品价格管理的规定，制定和标明药品零售价格，禁止暴利、价格垄断和价格欺诈等行为；应当依法向药品价格主管部门提供其药品的实际购销价格和购销数量等资料。

（2）医疗机构应当向患者提供所用药品的价格清单，按照规定如实公布其常用药品的价格，加强合理用药管理。

（3）禁止药品上市许可持有人、药品生产企业、药品经营企业和医疗机构在药品购销中给予、收受回扣或者其他不正当利益；禁止以任何名义给予使用其药品的医疗机构的负责人、药品采购人员、医师、药师等有关人员财物或者其他不正当利益；禁止医疗机构的负责人、药品采购人员、医师、药师等有关人员以任何名义收受药品上市许可持有人、药品生产企业、药品经营企业或者代理人给予的财物或者其他不正当利益。

（4）药品广告应当经广告主所在地省、自治区、直辖市人民政府确定的广告审查机关批准。药品广告的内容应当真实、合法，以国务院药品监督管理部门核准的药品说明书为准，不得含有虚假的内容；不得含有表示功效、安全性的断言或者保证；不得利用国家机关、科研单位、学术机构、行业协会或者专家、学者、医师、药师、患者等的名义或者形象作推荐、证明。

非药品广告不得有涉及药品的宣传。

**8. 药品储备和供应**　国家实行药品储备制度，建立中央和地方两级药品储备。发生重大灾情、疫情或者其他突发事件时，依照《中华人民共和国突发事件应对法》的规定，可以紧急调用药品。

（1）国家实行基本药物制度，遴选适当数量的基本药物品种，加强组织生产和储备，提高基本药物的供给能力，满足疾病防治基本用药需求。

（2）国家建立药品供求监测体系，及时收集和汇总分析短缺药品供求信息，对短缺药品实行预警，采取应对措施。

（3）国家实行短缺药品清单管理制度。具体办法由国务院卫生健康主管部门会同国务院药品监督管理部门等部门制定。

（4）国家鼓励短缺药品的研制和生产，对临床急需的短缺药品、防治重大传染病和罕见病等疾病的新药予以优先审评审批。

**9. 监督管理**　禁止生产（包括配制）、销售、使用假药、劣药。

属于假药的情形：药品所含成分与国家药品标准规定的成分不符；以非药品冒充药品或者以他种药品冒充此种药品；变质的药品；药品所标明的适应证或者功能主治超出规定范围。

属于劣药的情形：药品成分的含量不符合国家药品标准；被污染的药品；未标明或者更改有效期的药品；未注明或者更改产品批号的药品；超过有效期的药品；擅自添加

防腐剂、辅料的药品；其他不符合药品标准的药品。

### 10. 法律责任

（1）生产、销售假药的，没收违法生产、销售的药品和违法所得，责令停产停业整顿，吊销药品批准证明文件，并处违法生产、销售的药品货值金额十五倍以上三十倍以下的罚款；货值金额不足十万元的，按十万元计算；情节严重的，吊销药品生产许可证、药品经营许可证或者医疗机构制剂许可证，十年内不受理其相应申请；药品上市许可持有人为境外企业的，十年内禁止其药品进口。

（2）生产、销售劣药的，没收违法生产、销售的药品和违法所得，并处违法生产、销售的药品货值金额十倍以上二十倍以下的罚款；违法生产、批发的药品货值金额不足十万元的，按十万元计算，违法零售的药品货值金额不足一万元的，按一万元计算；情节严重的，责令停产停业整顿直至吊销药品批准证明文件、药品生产许可证、药品经营许可证或者医疗机构制剂许可证。

生产、销售的中药饮片不符合药品标准，尚不影响安全性、有效性的，责令限期改正，给予警告；可以处十万元以上五十万元以下的罚款。

（3）生产、销售假药，或者生产、销售劣药且情节严重的，对法定代表人、主要负责人、直接负责的主管人员和其他责任人员，没收违法行为发生期间自本单位所获收入，并处所获收入百分之三十以上三倍以下的罚款，终身禁止从事药品生产经营活动，并可以由公安机关处五日以上十五日以下的拘留。

对生产者专门用于生产假药、劣药的原料、辅料、包装材料、生产设备予以没收。

（4）药品使用单位使用假药、劣药的，按照销售假药、零售劣药的规定处罚；情节严重的，法定代表人、主要负责人、直接负责的主管人员和其他责任人员有医疗卫生人员执业证书的，还应当吊销执业证书。

（5）有下列行为之一的，没收违法生产、销售的药品和违法所得以及包装材料、容器，责令停产停业整顿，并处五十万元以上五百万元以下的罚款；情节严重的，吊销药品批准证明文件、药品生产许可证、药品经营许可证，对法定代表人、主要负责人、直接负责的主管人员和其他责任人员处二万元以上二十万元以下的罚款，十年直至终身禁止从事药品生产经营活动：未经批准开展药物临床试验；使用未经审评的直接接触药品的包装材料或者容器生产药品，或者销售该类药品；使用未经核准的标签、说明书。

（6）有下列行为之一的，从重处罚：以麻醉药品、精神药品、医疗用毒性药品、放射性药品、药品类易制毒化学品冒充其他药品，或者以其他药品冒充上述药品；生产、销售以孕产妇、儿童为主要使用对象的假药、劣药；生产、销售的生物制品属于假药、劣药；生产、销售假药、劣药，造成人身伤害后果；生产、销售假药、劣药，经处理后再犯；拒绝、逃避监督检查，伪造、销毁、隐匿有关证据材料，或者擅自动用查封、扣押物品。

 **任务实施**

▶▶▶ **药品管理法相关案例分析**

### 亮菌甲素注射液药害事件

2006年4月22日、23日,广州某医院传染科两例重症肝炎患者先后突然出现急性肾衰竭症状。4月29日和30日,又有患者相继出现该症状。院方通过排查,将目光锁定在齐齐哈尔某制药公司生产的亮菌甲素注射液上,这是患者们当天唯一都使用过的一种药品;5月2日,院方基本认定这起事件确实是亮菌甲素注射液引起的。此事件最终导致13人死亡,部分患者肾损害的惨剧。

国家食品药品监督管理局、国家药品不良反应监测中心、黑龙江省食品药品监督管理局、广东省食品药品监督管理局、广东省药品检验所等单位迅速展开调查。2006年5月4日,广东省药品检验所的检验结果显示:按国家药品标准检验,该疑问产品符合规定。但在与云南某药业公司生产的亮菌甲素注射液做对比的实验中,齐齐哈尔该制药公司生产的亮菌甲素注射液的紫外光谱在235 nm处多出一个吸收峰;在急性毒性预实验中,齐齐哈尔该制药公司生产的亮菌甲素注射液毒性明显高于云南某药业公司生产的产品。经液质联用色谱仪、气相色谱仪和红外光谱仪等仪器检测和反复验证,确证齐齐哈尔该制药公司生产的亮菌甲素注射液含有高达30%的二甘醇,二甘醇在体内会被氧化成草酸而引起肾损害,导致急性肾衰竭,正常药品不应含有该成分。

案例分析:
亮菌甲素
注射液药
害事件

请查阅相关事件报道和文献,分析:

(1) 高浓度的二甘醇为何会出现在齐齐哈尔该制药公司的亮菌甲素注射液里呢?

(2) 生产、销售假药,按《药品管理法》,应做何处罚?

(3) 对该事件相关责任单位和责任人应做何处理?

 **知识总结**

1. 2019年第二次修订后的《药品管理法》共有十二章、一百五十五条,自2019年12月1日起施行。

2. 药品管理法立法目的是加强药品管理,保证药品质量,保障公众用药安全和合法权益,保护和促进公众健康。

3. 药品管理应当以人民健康为中心,坚持风险管理、全程管控、社会共治的原则,建立科学、严格的监督管理制度,全面提升药品质量,保障药品的安全、有效、可及。

4. 国家对药品管理实行药品上市许可持有人制度,药品上市许可持有人依法对药品研制、生产、经营、使用全过程中药品的安全性、有效性和质量可控性负责。

5. 国家实行药品储备制度,建立中央和地方两级药品储备。

**在线测试**

请扫描二维码完成在线测试。

在线测试：
相关法律
学习

# 任务 3.2　相关行政法规学习

 **任务描述**

　　通过药品管理法实施条例的学习,明确其上位法是药品管理法,下位法不得与上位法相抵触、相违背,学会依据相关法律法规条文进行相关案例分析。

PPT：
相关行政法
规学习

授课视频：
相关行政法
规学习

 **知识准备**

▶▶▶ **药品管理法实施条例**

　　《药品管理法》是上位法,在整个药品管理法律体系中具有最高的法律效力,《中华人民共和国药品管理法实施条例》(以下简称《药品管理法实施条例》)属行政法规,是下位法,其制定、实施等均不得与《药品管理法》相抵触、相违背。《药品管理法实施条例》于 2002 年修订,2016 年第一次修正,2019 年第二次修正。其主要内容有如下几方面。

　　**1. 药品生产管理**　开办药品生产企业,申办人应当向拟办企业所在地省级药品监督管理部门提出申请,经验收合格发给药品生产许可证,有效期为 5 年。药品生产企业生产药品必须取得药品批准文号,所使用的原料药,必须具有国务院药品监督管理部门核发的药品批准文号或者进口药品注册证书、医药产品注册证书。但是,未实施批准文号管理的中药材、中药饮片除外。疫苗、血液制品和国务院药品监督管理部门规定的其他药品,不得委托生产。

　　**2. 药品经营管理**　开办药品批发企业和零售企业,应当分别向所在地省级药品监督管理部门和设区的市级药品监督管理机构(或省级药品监督管理部门直接设置的县级药品监督管理机构)提出申请,经验收合格发给药品经营许可证,有效期为 5 年。

　　国家实行处方药和非处方药分类管理制度。国家根据非处方药品的安全性,将非处方药分为甲类非处方药和乙类非处方药。经营处方药、甲类非处方药的药品零售企

业,应当配备执业药师或者其他依法经资格认定的药学技术人员。经营乙类非处方药的药品零售企业,应当配备经设区的市级药品监督管理机构或者省级药品监督管理部门直接设置的县级药品监督管理机构组织考核合格的业务人员。

**3. 医疗机构药剂管理** 医疗机构设立制剂室,应当向所在地省级卫生行政部门提出申请,经审核同意后,报同级药品监督管理部门审批,经验收合格发给医疗机构制剂许可证,有效期为5年。

医疗机构配制制剂,必须按照国务院药品监督管理部门的规定报送有关资料和样品,经所在地省级药品监督管理部门批准,并发给制剂批准文号后,方可配制。医疗机构配制的制剂不得在市场上销售或者变相销售,不得发布医疗机构制剂广告。

医疗机构购进药品,必须有真实、完整的药品购进记录。医疗机构向患者提供的药品应当与诊疗范围相适应,并凭执业医师或者执业助理医师的处方调配。医疗机构审核和调配处方的药剂人员必须是依法经资格认定的药学技术人员。

**4. 药品监督与管理** 国务院药品监督管理部门根据保护公众健康的要求,可以对药品生产企业生产的新药品种设立不超过5年的监测期;在监测期内,不得批准其他企业生产和进口。进口药品,应当按照国务院药品监督管理部门的规定申请注册。国外企业生产的药品取得进口药品注册证,中国香港、澳门和台湾地区企业生产的药品取得医药产品注册证后,方可进口。注册证有效期均为5年。

药品生产企业使用的直接接触药品的包装材料和容器,必须符合药用要求和保障人体健康、安全的标准。生产中药饮片,应当选用与药品性质相适应的包装材料和容器;包装不符合规定的中药饮片,不得销售。中药饮片包装必须印有或者贴有标签。

发布药品广告,应当向药品生产企业所在地省级药品监督管理部门报送有关材料,符合要求则核发药品广告批准文号。经国务院或省级药品监督管理部门决定,责令暂停生产、销售和使用的药品,在暂停期间不得发布该品种药品广告;已经发布广告的,必须立即停止。

药品监督管理部门依法对药品的研制、生产、经营、使用实施监督检查。药品抽查检验,不得收取任何费用。

对违反《药品管理法实施条例》的单位、个人将追究相应的法律责任。

 **任务实施**

▶▶▶ **药品管理法实施条例相关案例分析**

**甲氨蝶呤事件**

2007年7—8月份,国家药品不良反应监测中心分别接到上海、广西、北京、安徽、河北、河南等地报告,反映一些白血病患者在使用上海某制药厂部分批号的鞘内注射用甲氨蝶呤和阿糖胞苷后,出现行走困难等神经损害症状。卫生部和国家食品药品监督管理局随后联合发出通知,暂停生产、销售和使用该制药厂上述批号的甲氨蝶呤和阿糖胞苷。9 月 5 日,卫生部和国家食品药品监督管理局再次发出通知,暂停生产、销售和使用该制药厂所有批号的甲氨蝶呤和阿糖胞苷。

　　此次药害事件发生后,卫生部和国家食品药品监督管理局联合成立工作组,会同上海市卫生和药品监督管理部门,共同对该制药厂有关药品的生产、运输、贮藏、使用等各个环节存在的问题开展深入调查。同时,组成医疗专家组对患者进行积极的治疗,最大限度地减少对患者的损害。

　　9 月 14 日,卫生部、国家食品药品监督管理局公布了对该制药厂药害事件的调查结果。中国药品生物制品检定所、上海市食品药品检验所和中国疾病预防控制中心的检测显示,该制药厂上述批号的甲氨蝶呤和阿糖胞苷混有硫酸长春新碱。硫酸长春新碱具有中枢神经毒性,可导致使用问题药品的患者出现肌无力或偏瘫等严重损害。上海市食品药品监督管理局立即查封了该制药厂有关生产车间,全力查找混入硫酸长春新碱的具体原因。

　　请查阅相关事件报道和文献,分析:

　　(1) 该起药害事件是如何造成的?

　　(2) 对该事件,按《药品管理法》《药品管理法实施条例》应做何处罚?

案例分析:
甲氨蝶呤
事件

 ## 知识总结

　　1. 开办药品生产企业,申办人应当向拟办企业所在地省级药品监督管理部门提出申请,经验收合格发给药品生产许可证,有效期为 5 年。

　　2. 开办药品批发企业和零售企业,应当分别向所在地省级药品监督管理部门和设区的市级药品监督管理机构(或省级药品监督管理部门直接设置的县级药品监督管理机构)提出申请,经验收合格发给药品经营许可证,有效期为 5 年。

　　3. 医疗机构设立制剂室,应当向所在地省级卫生行政部门提出申请,经审核同意后,报同级药品监督管理部门审批,经验收合格发给医疗机构制剂许可证,有效期为 5 年。

　　4. 国务院药品监督管理部门根据保护公众健康的要求,可以对药品生产企业生产的新药品种设立不超过 5 年的监测期。

 ## 在线测试

　　请扫描二维码完成在线测试。

在线测试:
相关行政法
规学习

# 任务 3.3　相关部门规章学习

　　通过药品生产质量管理规范、药品生产监督管理办法等相关部门规章的学习,明确药品质量不仅是检验出来的,更是生产出来的,学会依据相关法律法规和规章条文进行相关案例分析。

 知识准备

## 一、药品生产质量管理规范

　　《药品生产质量管理规范》简称 GMP。GMP 是对药品生产企业生产过程的合理性、生产设备的适用性和生产操作的精确性、规范性提出的强制性要求,是药品生产企业必须遵循的强制性规范。GMP 作为质量管理体系的一部分,是药品生产管理和质量控制的基本要求,旨在最大限度地降低药品生产过程中污染、交叉污染及混淆、差错等风险,确保持续稳定地生产出符合预定用途和注册要求的药品。执行 GMP 管理,归根到底就是要严格执行"一切活动有标准,一切活动有记录,一切以数据说话"。

　　**1. GMP 的主要内容**　　我国现行 GMP 为 2010 年修订版,于 2011 年 1 月 17 日由卫生部发布(卫生部令第 79 号),自 2011 年 3 月 1 日起施行。

　　GMP(2010 年修订)的内容分为十四章,包括:总则、质量管理、机构与人员、厂房与设施、设备、物料与产品、确认与验证、文件管理、生产管理、质量控制与质量保证、委托生产与委托检验、产品发运与召回、自检、附则。

　　另外,对无菌药品、生物制品、血液制品等药品或生产质量管理活动的特殊要求,以附录方式另行制定。现制定的附录包括:无菌药品、原料药、生物制品、血液制品、中药制剂、放射性药品、中药饮片、医用氧、取样、计算机化系统、确认与验证、生化药品、临床试验用药品等。

　　**2. GMP 的主要特点**

　　(1) 加强了药品生产质量管理体系建设,大幅提高对企业质量管理软件方面的要求。细化了对构建实用、有效质量管理体系的要求,强化药品生产关键环节的控制和管理,以促进企业质量管理水平的提高。

（2）全面强化了从业人员的素质要求。增加了对从事药品生产质量管理人员素质要求的条款和内容，进一步明确职责。例如，明确了药品生产企业的关键人员包括企业负责人、生产管理负责人、质量管理负责人、质量受权人等必须具有的资质和应履行的职责。

（3）细化了操作规程、生产记录等文件管理规定，增加了指导性和可操作性。

（4）进一步完善了药品安全保障措施。引入了质量风险管理的概念，在原辅料采购、生产工艺变更、操作中的偏差处理、发现问题的调查和纠正、上市后药品质量的监控等方面，增加了供应商再审计、变更控制、纠正和预防措施、产品质量回顾分析等新制度和措施，对各个环节可能出现的风险进行管理和控制，主动防范质量事故的发生。提高了无菌制剂生产环境标准，增加了生产环境在线监测要求，提高了无菌药品的质量保证水平。

**3. 药品生产质量管理的基本要求**　GMP（2010年修订）第二章质量管理第十条对药品生产质量管理的基本要求做了规定。

（1）制定生产工艺，系统地回顾并证明其可持续稳定地生产出符合要求的产品。

（2）生产工艺及其重大变更均经过验证。

（3）配备所需的资源，至少包括：① 具有适当的资质并经培训合格的人员。② 足够的厂房和空间。③ 适用的设备和维修保障。④ 正确的原辅料、包装材料和标签。⑤ 经批准的工艺规程和操作规程。⑥ 适当的贮运条件。

（4）应当使用准确、易懂的语言制定操作规程。

（5）操作人员经过培训，能够按照操作规程正确操作。

（6）生产全过程应当有记录，偏差均经过调查并记录。

（7）批记录和发运记录应当能够追溯批产品的完整历史，并妥善保存、便于查阅。

（8）降低药品发运过程中的质量风险。

（9）建立药品召回系统，确保能够召回任何一批已发运销售的产品。

（10）调查导致药品投诉和质量缺陷的原因，并采取措施，防止类似质量缺陷再次发生。

**4. 药品批次划分原则**　无菌药品和原料药品批次的划分依据不同的标准，具体情况如下：① 大（小）容量注射剂以同一配液罐最终一次配制的药液所生产的均质产品为一批；同一批产品如用不同的灭菌设备或同一灭菌设备分次灭菌，应当可以追溯。② 粉针剂以一批无菌原料药在同一连续生产周期内生产的均质产品为一批。③ 冻干产品以同一批配制的药液使用同一台冻干设备在同一生产周期内生产的均质产品为一批。④ 眼用制剂、软膏剂、乳剂和混悬剂等以同一配制罐最终一次配制所生产的均质产品为一批。⑤ 连续生产的原料药，在一定时间间隔内生产的在规定限度内的均质产品为一批。⑥ 间歇生产的原料药，可由一定数量的产品经最后混合所得的在规定限度内的均质产品为一批。

## 二、药品生产监督管理办法

《药品管理法》将药品领域改革成果和行之有效的做法上升为法律，并提出全面实

行药品上市许可持有人制度,取消药品 GMP 认证,切实加大监管处罚力度。为适应新修订的《药品管理法》,2019 年 4 月,国家药品监督管理部门正式启动了对《药品生产监督管理办法》的修订工作。2020 年 1 月 22 日,国家市场监督管理总局发布第 28 号令,公布了由国家市场监督管理总局 2020 年第 1 次局务会议审议通过的《药品生产监督管理办法》,自 2020 年 7 月 1 日起施行。

《药品生产监督管理办法》的主要内容:

(1) 明确监管事权划分。明确国家药品监督管理局主管全国药品生产监督管理工作,对省级药品监督管理部门的药品生产监督管理工作进行监督和指导。坚持属地监管原则,省级药品监督管理部门负责本行政区域内的药品生产监督管理,承担药品生产环节的许可、检查和处罚等工作。国家药品监督管理局食品药品审核查验中心组织制定药品检查技术规范和文件,承担境外检查以及组织疫苗巡查等,分析评估检查发现风险、做出检查结论并提出处置建议,负责各省级药品检查机构质量管理体系的指导和评估。国家药品监督管理局信息中心负责药品追溯协同服务平台、药品安全信用档案建设和管理,对药品生产场地进行统一编码。

(2) 全面规范生产许可管理。明确药品生产的基本条件,规定了药品生产许可申报资料提交、许可受理、审查发证程序和要求,规范了药品生产许可证的有关管理要求。

(3) 全面加强生产管理。明确要求从事药品生产活动,应当遵守药品生产质量管理规范,按照国家药品标准、经药品监督管理部门核准的药品注册标准和生产工艺进行生产,保证生产全过程持续符合法定要求。

(4) 全面加强监督检查。按照属地监管原则,省级药品监督管理部门负责对本行政区域内的药品上市许可持有人、制剂、化学原料药、中药饮片生产企业的监管;对原料、辅料、直接接触药品的包装材料和容器等供应商、生产企业开展日常监督检查,必要时开展延伸检查;建立药品安全信用档案,依法向社会公布并及时更新,可以按照国家规定实施联合惩戒。

(5) 全面落实最严厉的处罚。坚持利剑高悬,严厉打击违法违规行为。进一步细化《药品管理法》有关处罚条款的具体情形。对违反《药品生产监督管理办法》有关规定的情形,增设了相应的罚则条款,保证违法情形能够依法处罚。

 **任务实施**

▶▶▶ 药品生产管理相关案例分析

### 长春长生疫苗事件

2017 年 10 月,国家食品药品监督管理总局接到中国食品药品检定研究院报告,在药品抽样检验中检出长春某公司(以下称"长春长生")生产的批号为 201605014-01 的百白破疫苗效价指标不符合标准规定。国家食品药品监督管理总局会同国家卫生计生委立即组织专家研判，并于 10 月 29 日通知相关省局责令企业查明疫苗流向并立即停止使用和生产该疫苗。

2018 年 7 月 5 日，国家药品监督管理局组织对长春长生开展飞行检查。调查通告显示，该公司从 2014 年 4 月起，在生产狂犬病疫苗过程中存在混入过期原液、不如实填写日期和批号、部分批次向后标示生产日期、随意变更工艺参数和设备等违法违规行为，严重违反《药品管理法》《药品生产质量管理规范》等相关法律法规。2018 年 10 月，国家药品监督管理局和吉林省药品监督管理局依法从严对该公司违法违规生产疫苗做出行政处罚。

请查阅相关事件报道和文献，分析：

(1)《药品管理法》《疫苗管理法》和 GMP 对事件的处罚规定。

(2) 实施《药品生产质量监督管理办法》的必要性。

案例分析：
长春长生疫苗事件

 ## 知识总结

1. GMP 是对药品生产企业生产过程的合理性、生产设备的适用性和生产操作的精确性、规范性提出的强制性要求。

2. 我国现行版 GMP（2010 年修订）（卫生部令第 79 号）于 2011 年 1 月 17 日由卫生部发布，自 2011 年 3 月 1 日起施行。

3. 批记录和发运记录应当能够追溯批产品的完整历史，并妥善保存、便于查阅。

4. 建立药品召回系统，确保能够召回任何一批已发运销售的产品。

5.《药品生产监督管理办法》明确监管事权划分，全面规范生产许可管理、生产管理和监督检查，全面落实最严厉的处罚。

 ## 在线测试

请扫描二维码完成在线测试。

在线测试：
相关部门规章学习

# 项目 4
# 专业基础知识学习

**学习目标**

1. 掌握剂型与制剂的概念，溶解度与表面活性剂，药用辅料的性质和作用，制剂有效期，药品标准体系，质量标准要求。
2. 熟悉 GMP 对于制剂生产的环境要求和人员卫生要求，制剂安全性检查要求。
3. 了解药用包装材料的特点和分类，质检数据分析基础等。

**知识导图**

请扫描二维码了解本项目主要内容。

知识导图：
专业基础知
识学习

# 任务 4.1 制剂基础知识学习

　　在具备一定的制剂基础知识储备后,再开展制剂相关工作就会有更清晰的认知。本任务主要学习剂型与制剂的概念,药物的溶解度及常用的表面活性剂,药用辅料、药用包装材料及药物制剂有效期,领会剂型对药物的作用,辅料对药品质量的影响。

PPT:
制剂基础知识学习

授课视频:
制剂基础知识学习

## 知识准备

### 一、药物剂型与制剂

　　药物是指能够用于治疗、预防或诊断人类和动物疾病以及对机体的生理功能产生影响的物质。药物最基本的特征是具有防治疾病的活性,因而又称之为活性药物成分(active pharmaceutical ingredients,API)。根据来源,可将药物分为三大类,中药与天然药物、化学药物和生物技术药物。中药是在中医理论指导下使用的,包括我国传统经典著作收载的中药材、中成药和草药等。天然药物是在现代医药理论指导下使用的,包括植物、动物和矿物等天然药用物质。化学药物即西药,是通过化学合成途径所得的药用化合物。生物技术药物是通过基因重组、发酵、核酸合成等生物技术手段获得的药物,如细胞因子药物、核酸疫苗、反义核酸、单克隆抗体等。无论哪一种药物在临床应用前,都必须加工成一定的形式,即药物剂型。

　　剂型(dosage form)是指药物制成的适合于医疗预防应用,并对应于一定给药途径的形式,如散剂、颗粒剂、片剂、胶囊剂、注射剂、溶液剂、乳剂、混悬剂、软膏剂、栓剂、气雾剂等。剂型是所有基本制剂形式的集合名词。药物制剂(pharmaceutical preparation),简称制剂,是指根据《中华人民共和国药典》(以下简称《中国药典》)、药品标准、处方手册等收载的应用比较普遍且较稳定的处方,将原料药物按照某种剂型制成一定规格并符合一定质量标准的具体药物品种,如盐酸小檗碱片、阿莫西林胶囊、维生素 D 软胶囊、注射用紫杉醇(白蛋白结合型)、新型冠状病毒灭活疫苗等。制剂是剂型中的具体品种。

　　将药物经一定的处方和工艺制备而成的制剂产品,就是药品,是可供临床使用的商品。

同一种药物可以制成不同的剂型(制剂),如阿托品可制成片剂、注射剂及滴眼剂等多种剂型。同一种剂型也可以有多种不同的药物,如盐酸小檗碱片、维生素 C 片;同一种制剂也可含有不同的药物,如氨咖黄敏胶囊、蒲地蓝片等。

## 二、溶解度与表面活性剂

剂型中的药物需要溶解才能被吸收,因此药物的溶解度对药效的发挥具有重要影响。药物的溶解度是指在一定温度下,一定量溶剂中溶解药物的最大量。《中国药典》(2020 年版)中规定的溶解度名词术语有极易溶解、易溶、溶解、略溶、微溶、极微溶解、几乎不溶或不溶,一般以一份溶质(1 g 或 1 ml)溶于若干毫升溶剂表示,见表 4-1。

表 4-1 《中国药典》(2020 年版)中规定的溶解度名词术语

| 名词术语 | 含义 |
| --- | --- |
| 极易溶解 | 溶质 1 g(ml)能在溶剂不到 1 ml 中溶解 |
| 易溶 | 溶质 1 g(ml)能在溶剂 1~不到 10 ml 中溶解 |
| 溶解 | 溶质 1 g(ml)能在溶剂 10~不到 30 ml 中溶解 |
| 略溶 | 溶质 1 g(ml)能在溶剂 30~不到 100 ml 中溶解 |
| 微溶 | 溶质 1 g(ml)能在溶剂 100~不到 1 000 ml 中溶解 |
| 极微溶解 | 溶质 1 g(ml)能在溶剂 1 000~不到 10 000 ml 中溶解 |
| 几乎不溶或不溶 | 溶质 1 g(ml)在溶剂 10 000 ml 中不能完全溶解 |

溶剂是指可用于溶解或分散固体、液体或气体溶质,继而成为液体状态的一种液体。溶剂根据极性不同,可分为极性溶剂、半极性溶剂和非极性溶剂。常用极性溶剂如水、甘油、二甲基亚砜(DMSO),半极性溶剂如乙醇、丙二醇、聚乙二醇(PEG),非极性溶剂如脂肪油、液体石蜡(液状石蜡)、乙酸乙酯等。影响药物溶解度的因素有:药物的极性,溶剂的极性(极性相似相溶原则),温度、晶型、粒子大小及加入的第三种物质等。

为了将药物制成液体制剂,或帮助固体制剂中难溶性药物溶出,可加入表面活性剂。表面活性剂是指具有很强的表面活性,能使液体的表面张力显著降低,具有亲水亲油基团的两亲性物质。表面活性剂的分子结构中同时含有两种不同性质的基团,即一端为亲水基团,一端为亲油(疏水)基团,如图 4-1 所示。疏水基团通常由非极性碳氢链、硅烷基、硅氧烷基或碳氟链构成。表面活性剂亲水基团和亲油基团分别选择性地作用于界面两侧极性不同的物质,从而显现出降低表面张力的作用。

表面活性剂根据其解离情况可分为离子型表面活性剂和非离子型表面活性剂。根据离子型表面活性剂所带电荷,又可分为阳离子型表面活性剂、阴离子型表面活性剂和两性离子型表面活性剂。在图 4-1 中,十二烷基硫酸钠(缩写为 SLS 或 SDS)即为阴离子型表面活性剂,十二烷基三甲基氯化铵为阳离子型表面活性剂,十二烷基甜菜碱为两性离子型表面活性剂,十二醇聚氧乙烯醚(又称月桂醇聚氧乙烯醚)为非离子型表面活性剂。阳离子型表面活性剂如苯扎溴铵(新洁尔灭),具有消毒作用;其他类型的

表面活性剂在制剂中具有增溶、乳化、润湿等作用;阴离子型表面活性剂常用于外用制剂;非离子型表面活性剂可用于内服制剂。

CH₃CH₂……CH₂CH₂—OSO₃⁻    Na⁺

十二烷基硫酸钠

CH₃CH₂……CH₂CH₂—N⁺(CH₃)(CH₃)(CH₃)    Cl⁻

十二烷基三甲基氯化铵

CH₃CH₂……CH₂CH₂—N⁺(CH₃)(CH₃)–CH₂COO⁻

十二烷基甜菜碱

CH₃CH₂……CH₂CH₂—O(CH₂CH₂O)ₙH

十二醇聚氧乙烯醚

图 4-1  表面活性剂分子结构示意图

## 三、药用辅料

制剂中除了具有活性成分的药物外,还包括其他成分,这些成分统称为药用辅料。药用辅料(pharmaceutical excipients)是制剂生产和处方调配时所添加的赋形剂和附加剂,是制剂生产中必不可少的组成部分。如片剂中用到的填充剂、崩解剂、黏合剂、润滑剂等,液体制剂中用到的溶剂、增溶剂、助悬剂等。

药用辅料除了赋形、充当载体、提高稳定性的作用外,还具有增溶、助溶、缓控释等重要功能,是可能会影响药品质量、安全性和有效性的重要成分。而制剂研发工作中的处方设计就是依据药物特性与剂型要求,进行药用辅料的筛选和用量的调整。因此,其质量可靠性和多样性是保证剂型和制剂先进性的物质基础。

药用辅料可来源于天然产物、半合成产物和全合成产物。

有些辅料可用于多种给药途径,但用量和质量要求大相径庭,应根据给药途径选择对应级别的辅料。药用辅料应在包装上注明"药用辅料"及适用范围(给药途径,如注射级等)。

## 四、药用包装材料

药用包装材料对于药品的稳定性和使用安全性有十分重要的影响,除了要满足法规的要求、经过适当的稳定性和相容性评价之外,同时还要能够适应工业生产(如高速加工处理)。药品包装中常用的包装材料有玻璃、金属、塑料、纸、橡胶及复合膜材等。

1. **玻璃**  是药品包装应用最普遍的材料之一,常用玻璃瓶、安瓿等。玻璃具有化学惰性、非渗透性、坚固、有刚性、长期存放不变质、价格低廉等特性,对于制剂具有优越的保护作用,易于制成不同大小和各种形状,经适当密封,可成为优良的包装容器。但易碎和重量较大是玻璃容器的缺点。《中国药典》(2020年版)收载的玻璃有高硼硅酸玻璃、中硼硅酸玻璃、低硼硅酸玻璃和钠钙玻璃。其中高硼硅酸玻璃具有耐水性、耐酸碱性、耐腐蚀性、抗冷冻性,可用于制成管制冻干粉针玻璃瓶。

**2. 金属**　金属材料具有良好的延伸性,这是包装容器加工的基础;其强度和刚性大,故金属容器的机械保护作用好;而且光泽好,能耐受热、寒的影响,气密性良好,不透气、不透光、不透水。因此,金属也是一种重要的制剂包装材料。目前常用金属材料为铝,具有重量轻、可塑性好等优点。

**3. 塑料**　塑料是由天然或合成的高分子组成的、可模塑或热压成型的一类材料,具有抗冲击性能好、热塑成型性好等优点,亦可作为金属或玻璃的涂层或复合膜。塑料可以加工成形式多样、大小不同的瓶、罐、袋或管,亦可制成泡罩、条带等,用途十分广泛,已成为最主要的制剂包装材料,有逐步取代部分玻璃或金属容器的趋势。但塑料具有穿透性、迁移性、吸附性、变形性、化学反应性等缺点。塑料材质的药用包装材料常用的有聚乙烯(PE)、聚丙烯(PP)、聚氯乙烯(PVC)、聚酰胺(尼龙)等。

**4. 纸**　纸属于天然纤维制品,在包装上应用最广泛,涉及各个行业。纸具有取材无毒、来源广泛、价廉物美,有一定的机械强度和遮光性,可提供包装保护作用,具有良好的印刷适应性,易于改性以适应不同的需求,质轻而不易碎裂,易回收,加工性能好等优点,但本身防潮性差,需进行不同形式改造。包装用纸板有白纸板和箱纸板等。

**5. 橡胶**　橡胶广泛应用于注射剂包装和给药装置,多作为塞子或垫片,用于密封瓶口。目前主要使用卤化丁基橡胶。

**6. 复合膜材**　是将两种或多种膜(或箔)结合在一起构成的材料,综合了各构成材料的优点,性能大幅提高。如 PP/PE 复合膜,镀铝箔膜或 PVC/PVDC 复合膜。

## 五、药物制剂有效期

药物制剂基本质量要求是安全、有效、稳定、使用方便。制剂产品经历从原料药合成、制剂生产、运输、贮存、销售,直至临床使用,整个过程中药物如发生降解变质,药效就会降低,或由其降解物引发不良反应,这些都会严重影响制剂安全性和有效性。在药品研发中需明确制剂的有效期,制造中监测有效期,并在包装中明示失效期。因此,在药品整个生命周期内,应考察药物制剂稳定性。

药物制剂稳定性(drug stability)是指药物制剂从制备到使用期间质量发生变化的速率和程度,即药物制剂的体外稳定性,它是评价药物制剂质量的重要指标之一。药物制剂稳定性主要包括化学稳定性、物理稳定性和生物学稳定性三个方面。一般而言,制定药品有效期时均以化学稳定性考察为主,即药品的有效期(shelf life)是指药物降解10% 所需的时间,记作 $t_{0.9}$,也即在将到达失效日期的药品中至少还含有 90% 以上的药物,这样方可确保药品的安全、有效。对于大多数药物而言,降解过程为一级动力学过程,因此有效期可用式 4-1 表示。

$$t_{0.9} = \frac{0.105\,4}{k} \tag{式 4-1}$$

式中,$k$ 为一级降解速率常数。

知识拓展:
仿制药一致性评价

## 任务实施

### 一、剂型相关案例分析

#### 硫酸镁不同剂型相关案例

王大妈患有慢性胆囊炎,一天早晨,她食用荷包蛋后右上腹又疼了起来。王大妈想,以前右上腹疼得严重时医生就会给她静脉滴注硫酸镁,现在这地方又疼了,喝点硫酸镁注射液一定也有用。于是她就将上次未用完的两支硫酸镁注射液拿出来,直接喝了下去。可没想到,王大妈服下注射液后疼痛虽然略微减轻了些,但到了中午却突然开始腹泻,而且大便十余次后仍不见好转。无奈之下,王大妈只好来到医院就诊。

请思考并讨论:

(1)硫酸镁注射液为什么不能口服?

(2)除了上述类似案例外,剂型对于药效的发挥还有哪些能动性?

案例分析:
硫酸镁不同
剂型相关
案例

### 二、辅料相关案例分析

#### 亮菌甲素注射液药害事件

2006 年 5 月,某制药公司生产的亮菌甲素注射液流入市场,致使多名患者出现肾衰竭,甚至导致多人死亡。经调查,亮菌甲素注射液中应该使用的辅料是药用丙二醇,而该公司在生产过程中却以工业用二甘醇代替,造成严重的药害事件。

请思考并讨论:

(1)导致该起药害事件的直接原因是什么?

(2)理想的辅料应具有哪些性质和作用?

案例分析:
亮菌甲素注
射液药害
事件

## 知识总结

1. 剂型是指药物制成的适合于医疗预防应用,并对应于一定给药途径的形式。

2. 制剂是指根据《中国药典》、药品标准、处方手册等收载的应用比较普遍且较稳定的处方,将原料药物按照某种剂型制成一定规格并符合一定质量标准的具体药物品种。

3. 溶解度是指在一定温度下,一定量溶剂中溶解药物的最大量。

4. 表面活性剂是指具有很强的表面活性,能使液体的表面张力显著降低,具有亲水亲油基团的两亲性物质,在制剂中具有增溶、乳化、润湿等作用。

5. 制剂中除了具有活性成分的药物外的其他成分统称为药用辅料。

基础篇

6. 药品包装中常用的包装材料有玻璃、金属、塑料、纸、橡胶及复合膜材等。

7. 药物制剂有效期是指药物降解 10% 所需的时间,记作 $t_{0.9}$。

## 在线测试

请扫描二维码完成在线测试。

在线测试:
制剂基础知
识学习

# 任务 4.2　GMP 基础知识学习

PPT:
GMP 基础
知识学习

授课视频:
GMP 基础
知识学习

## 任务描述

　　制剂生产的全过程均应严格按 GMP 执行。本任务主要学习 GMP 对制剂生产环境和制剂生产人员卫生的要求,掌握进入洁净区的操作规范。

## 知识准备

### 一、制剂生产环境要求

　　制剂生产是在洁净厂房中进行的,这里的洁净既包括了去除尘埃粒子,也包含了去除微生物。GMP 规定制剂生产车间应当根据药品品种、生产操作要求及外部环境状况等配置空调净化系统(HVAC),使生产区有效通风,并有温度、湿度控制和空气净化过滤,保证药品生产环境符合要求。

　　**1. 洁净区布局**　厂区建筑物的位置应在厂区内环境清洁,人流、货流较少穿越的地段,位于厂区内的上风侧,远离锅炉房、燃料堆场、三废化处理及其他有污染的区域,制剂车间周围应铺设草坪加以绿化,减少露土面积。

　　车间内分为一般生产区和洁净区。洁净区内墙壁和顶棚表面,以及地面应平整光洁、耐磨、耐撞击、无裂隙、防潮、易除尘清洗。门窗密闭性好,灯具造型简单、不易积尘、便于擦拭、易于消毒灭菌。无菌生产的 A/B 级洁净区内禁止设置排水沟和地漏。在其他洁净区内,排水沟或地漏应当有适当的设计、布局和维护,地漏材质不易腐蚀,内表面光洁,易于清洗,有密封盖,耐消毒灭菌,与外部排水系统的连接方式应能防止微生物的侵入。

　　**2. 洁净室净化标准**　GMP 对制剂生产的洁净度要求可分为 A、B、C、D 4 个级别,各洁净度级别对尘埃和微生物的限度要求、微生物监控的动态标准见表 4-2。

表 4-2　药品生产洁净室(区)空气洁净度级别

| 洁净度级别 | 悬浮粒子最大允许数 /m³ | | | | 浮游菌 | 沉降菌 | 表面微生物 | |
| --- | --- | --- | --- | --- | --- | --- | --- | --- |
| | 静态 | | 动态 | | | | 接触碟(φ55 mm) | 5 指手套 |
| | ≥ 0.5 μm | ≥ 5.0 μm | ≥ 0.5 μm | ≥ 5.0 μm | cfu/m³ | cfu/4 h | cfu/碟 | cfu/手套 |
| A 级 | 3 520 | 20 | 3 520 | 20 | <1 | <1 | <1 | <1 |
| B 级 | 3 520 | 1 | 352 000 | 2 900 | 10 | 5 | 5 | 5 |
| C 级 | 352 000 | 2 900 | 3 520 000 | 29 000 | 100 | 50 | 25 | — |
| D 级 | 3 520 000 | 29 000 | 不做规定 | 不做规定 | 200 | 100 | 50 | — |

表 4-2 中静态标准是指生产操作全部结束,操作人员撤离生产现场并经 15~20 min 自净后,洁净区的悬浮粒子应达到的标准。动态标准是在常规操作、培养基模拟灌装过程中进行测定应达到的标准。D 级的动态标准应根据生产操作的性质来决定洁净区的要求和限度。

无菌制剂的高风险操作区通常采用 A 级,如灌装区、放置胶塞桶和与无菌制剂直接接触的敞口包装容器区域及无菌装配或连接操作的区域。通常用层流操作台(罩)来维持该区的环境状态,且层流操作台(罩)维持一定的均匀风速。

无菌配制和灌装等高风险操作 A 级区所处的背景区域可采用 B 级。生产无菌药品过程中重要程度较低操作步骤的洁净操作区可采用 C 级或 D 级。而非无菌制剂,如口服液体、固体、腔道用药(含直肠用药)、表皮外用药品暴露工序及其直接接触药品的包装材料最终处理的暴露工序区域,则按 D 级洁净区的要求设置与管理。而非无菌原料药精制、干燥、粉碎、包装等生产操作的暴露环境也应当按照 D 级洁净区的要求设置。

洁净室应保持正压,洁净室之间按洁净度的高低依次相连,并有相应的压差(压差 ≥ 10 Pa),以防止低级洁净室的空气逆流到高级洁净室;除有特殊要求外,洁净室的温度一般应为 18~26℃,相对湿度为 45%~65%。

## 二、制剂生产人员卫生要求

生产人员的卫生状况与药品质量相关,GMP 规定企业应当对人员健康进行管理,并建立健康档案。直接接触药品的生产人员上岗前应当接受健康检查,以后每年至少进行一次健康检查。企业应当采取适当措施,避免体表有伤口、患有传染病或其他可能污染药品疾病的人员从事直接接触药品的生产。进入洁净区的工作人员患病(如咳嗽、感冒和其他类型感染)时,应向负责的管理人员及时报告;如患病状况可能影响产品质量,管理者应给这类人员另行安排适当的临时性工作。

所有进入生产区的人员均应按规定进行更衣。工作服的选材、式样及穿戴方式应与所从事的工作和空气洁净度级别要求相适应,并不得混用。用过的衣服如需再次使用,应与洁净未使用的衣服分开保存,并规定使用期限。

进入洁净区后人员应保持双手卫生,避免裸手直接接触暴露的药品及与药品接触的生产设备表面。手不应有可见的创口,指甲应修剪整齐并保持清洁,不应使用指甲油或其他可能散落尘埃粒子的化妆品。进入洁净区的人员不得化妆和佩戴饰物(如手表、戒指、耳环等),在生产区、仓储区内不得喝饮料、吃食物、嚼口香糖和吸烟等。

在无菌药品生产中,人员的影响尤其显著,人员在无菌生产洁净区的行为习惯对无菌药品最终质量的影响最大,风险最高。因此,在无菌生产洁净区应遵循良好的行为规范。尽量减少进入无菌生产洁净区的人数和次数;人员在进入无菌生产洁净区前应用无菌消毒剂(如乙醇)消毒双手,待消毒剂挥干后方可进入无菌生产洁净区。处理已灭菌物料时,须始终使用无菌工器具。每次使用期间,无菌工器具应保存在 A 级环境中。

在洁净区的快速移动会破坏单向流,产生紊流,造成不符合洁净厂房设计及控制参数的情况。因此,人员在无菌生产洁净区内应缓慢和小心移动,动作应尽量平缓,双手不得下垂、叉腰、夹在腋下或高举超过肩部,应放在胸前(包括静止时)。尽量避免下蹲动作,更不应躺在地面或坐在地面上。

在操作过程中应保持整个身体在单向气流通道之外,在无菌物料的侧面进行操作,以不危害或不增加产品污染风险为准则。在高风险操作区操作时,人员间应保持一段距离,人员的着装(包括无菌手套)不可相互接触。操作人员尽可能不说话,必要时,可先退出该区域后再与其他人交谈。

每次接触物品后应对双手进行消毒,晾干后再进行下一步操作。即使没有接触任何物品,也应定期(如每隔 10~20 min)对双手进行消毒。如果在高风险操作区进行关键操作(如涉及所有灌装部件、悬浮颗粒及浮游菌取样口操作等)之前进行了其他操作,则应退出该区域重新消毒双手后再进入该区域进行关键操作。

进入高风险操作区后应定期检查着装,尤其在进行动作幅度较大的操作之后应确认头套、鞋套是否穿戴紧密。在无菌生产洁净区中的任何时候,双手都不应接触地面。如果不小心接触了地面,须立即返回更衣室内更换手套后方可再次进入该区域。无菌生产洁净区内所有的开、关门操作,应尽量避免用手直接接触,宜使用肘部、前臂、背部等身体部分来完成,避免交叉污染。

知识拓展:医药工业洁净厂房的设计标准

## 任务实施

### ▶▶▶ 人员卫生相关案例分析

案例分析:无菌操作及相关规范评估表

假设你是药品质量管理人员(QA),要对进入无菌制剂生产区域进行无菌操作的生产人员进行行为规范评估,请设计一个无菌操作及相关规范评估表。

## 知识总结

1. 通过 HVAC 系统进行空气净化,去除尘埃粒子和微生物,使生产区有效通风,并有温度、湿度控制等,以实现 GMP 对制剂生产环境的要求。

2. 生产环境洁净度级别共分为 A、B、C、D 四个级别,无菌制剂各工序根据污染风险从高到低,洁净区洁净级别从 A 级到 D 级;非无菌制剂产品暴露工序洁净区为 D 级。

3. 药物制剂生产人员应定期进行健康检查,按规定更衣,进入洁净区后人员应保持双手卫生,避免裸手直接接触暴露的药品及与药品接触的生产设备表面。

4. 无菌药品生产人员的行为习惯对无菌药品最终质量的影响最大,风险最高,应遵循良好的行为规范。

 ## 在线测试

请扫描二维码完成在线测试。

在线测试:
GMP 基础
知识学习

# 任务 4.3　药品质量检查基础知识学习

 **任务描述**

在制剂车间生产出来的产品要符合质量标准才能成为药品上市流通。本任务主要学习药品质量检查的基础知识,包含药品标准体系构成、药品质量标准要求、制剂通则、安全性检查要求、数据分析基础知识等,领会质量检查工作的常用工具和要求。

PPT:
药品质量检
查基础知识
学习

 ## 知识准备

### 一、药品标准体系

药品标准是国家为了保证药品质量,对生产药品的质量指标、检验方法及生产工艺等技术要求所做出的科学技术规定,是生产、供应、使用、管理等部门必须共同遵循的法定依据,也是医药产业发展水平的重要标志。国家药品标准由《中国药典》和国务院药品监督管理部门颁布的药品标准构成,以上两者均由国家药典委员会制定。

授课视频:
药品质量检
查基础知识
学习

除此之外,国家的药品标准还包括国务院药品监督管理部门核准的药品质量标准(简称药品注册标准)和省、自治区、直辖市人民政府药品监督管理部门制定的药品标准(简称省级药品标准)(图4-2)。药品注册标准是在药品注册管理工作中,由药品注册申请人制定和申请,经国务院药品监督管理部门核准的特定药品质量标准,该标准对申请人有效。

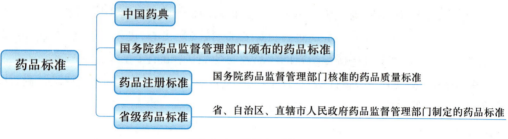

图 4-2　药品标准体系

## 二、药品质量标准要求

药品质量标准是把反映药品质量特性的技术参数、指标明确规定下来,形成技术文件,规定药品质量规格及检验的方法。为保证药品质量而对各种检查项目、指标、限度、范围等所做的规定,称为药品质量标准。

在药品的生产过程中,原料、中间体、成品均需依据药品质量标准进行检验,检验结果既说明了过程受控,也作为评价产品质量的重要依据,检验结果应准确可靠。分析方法验证为检验结果的准确及可靠提供了有力保障。通过实验数据,证明所用的试验方法准确、灵敏、专属和重现。

验证的分析项目有:鉴别试验、杂质测定(限度或定量分析)、含量测定(包括特性参数和含量/效价测定,其中特性参数如药物溶出度、释放度等)。

验证的指标有:专属性、准确度、精密度(包括重复性、中间精密度和重现性)、检测限、定量限、线性、范围和耐用性。在分析方法验证中,须用标准物质进行试验。由于分析方法具有各自的特点,并随分析对象而变化,所以需要视具体情况拟订验证的指标。表4-3中列出的验证分析项目和相应的验证指标可供参考。

表 4-3　验证分析项目和验证指标

| 验证指标 | | 含量测定 | 杂质测定 | | 溶出度或释放度 | 鉴别 |
| --- | --- | --- | --- | --- | --- | --- |
| | | | 定量分析 | 限度 | | |
| 专属性[①] | | + | + | + | * | + |
| 准确度 | | + | + | * | * | − |
| 精密度 | 重复性 | + | + | − | + | − |
| | 中间精密度 | +[②] | +[②] | − | + | − |

续表

| 验证指标 | 含量测定 | 杂质测定 | | 溶出度或释放度 | 鉴别 |
|---|---|---|---|---|---|
| | | 定量分析 | 限度 | | |
| 检测限 | – | –③ | + | * | – |
| 定量限 | – | + | – | * | – |
| 线性 | + | + | – | * | – |
| 范围 | + | + | * | * | – |
| 耐用性 | + | + | + | + | + |

注:"+"表示做要求;"–"表示不做要求;"*"表示需根据实验特性决定是否做要求。

① 如一种方法不够专属,可用其他分析方法予以补充。

② 已有重现性验证,不需验证中间精密度。

③ 视具体情况予以验证。

## 三、制剂通则

制剂通则系按照药物剂型分类,针对剂型特点所规定的基本技术要求。《中国药典》较早版本的制剂通则在各部附录中,自 2015 年版开始,将制剂通则与药用辅料单独成卷,作为《中国药典》四部。《中国药典》(2020 年版)沿用这一体系,四部收载制剂通则 38 个。

制剂通则适用于中药、化学药和治疗用生物制品(包括血液制品、免疫血清、细胞因子、单克隆抗体、免疫调节剂、微生态制剂等)。预防类生物制品,应符合《中国药典》三部相应品种项下的有关要求。

制剂通则中对剂型进行了定义、分类,制定了生产与贮藏期间的一般规定和剂型的检查要求,可作为剂型制定质量标准的依据。

## 四、制剂安全性检查要求

为确保制剂进入人体后的安全性,通则中还规定了各剂型与微生物相关检查,如微生物限度检查、无菌检查、细菌内毒素检查、热原检查等。

1. 微生物限度检查　对于非无菌产品的微生物限度检查,通则中相关要求包含微生物计数法(通则①1105),控制菌检查法(通则 1106)及非无菌药品微生物限度标准(通则 1107)。

(1)微生物计数法:用于能在有氧条件下生长的嗜温细菌和真菌的计数。微生物计数试验环境应符合微生物限度检查的要求。检验全过程必须严格遵守无菌操作,防止再污染,防止污染的措施不得影响供试品中微生物的检出。洁净空气区域、工作台面及环境应定期进行监测。如供试品有抗菌活性,应尽可能去除或中和。供试品检查时,若使用了中和剂或灭活剂,应确认其有效性及对微生物无毒性。供试液制备时如果使

_____

① 本书中的"通则"均指《中国药典》(2020 年版)四部通则。

用了表面活性剂,应确认其对微生物无毒性及与所使用中和剂或灭活剂的相容性。

计数方法包括平皿法、薄膜过滤法和最可能数法(most-probable-number method,简称 MPN 法)。MPN 法用于微生物计数时精确度较差,但对于某些微生物污染量很小的供试品,MPN 法可能是更适合的方法。

供试品检查时,应根据供试品理化特性和微生物限度标准等因素选择计数方法,检测的样品量应能保证所获得的试验结果能够判断供试品是否符合规定。所选方法的适用性须经确认。

(2) 控制菌检查法:用于在规定的试验条件下,检查供试品中是否存在特定的微生物。当本法用于检查非无菌制剂及其原、辅料等是否符合相应的微生物限度标准时,应按下列规定进行检验,包括样品取样量和结果判断等。供试品检出控制菌或其他致病菌时,按一次检出结果为准,不再复试。供试液制备及试验环境要求同微生物计数法。如果供试品具有抗菌活性,或使用了中和剂或灭活剂,以及使用了表面活性剂等,与上述要求相同。

(3) 非无菌药品微生物限度标准:非无菌化学药品制剂、生物制品制剂、不含药材原粉的中药制剂的微生物限度标准见表 4-4。

表 4-4　非无菌化学药品制剂、生物制品制剂、不含药材原粉的中药制剂的微生物限度标准

| 给药途径 | 需氧菌总数 (cfu/g、cfu/ml 或 cfu/10 cm²) | 霉菌和酵母菌总数 (cfu/g、cfu/ml 或 cfu/10 cm²) | 控制菌(1 g、1 ml 或 10 cm²) |
|---|---|---|---|
| 口服给药<br>　固体制剂<br>　液体及半固体制剂 | $10^3$<br>$10^2$ | $10^2$<br>$10^1$ | 不得检出大肠埃希菌;含脏器提取物的制剂还不得检出沙门氏菌 |
| 口腔黏膜给药制剂<br>　齿龈给药制剂<br>鼻用制剂 | $10^2$ | $10^1$ | 不得检出大肠埃希菌、金黄色葡萄球菌、铜绿假单胞菌 |
| 耳用制剂<br>皮肤给药制剂 | $10^2$ | $10^1$ | 不得检出大肠埃希菌、铜绿假单胞菌 |
| 呼吸道吸入给药制剂 | $10^2$ | $10^1$ | 不得检出大肠埃希菌、金黄色葡萄球菌、铜绿假单胞菌、耐胆盐革兰氏阴性菌 |
| 阴道尿道给药制剂 | $10^2$ | $10^1$ | 不得检出金黄色葡萄球菌、铜绿假单胞菌、白念珠菌 |
| 直肠给药制剂<br>　固体及半固体制剂<br>　液体制剂 | $10^3$<br>$10^2$ | $10^2$<br>$10^2$ | 不得检出金黄色葡萄球菌、铜绿假单胞菌 |
| 其他局部给药制剂 | $10^2$ | $10^2$ | 不得检出金黄色葡萄球菌、铜绿假单胞菌 |

**2. 无菌检查**　无菌制剂应照无菌检查法(通则 1101)检查,符合规定。制剂通则、品种项下要求无菌的及标示无菌的制剂和原辅料,用于手术、严重烧伤、严重创伤的局

部给药制剂,均应符合无菌检查法规定。

无菌检查法系用于检查《中国药典》要求无菌的药品、生物制品、医疗器械、原料、辅料及其他品种是否无菌的一种方法。若供试品符合无菌检查法的规定,仅表明供试品在该检验条件下未发现微生物污染。

无菌检查应在无菌条件下进行,试验环境必须达到无菌检查的要求,检验全过程应严格遵守无菌操作,防止微生物污染,防止污染的措施不得影响供试品中微生物的检出。单向流空气区域、工作台面及受控环境应定期按医药工业洁净室(区)悬浮粒子、浮游菌和沉降菌测试方法的现行国家标准进行洁净度确认。隔离系统应定期按相关的要求进行验证,其内部环境的洁净度须符合无菌检查的要求。日常检验需对试验环境进行监测。检验方法有薄膜过滤法和直接接种法。

结果判断:若供试品管均澄清,或虽显浑浊但经确证无菌生长,判供试品符合规定;若供试品管中任何一管显浑浊并确证有菌生长,判供试品不符合规定,除非能充分证明试验结果无效,即生长的微生物非供试品所含。只有符合下列至少一个条件时方可认为试验无效:① 无菌检查试验所用的设备及环境的微生物监控结果不符合无菌检查法的要求。② 回顾无菌检查试验过程,发现有可能引起微生物污染的因素。③ 在阴性对照中观察到微生物生长。④ 供试品管中生长的微生物经鉴定后,确证是因无菌试验中所使用的物品和/或无菌操作技术不当引起的。

试验若经评估确认无效后,应重试。重试时,重新取同量供试品,依法检查,若无菌生长,判供试品符合规定;若有菌生长,判供试品不符合规定。

**3. 细菌内毒素或热原检查** 静脉用注射剂照细菌内毒素检查法(通则1143)或热原检查法(通则1142)检查,应符合规定。

细菌内毒素检查系利用鲎试剂来检测或量化由革兰氏阴性菌产生的细菌内毒素,以判断供试品中细菌内毒素的限量是否符合规定的一种方法。检查方法包括两种,即凝胶法和光度测定法,后者包括浊度法和显色基质法。供试品检测时,可使用其中任何一种方法进行试验。当测定结果有争议时,一般以凝胶限度试验结果为准。试验操作过程应防止内毒素的污染。

热原检查法系将一定剂量的供试品,经静脉注入家兔体内,在规定时间内,观察家兔体温升高的情况,以判定供试品中所含热原的限度是否符合规定。供试用的家兔应健康合格,体重在1.7 kg以上(用于生物制品检查用的家兔体重为1.7~3.0 kg),雌兔应无孕。预测体温前7日即应用同一饲料饲养,在此期间,体重应不减轻,精神、食欲、排泄等不得有异常现象。

## 五、质检数据分析基础

药品质量检查多为破坏性试验,因此采用抽样检验,以抽取的一定数量样本的质量评价结果来代表整体的质量。通过数据收集、分析进行各组数据的比较,也需具备一定的统计知识。

标准差(standard deviation)也被称为标准偏差,用于描述各数据偏离平均数的距离(离均差)的平均数,它是离差平方和平均后的方根。标准差是方差的算术平方根。标准差能反映一个数据集的离散程度,标准偏差越小,这些值偏离平均值就越少,反之亦然。

$$S = \sqrt{\frac{1}{N-1}\sum_{i=1}^{N}(X_i-\overline{X})^2} \qquad (式\ 4\text{-}2)$$

式中,$N$ 表示样本数目,$X_i$ 表示样本值,$\overline{X}$ 代表所采用的样本 $X_1, X_2, \cdots, X_n$ 的均值。

线性回归在质检分析过程中常常要分析变量间的关系,如药物浓度与峰面积或吸光度等。像这样具有关联的变量,存在一定的统计规律,即具有一定的相互依存关系。回归分析,即从变量的观测数据出发,确定两个变量之间的经验公式(回归方程式),定量反映出它们之间的相互依存关系。采用 $y=ax+b$ 进行回归分析,即称为线性回归,最小二乘法可计算出 $a$、$b$,从而确定两个变量的联系。

知识拓展:
高效液相色
谱法的发展

## 任务实施

案例分析:
注射用氨曲
南的质量检
验规程

▶▶▶ ### 药品质量检验规程制订

请查阅《中国药典》(2020 年版)及其他工具书,试制订注射用氨曲南的质量检验规程。

## 知识总结

1. 药品标准体系包含《中国药典》、国务院药品监督管理部门颁布的药品标准、药品注册标准和省药品标准。

2. 药品生产过程中的原料、中间体、成品均需依据药品质量标准进行检验。

3. 制剂通则规定了剂型的定义、分类,制定了生产与贮藏期间的一般规定和剂型的检查要求。

4. 非无菌产品应符合微生物限度检查的规定。

5. 无菌制剂应符合无菌检查的规定,静脉注射用制剂应符合热原检查或细菌内毒素检查的规定。

## 在线测试

请扫描二维码完成在线测试。

在线测试:
药品质量检
查基础知识
学习

# 项目 5
# 生产管理知识学习

>>>> 学习目标

1. 掌握生产记录的要点和填写规范,物料在车间的流转过程,以及清场和清洁操作及要求等。

2. 熟悉生产工艺规程、岗位操作法、标准操作规程、验证文件和生产指令等的流转过程,物料管理、工艺管理、清洁管理制度等要求。

3. 了解模具、筛网管理,特殊物料管理,消毒剂、清洁剂的种类等。

>>>> 知识导图

请扫描二维码了解本项目主要内容。

知识导图:
生产管理知
识学习

# 任务 5.1　药品生产文件管理

 **任务描述**

　　药品生产单位的生产管理必须要按照 **GMP** 的基本准则来实施,要依据批准的生产工艺,制定必要的、严密的生产管理文件,用各类文件来规范生产过程的各项活动,使每项操作、每个产品都有严谨科学的技术标准。同时,生产记录也要完整准确,能如实反映生产进行情况,以利于药品质量的监控、分析与处理。本任务主要学习各种生产文件的要求及其流转过程,领会批生产记录、批包装记录的正确填写和管理。

 **知识准备**

## 一、基础知识

　　生产管理文件可分为标准和记录(record document,RD)两类。标准是衡量事务的准则,标准文件可分为技术标准、管理标准和操作标准。记录可反映实际生产活动中执行标准的情况,有批生产记录、检验记录、清场记录、台账、报表等。GMP 文件系统结构如图 5-1 所示。以下介绍制剂生产岗位常接触到的文件,如生产工艺规程、岗位操作法、标准操作规程、验证文件、生产指令、批生产记录等。

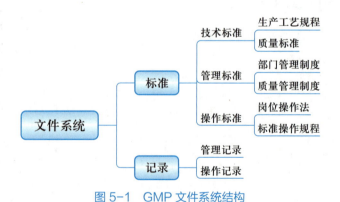

图 5-1　GMP 文件系统结构

　　**1. 生产工艺规程**　生产工艺规程是规定为生产一定数量成品所需起始原料和包装材料的数量,以及工艺、加工说明、注意事项,包括生产过程中控制的一个或一套文件。

生产工艺规程属于技术标准,是各个产品生产的蓝图,是对产品设计、处方、工艺、规格标准、质量监控的基准性文件,是制定其他生产文件的重要依据。每个正式生产的制剂产品都必须制定生产工艺规程,并严格按照生产工艺规程进行生产,以保证每一批产品尽可能与原设计相符。

制剂生产工艺规程的内容一般包括:品名、剂型、类别规格、处方、批准生产的日期、批准文号,生产工艺流程,生产工艺操作要求及工艺技术参数,生产过程的质量控制,物料、中间产品、成品的质量标准与检验方法,成品容器、包装材料质量标准与检验方法,贮存条件,标签,使用说明书的内容,设备一览表及主要设备生产能力(包括仪表),技术安全、工艺卫生及劳动保护,物料消耗定额,技术经济指标及其计算方法,物料平衡计算公式,操作工时与生产周期,劳动组织与岗位,附录(如理化常数、换算方法)等。

**2. 岗位操作法**　岗位操作法是对各具体生产操作岗位的生产操作、技术、质量管理等方面所做的进一步详细要求。

制剂岗位操作法主要内容包括:生产操作方法与要点,重点操作的复核、复查制度,中间产品质量标准及控制,安全、防火与劳动保护,设备使用、清洗与维修,异常情况的处理与报告,技术经济指标计算,工艺卫生与环境卫生,计量器具检查与校正,附录、附页等。

**3. 标准操作规程**　标准操作规程(standard operating procedure,SOP)是经批准用以指示操作的通用性文件或管理办法。

标准操作规程是企业用于指导员工进行管理与操作的标准,它不一定适用于某一个给定的产品或物料,而是通用性的指示,如设备操作、清洁卫生管理、厂房环境控制等。

标准操作规程的内容包括:题目、编号(码)、制定人及制定日期、审核人及审核日期、批准人及批准日期、颁发部门、生效日期、分发部门、标题及正文。

设备标准操作规程,可以看作组成岗位操作法的基础单元,是经批准的对设备操作的书面指示情况说明文件。设备标准操作规程的内容主要有:操作名称,所属产品,编写依据,操作范围及条件(注明时间、地点、对象、目的),操作步骤或程序(准备过程、操作过程、结束过程),操作标准,操作结果的评价,操作过程复核与控制,操作过程的事项与注意事项,操作中使用的物料、设备、器具的名称、规格及编号,操作异常情况处理,附录等。

**4. 验证文件**　验证文件是验证活动的基础和依据,也是验证实施的证据。验证文件包括验证总计划(即验证规划)、验证计划、验证方案、验证报告、验证总结及其他相关文档或资料。

与其他生产质量管理文件一样,每一文件都须用专一的编码加以标识和区分。例如:编号 000-VMP-P1,由三部分组成,前面的三个数字是某一设备或系统的代号,可预先确定;中间的字母表示文件内容,VMP 表示 validation master plan 即验证总计划,其他如 IQ 表示安装确认,OQ 表示运行确认,PQ 表示性能确认,PV 表示工艺验证;最后一个部分表示文件的类别和版本号,P 表示计划或方案,R 表示报告,S 表示小结,最后的阿拉伯数字表示文件的版本号。000-VMP-P1 表示验证总计划第一版。文件的编号由项目验证部门按本厂文件编码系统规则统一制定。文件的编码在一个制药企业内部一定要统一,以便于识别、控制及追踪,同时可避免使用或发放过时的文件。

验证文件的编写管理程序同制药企业内部其他文件的编写程序:起草→复核→批准→复印→分发→归档。

**5. 生产指令**　生产指令又称为生产订单,是计划部门下发给现场,用于指导现场生产安排的报表。生产指令是以批为单位,对该批产品的批号、批量、生产起止日期等项做出的一个具体规定,是以工艺规程和产品的主配方为依据。

生产指令的下达是以"生产指令单"的形式呈现的。生产指令单是生产安排的计划和核心,一般交给物流部门、质量管理部门和生产部门,是这三个部门(有的企业物流部门隶属于生产部门)行动的依据,也是考核和检查的依据。不同企业的生产指令各不相同,基本要素包含生产指令号、产品名称、产品批号、产品批量、生产时间,设计上还可加上原辅料的名称、内部代号、用量等。用于包装岗位的称为包装指令。指令下达的同时附上批生产记录和批包装记录。

生产指令可以一式一份、一式多份,由企业自行确定,但原件和复印件均需得到控制,发放数量和去向要明确、追溯,不得随意复印。

**6. 批生产记录**　批生产记录是一个批次的待包装品或成品的所有生产记录,批生产记录能提供该批产品的生产历史及与质量有关的情况。

批生产记录是生产过程的真实写照,其项目和内容应包含影响质量的关键因素,并能标示与其他相关记录之间的关联信息,使其具有可追踪性。

## 二、文件管理流程

生产管理文件一般由文件使用部门组织编写,各相关职能部门审核,由质量控制部门负责人签名批准。如文件的内容涉及不同的专业,应组织相关部门会审,并会签批准。涉及全厂的文件应由总工程师或技术厂长批准。

生产文件一经批准,应在执行之前发至有关人员或部门并做好记录,新文件在执行之前应进行培训并记录。任何人不得任意改动文件,如需更改,应按制定时的程序办理修订和审批手续。

**1. 文件的印制和发放**　所有文件均由质量保证部门复制,复制时应控制文件的印制份数,其数量按分发部门的数量而定。原版文件由质量保证部门归档保管。

文件一经批准,应在文件生效之日前分发至相关部门或人员。确保工作现场文件的获取,可根据需要发放文件的纸质版本或授权进入计算机化的文件管理系统查阅文件,如需向公司外部使用者提供文件,应有明确规定。文件发放应有相应的记录。

**2. 文件的回收和销毁**　文件失效后要及时撤销回收,防止错误使用失效版本的文件,不能同时有两个版本的文件在工作现场出现。质量保证部门将修订后的文件复印件分发给有关部门后,应同时收回旧版文件并销毁。文件收回时,回收人做相应的回收记录,销毁文件必须做文件销毁记录。已撤销的文件和过时的文件,除一份留档保存外,旧文件不得再在现场出现。对保存的旧版文件应做明显标识,与现行文件隔离保存。

**3. 文件的保存和归档**　按规定对文件进行保存和归档,文件的保存可以是纸质原件或电子表格或准确的副本,如影印件、缩影胶片或原件的其他精确复制品。

关于文件的保存期限,对于批相关文件和非批相关文件有不同的要求。国内关于批相关文件的保存期限,在 GMP 中有明确要求:批记录应当由质量管理部门负责管理,至少保存至药品有效期后一年。批生产记录填写后,应有专人审核,经审核符合要求的应及时归档,建立批生产档案。对于非批相关文件,在 GMP 中仅规定:质量标准、工艺规程、操作规程、稳定性考察、确认、验证、变更等其他重要文件应当长期保存。对于其他文件无明确规定,各公司需要依据产品、工艺的特点等因素,制定相应的保存年限,保证产品生产、质量控制和质量保证等活动可追溯。有一些文件,如政策、指导文件,SOP 和基准批记录等,应有变更历史记录,记录也应长期保存。

知识拓展:
智能制造下
的文件管理
系统

 **任务实施**

## 一、批生产记录管理

试填写制粒干燥岗位生产记录(表 5-1),并按文件管理要求归档。

表 5-1　制粒干燥岗位生产记录

| 产品品名 | | 规格 | | 批号/生产编号 | | |
|---|---|---|---|---|---|---|
| 计划产量 | | 生产时间:__年__月__日__时至__年__月__日__时 | | | | |
| **操作步骤** | **工艺要求及操作记录** | | | | **操作人** | **检查/复核人** |
| 1. 生产前检查 | 是否有生产指令 | 有 □　　无 □ | | | | |
| | 生产现场有"清场合格证"(副本)并在有效期内 | 符合规定□<br>不符合规定 □ | | | | |
| | 设备有"已清洁"和"完好"标志并在有效期内 | 符合规定 □<br>不符合规定 □ | | | | |
| | 计量器具应有"检定合格证"并在检定有效期内 | 符合规定 □<br>不符合规定 □ | | | | |
| 2. 状态标志替换 | 用"正在生产"替换"已清洁"标志 | 已替换□<br>未替换□ | | | | |

续表

| 操作步骤 | 工艺要求及操作记录 | | | 操作人 | 检查/复核人 |
|---|---|---|---|---|---|
| 3. 核对物料 | 项目 | 化验单号 | 数量 /kg | | |
| | 主药 | | | | |
| | 辅料 1 | | | | |
| | 辅料 2 | | | | |
| | 辅料 3 | | | | |
| | 辅料 4 | | | | |
| 4. 制粒 | 乙醇制备 | 项目 | 用量 /kg | 合计 /kg | |
| | | 乙醇 /% | | | |
| | | 纯化水 | | | |
| | 混合制粒：干粉混合 15 min，软材混合 10 min | 主药 | | | |
| | | 辅料 1 | | | |
| | | 辅料 2 | | | |
| | | 辅料 3 | | | |
| | | 辅料 4 | | | |
| | | 制粒目数 / 目 | | | |
| | | 干粉混合时间 | 时　分至　时　分 | | |
| | | 软材混合时间 | 时　分至　时　分 | | |
| 5. 烘干 | 将所得湿颗粒进行烘干,55℃烘干 1.5~2 h | 烘干时间 | 时　分至　时　分 | | |
| | | 干颗粒数量 /kg | | | |
| | | 水分 /% | | | |
| 6. 整粒 | 筛网目数：　目 | 整粒时间 | 时　分至　时　分 | | |
| 7. 混合 | 将合格颗粒总混,混合时间 10~15 min | 混合时间 | 时　分至　时　分 | | |
| | | 混合后颗粒数量 /kg:　　,总件数:　件 | | | |
| 8. 中间产品移交 | 件数:　件 交接数量 /kg: | 移交工序复核 □ | | | |
| | | 接收工序复合□ | | | |
| 9. 物料 | 物料平衡 =(干颗粒量 + 尾料 + 可见损耗 + 取样量) ÷ 制粒投入的干料总量 ×100% 控制范围:95%~102% | 尾料数量 /kg: | 可见损耗 /kg: | | |
| | | 取样量 /kg: | 合格颗粒 /kg: | | |
| | | 物料平衡 /%: | | | |

续表

| 操作步骤 | 工艺要求及操作记录 | | 操作人 | 检查/复核人 |
|---|---|---|---|---|
| 10. 清场及检查 | 清除生产现场与本批生产有关的物品、器具等 | 符合规定 □　　不符合规定 □ | | |
| | 工作区域清洁、消毒 | 符合规定 □　　不符合规定 □ | | |
| | 生产设备清洁、消毒 | 符合规定 □　　不符合规定 □ | | |
| | 称量器具和工具清洁、消毒 | 符合规定 □　　不符合规定 □ | | |
| | 卫生洁具清洁、存放 | 符合规定 □　　不符合规定 □ | | |
| | 用"已清洁"替换"正在生产"标志 | 已替换 □　　无替换 □ | | |
| | 车间检查情况：<br><br><br>检查人： | 质监员检查情况：<br><br><br>质监员： | | |
| 11. 工艺查证 | 检查生产过程和记录符合规定 | 符合 □　不符合 □ | | |
| 备注 | | | | |

知识拓展：批生产记录的填写要求

## 二、批包装记录管理

试填写铝塑包装岗位生产记录（表 5–2），并按文件管理要求归档。

表 5–2　铝塑包装岗位生产记录

| 品名 | | 规格 | | 批号 | | |
|---|---|---|---|---|---|---|
| 批量 | | 生产日期 | | 年　　月　　日 | | |
| 生产前检查项目 | 是 | 否 | 生产前检查项目 | | 是 | 否 |
| 是否有上批清场合格证 | | | 工器具是否齐备，并已清洁干净 | | | |
| 领用物料是否有合格证，并已复称、复核 | | | 设备运转是否正常，并已清洁干净 | | | |
| 领用铝箔品名、规格、文字说明等是否与生产指令一致 | | | | | | |
| 检查人 | | | 复核人 | | | |

续表

| 物料名称 | 批号/编号 | 上班结存/kg | 领用数/kg | 使用量/kg | 废弃数/kg | 剩余数/kg |
|---|---|---|---|---|---|---|
| 半成品 | | | | | | |
| PVC | | | | | | |
| 铝箔 | | | | | | |

| 设备参数 | 上加热温度 | | ℃ | 下加热温度 | | ℃ |
|---|---|---|---|---|---|---|
| | 冲裁速率 | | 次/min | 热封温度 | | ℃ |
| 铝塑板数 | 板 | | 铝塑板宽 | mm× mm | | |
| 操作者 | | | 复核者 | | | |

| 生产结束后检查项目 | 是 | 否 | 生产结束后检查项目 | 是 | 否 |
|---|---|---|---|---|---|
| 是否将所有物料清场 | | | 是否清洁设备、工具、容器 | | |
| 是否关闭机器电源、照明电源 | | | 是否填写生产记录 | | |
| 是否清洁工房 | | | 检查人 | 复核人 | |

备注：

岗位负责人：　　　　　　　　　　　工艺员：

知识拓展：
批记录的保
存和处置

 **知识总结**

1. 文件分为标准和记录两种类型。

2. 生产工艺规程是技术标准中的一种，规定了为生产一定数量成品所需起始原料和包装材料的数量，以及工艺、加工说明、注意事项，包括生产过程中控制的一个或一套文件。

3. 岗位操作法是对各具体生产操作岗位的生产操作、技术、质量管理等方面所做的进一步详细要求。

4. 标准操作规程是经批准用以指示操作的通用性文件或管理办法。

5. 验证文件是验证活动的基础和依据，也是验证实施的证据。验证文件包括验证总计划（即验证规划）、验证计划、验证方案、验证报告、验证总结及其他相关文档或资料。

6. 生产指令是计划部门下发给现场,用于指导现场生产安排的报表。

7. 批生产记录是一个批次的待包装品或成品的所有生产记录,批生产记录能提供该批产品的生产历史及与质量有关的情况。

 **在线测试**

请扫描二维码完成在线测试。

在线测试:
药品生产文
件管理

# 任务 5.2　生产操作管理

 **任务描述**

　　进入车间生产操作会涉及物料、工艺等要素,且在生产中具体操作有详细的规范要求。本任务将学习物料管理、工艺管理、批号管理、物料平衡管理、状态标志管理、包装与贴签管理、中间站管理、不合格品管理、筛网和模具管理、特殊物料管理,领会生产过程中物料的流转和具体操作要求。

PPT:
生产操作
管理

授课视频:
生产操作
管理

 **知识准备**

## 一、基础知识

　　**1. 物料管理**　药品生产过程中的物料包括原料、辅料、包装材料、中间产品、待包装产品、成品等。为确保药品质量,必须对原料、辅料、包装材料从采购、验收、入库、贮存、发放等环节进行严格的管理和控制,以保证合格、优质的物料用于生产。

　　**2. 工艺管理**　为确保工艺过程符合要求,需进行工序关键控制点的监控和复核。

　　生产过程中物料的投料、称量、计算等操作,都必须双人复核,并在操作记录上签名。车间工艺员、质量检验人员(QC)均应对此关键操作进行监督。使用后剩余的散装物料应及时密封,由操作人在容器上注明启封日期、剩余数量,使用者、复核者签字后,由专人办理退库手续。再次启封使用过的原辅料时,应核对记录,检查外观、形状,如发现有异常情况或性质不稳定,应再次送检,合格后方可使用。

　　企业生产管理部门和车间工艺员应对生产工艺规程和操作规程的执行情况进行检查,以保证工艺规程及操作规程的准确执行。工艺检查由企业按各岗位操作规程的要求,检查各工艺参数执行情况、洁净区(室)温湿度及定期检查尘埃粒子数、微生物数、质量抽查记录、工艺卫生和批生产记录。操作人员必须熟悉相关岗位的工艺控制点、质量控制点,并严格进行自控。

**3. 批号管理** 批号是用于识别"批"的一组数字或字母加数字,用于追溯和审查该批药品的生产历史。每批药品均应编制生产批号。

正确划分批是确保产品均一性的重要条件。在规定限度内具有同一性质和质量,并在同一连续生产周期中生产出来的一定数量的药品为一批。GMP批的划分原则为:固体、半固体制剂在成型或分装前使用同一台混合设备一次混合所生产的均质产品为一批;中药固体制剂,如采用分次混合,经验证,在规定限度内,所生产的一定数量的均质产品为一批;液体制剂以灌装(封)前经最后混合的药液所生产的均质产品为一批。无菌药品批的划分原则:大、小容量注射剂以同一配液罐一次所配制的药液所生产的均质产品为一批;粉针剂以同一批原料药在同一连续生产周期内生产的均质产品为一批;冻干粉针剂以同一批药液使用同一台冻干设备在同一生产周期内生产的均质产品为一批。

**4. 物料平衡管理** 物料平衡是指产品或物料的实际产量或实际用量及收集到的损耗之和与理论产量或理论用量之间的比较,并考虑可允许的偏差范围。物料平衡是生产管理中防止差错、混淆的一项重要措施,加强物料平衡的管理,有利于及时发现物料的误用和非正常流失,确保药品的质量。

每批产品在生产过程中各个关键工序都应进行物料平衡的计算,印刷性包装材料在使用时也应进行数额平衡的计算,以达到防止差错的目的。物料平衡限度需根据实际设备、工艺的状况,以及历史数据来制定,当生产过程处在受控的情况下,物料平衡的结果是比较稳定的,应接近100%。

对于印有批号、生产日期和有效期的印字包材,在本批结束后必须做废品处理,并以撕毁或相当的方式保证不能被误用。离线打印批号和生产日期、有效期的印字包材需计数发放,数量平衡限度应是100%。即明确要求标签的使用数、残损数及剩余数之和与领用数相符,绝不允许有差错出现。

**5. 状态标志管理** 操作间状态标志包括操作状况(生产中)、清洁状态(如待清场、清场中、已清场等)。物料状态标志体现物料待处理状态,如不合格、待包装、待销毁、待处理、合格等。此外,各生产操作间、生产用设备、容器也应标明物料或产品名称、批号和数量等状态标志来说明现在所处的状态。容器具状态标志包括运行状况和清洁状况(如已清洁、待清洁)。生产设备状态标志包括运行状况、清洁状况、检修状况和闲置状况等。与设备连接的主要固定管道包括制药用水管道应标明管道内物料的名称及流向。管道应安装整齐、有序,用不同的颜色进行喷涂以示区别,以喷涂颜色和方向表示物料和流向,各企业可按实际情况自行确定。

状态标志可通过颜色加以显著区分,其一般规定见表5-3。

表 5-3　状态标志颜色规定

| 操作间状态标志 | 生产中 | 绿色 | 容器状态标志 | 已清洁 | 绿色 |
|---|---|---|---|---|---|
| | 待清场 | 黄色 | | 待清洁 | 黄色 |
| | 清场中 | 黄色 | | 确认状态 | 白色 |
| | 已清场 | 绿色 | 生产设备状态标志 | 生产中 | 绿色 |
| 物料状态标志 | 不合格 | 红色 | | 待清洁 | 黄色 |
| | 待包装 | 绿色 | | 已清洁 | 绿色 |
| | 待销毁 | 红色 | | 待修 | 红色 |
| | 待处理 | 黄色 | | 待确认 | 黄色 |
| | 合格 | 绿色 | | 确认状态 | 白色 |

　　车间生产状态标志由专人管理、专柜贮存。生产过程中使用过的标志由各工序操作人员放置于专用 PE 袋中,生产结束后,上交统一销毁。

　　6. 包装与贴签管理　与药品直接接触的包装材料和印刷包装材料的管理和控制要求与原辅料相同。包装材料应当由专人按照操作规程发放,并采取措施避免混淆和差错,确保用于药品生产的包装材料正确无误。每批或每次发放的与药品直接接触的包装材料或印刷包装材料,均应当有识别标志,标明所用产品的名称和批号。应当设置专门区域妥善存放,未经批准的人员不得进入。切割式标签或其他散装印刷包装材料应当分别置于密闭容器内贮运,以防混淆。过期或废弃的印刷包装材料应当予以销毁并记录。

　　7. 中间站管理　中间站是存放中间产品、待重新加工产品、清洁的周转容器的地方。中间站必须有专人管理,并按中间站清洁规程进行清洁。进出中间站的物品外包装必须清洁,无浮尘。进入中间站的物品必须有内外标签,注明品名、规格、批号、重量。中间站产品应有状态标志,不合格品限期处理。进出中间站必须有传递单,并填写中间产品进出站台账。

　　8. 不合格品管理　不合格品有三类:不合格物料,不合格中间产品,不合格产品。不合格物料是指进厂验收检验不合格的物料与超过贮存期复检不合格的物料;不合格中间产品是指不符合中间产品质量标准的中间产品;不合格产品是指不符合成品质量标准的产品。

　　不合格品一经确认应立即隔离,并做好标识。不合格品发生的岗位立即填写不合格品处理表,表中需写明不合格品的品名、批号、数量和不合格的原因,并提出已隔离不合格品的处理措施,将不合格品处理表交 QA。QA 部门及时对不合格品处理措施进行审批,必要时可会同技术部门对处理措施进行会审,并提出审核意见。不合格品发生的部门按审核结果组织实施不合格品的处理,如实填写实施过程、结果,QA 跟踪监督

处理过程。

**9. 筛网、模具管理** 口服固体制剂生产过程中会用到模具、筛网等特殊设备。

模具应实行专人管理、定置存放,并对模具进行编号;新进厂的模具应有专人进行验收。模具的使用部门应建立模具台账,做好领取、发放、使用、维护保养、存放及报废管理。模具到货后应开箱验货,检查规格、数量是否符合要求。采用防锈蚀、防磕碰措施,将模具定置存放,专人专柜保管,并记录。如压片机冲模,保管时应将冲模头部采用塑料保护套保护,或使用冲钉车,避免撞伤。生产时,按要求领取相应的模具,核对模具型号、规格、数量等,按模具安装规程进行安装,使用结束拆卸后应确认模具外观完好、数量准确,如有异常应进行偏差管理。清洁完毕的模具应采取防锈蚀、防磕碰措施,放回指定位置。更换品种或同一品种使用一定周期后应对模具进行清洁,可使用软质毛刷、绢布等对模具表面进行清洁,不能使用腐蚀性清洁剂。模具晾干后再存放,尽可能放在盛有轻质油的不锈钢盒内保养。模具经确认不符合使用标准后可进行报废,有精密配合要求的模具一般成套报废。

筛网的使用部门应做好筛网的领取、发放、清洁、使用管理。使用部门应建立筛网检查记录并制定相应的检查流程,制定筛网使用过程中的检查周期和筛网破损后产品的处理措施。筛网实行定置存放,并按不同的目数分类,由专人负责管理。筛网领回后应确认无脱丝、断裂等情况,按不同规格分别放入干燥、密闭的容器内贮存。使用前检查筛网完好性,操作过程中应匀速操作,随时检查,如有破损,立即停止使用,更换筛网,并按偏差处理。操作结束后确认筛网的完整性。筛网使用部门应制定筛网的清洁、消毒规程,在清洁有效期内可直接使用,若超出有效期,则重新清洁、消毒。

**10. 特殊物料管理** 特殊物料是指易燃、易爆、有毒、有害、腐蚀性常用化学危险品及具有污染性或传染性、具有生物活性或来源于生物的物料、质控品。其他有特殊要求的物料应根据国家有关法规要求指定专门管理制度进行采购和进货检验。

库房管理员接收特殊物料时应注意轻拿轻放。按采购申请单和送货单,对照合格供方名录确认特殊物料的名称、规格、批号(多个批号时只接收一个批号)、标签、密封情况、外包装完好情况等。经 QA 核对无误后方可入库,当物品性质未弄清时不得入库。必须使用专柜贮存特殊物料。贮存期间,定期检查,发现品质变化、包装破损、渗漏等,应及时处理。易燃液体、遇湿易燃物品、易燃固体不得与氧化剂混合贮存,具有还原性的氧化剂应单独存放。

## 二、物料管理流程

**1. 物料发放流程** 只有经过质量管理部门批准放行并在有效期或复验期内的物料方可使用。仓储部门应制定物料发放规程,防止差错和混淆。

每次发送物料后,仓库管理员要在库存货位卡和台账上填写货物去向、结存情况。库存物料应定期盘存,填写原辅料盘存报告单。

包装材料应当由专人按照操作规程和需求量发放,并采取措施避免混淆和差错,确保用于药品生产的包装材料正确无误。

物料出库发放应坚持"三查六对"原则和"四先出"原则。三查,即查生产或领用部门、领料凭证或批生产指令、领用器具;六对,即对货号、品名、规格、单位、数量、包装;四先出,即先产先出、先进先出,易变先出、近期先出。

**2. 物料退库流程**　每批生产及包装所剩余的原辅料、包装材料都需要由车间相关岗位操作人员与仓库保管员办理退库手续。批生产结束后,由车间工艺员及时统计剩余物料,填写退库单一式两份,交质量保证部审核。

质量保证部经理根据现场 QA 复核结果在退库单上签字,确认是否可进行退库;车间接到经批准的退库单后,清点物料,由车间相关岗位操作人员与仓库保管员办理交接手续。

仓库保管员凭退库单核对物料的品种、规格、数量和批号,检查物料的包装情况,确认无误后签收物料,办理入库,并按相关管理规定将物料放置到相应位置,填写库卡,及时入账,做到账、物、卡一致;在连续生产时,上一批产品的剩余物料可只进行退库的账务处理,实物暂存车间,待下批生产发料时,由仓库从账面上扣除。退库物料在下一批产品生产时优先发放。

**3. 物料转运流程**　物料转运是将物料从一个岗位传送到下一个岗位,按方式不同可分为间接转运和直接输送。

间接转运是使用敞开或有盖子的容器进行配料及物料传送。这种方式较传统,优点在于灵活、清洁程序简单,主要缺点是有灰尘落入的风险,有污染风险和泄漏风险。

直接输送是通过固定连接,如管道、软管、旋管等将设备连接起来,产品通过这些连接从一个设备传送到另一个设备,不需要中间容器的运输。由于系统密闭,可以防止污染,可实现自动化。缺点在于技术复杂、清洁程序复杂,不能进行目检,增加了验证的工作,而且需要特殊的结构设计。

**4. 不合格品管理流程**　车间中间产品,放置于中间站(或规定区域)挂上黄色待检标志,填写品名、规格、批号、生产日期和数量;及时填写中间产品请检单,交质检部取样检验;检验合格由质检部门通知生产部,生产部下达包装指令,包装人员凭包装指令领取标签,核对品名、规格、批号、数量、包装要求等,进入包装工序。检验不合格的产品,由质检部门发出检验结论为不符合规定的检验报告单,将产品放于不合格区,同时挂上红色不合格标志,并标明不合格品品名、规格、批号、数量。

知识拓展:
滤袋的管理

 **任务实施**

**一、物料发放**

接收生产指令后,请按规程到仓库领取物料。

知识拓展:
物料发放
规程

知识拓展：
物料暂存
规程

## 二、物料在车间的存放

将物料传递进入洁净车间后，请按规程在暂存间进行存放。

## 三、物料使用管理

请按规程从暂存间领取物料，准备生产。

知识拓展：
物料使用管
理规程

## 四、物料转运

物料在制粒岗位生产完成后，请按规程转运至下一岗位。

## 五、物料退库

生产完成后，多余物料请按规程进行退库。

知识拓展：
物料转运
规程

 **知识总结**

1. 为确保药品生产的质量，必须对原料、辅料、包装材料从采购、验收、入库、贮存、发放等环节进行严格的管理和控制，以保证合格、优质的物料用于生产。

2. 为确保工艺过程符合要求，需进行工序关键控制点的监控和复核。

3. 批号是用于识别"批"的一组数字或字母加数字，用于追溯和审查该批药品的生产历史。

知识拓展：
物料退库
规程

4. 物料平衡是生产管理中防止差错、混淆的一项重要措施，加强物料平衡的管理，有利于及时发现物料的误用和非正常流失，确保药品的质量。

5. 各生产操作间、生产用设备、容器应标明物料或产品名称、批号和数量等状态标志来说明现在所处的状态。

6. 中间站必须有专人管理，用于存放中间产品、待重新加工产品、清洁的周转容器。

7. 不合格品一经确认应立即隔离，并做好标识，填写不合格品处理表。QA 跟踪监督处理过程。

8. 模具应实行专人管理、定置存放，并对模具进行编号；新进厂的模具应有专人进行验收。模具的使用部门应建立模具台账，做好领取、发放、使用、维护保养、存放及报废管理。筛网的使用部门应做好筛网的领取、发放、清洁、使用管理。

 **在线测试**

请扫描二维码完成在线测试。

在线测试：
生产操作
管理

# 任务 5.3　清 场 管 理

## 任务描述

为防止药品生产中不同批号、品种、规格之间的污染和交叉污染,各生产工序在生产结束、更换品种及规格或换批号前,应彻底清理及检查作业场所。有效的清场管理程序可以防止混药事故的发生。本任务主要学习清场管理的基础知识、清洁流程,领会清场清洁的规定和操作。

PPT:
清场管理

授课视频:
清场管理

 **知识准备**

### 一、基础知识

**1. 清场与清洁**　每批药品的每一生产阶段完成后必须由生产操作人员进行清场,并填写清场记录。清场记录内容包括:操作间编号、产品名称和批号、生产工序、清场日期、检查项目及结果、清场负责人及复核人签名。清场记录应当纳入批生产记录。清洁是对设备、容器具等具体物品进行擦拭或清洗,属卫生方面的行为。清场是在清洁基础上对上一批生产现场的清理,以防止药品混淆、差错事故的发生,防止药品之间的交叉污染。清场原则为先物后地,先里后外,先上后下。

**2. 清场管理制度**　每个生产阶段结束后,中途停产一个工作日,每个批号的产品生产完成后均需进行清场。清场主要内容及要求如下:工作间内无前次产品遗留物,设备无油垢;地面无积灰、无结垢,门窗、室内照明灯、风管、墙面、开关箱外壳无积灰;使用的工具、容器、衡器无异物,无前次产品的遗留物;包装工序调换品种、规格或批号前,多余的标签、说明书及包装材料应全部按规定处理;室内不得存放与生产无关的杂物,各工序的生产尾料、废弃物按规定处理好,整理好生产记录;各工序调换品种时彻底清洗设备、工具、墙壁、门窗及地面等。清场记录见表 5-4。

清场分为小清场和大清场:同品种产品在连续生产周期内,批与批之间生产,以及单班结束后需进行小清场,设备进行简单清洁;换品种或超过清洁有效期后重新使用前要进行大清场,设备需进行彻底清洁。

### 表 5-4　清 场 记 录

| 工序 | 清场前产品名称 | | 清场前产品批号 | | 清场日期 | |
|---|---|---|---|---|---|---|
| 清场项目 | | | 检查情况 | | 清场人： | |
| | | | 已清 | 未清 | | |
| 1. 生产设备是否清洗 | | | | | 复核人： | |
| 2. 多余尾料废弃物是否清除 | | | | | | |
| 3. 工具、器具、容器等是否清洗 | | | | | | |
| 4. 地面、门窗、内墙是否清扫 | | | | | 检查意见： | |
| 5. 灯管、排风管道表面、开关箱外壳是否清理 | | | | | | |
| 6. 包装材料是否清除 | | | | | | |
| 7. 标签、说明书、合格证、中盒、小盒是否清理 | | | | | | |
| 其他项目 | | | | | QA： | |

备注：

**3. 清洁工具和清洁剂**　所用的卫生工具有清洁布、一次性洁净布、无纺布拖把、擦窗器、吸尘器、塑料刷、不锈钢清洁桶、塑料清洁桶、各设备专用工具等。

车间常用清洁剂种类有洁厕精、洗衣粉、洗手液、洗洁精、1% 氢氧化钠溶液。洁厕精用于卫生间的清洁，使用前先倒出适量，用塑料刷反复刷洗，最后用自来水冲洗残留的洁厕精。洗衣粉用于工作服、工作鞋及抹布的清洗。洗手液在使用前将其倒入挤压式洗手器内，使用时用手轻轻挤压取出适量，双手相互摩擦，最后用饮用水或纯化水冲洗干净。洗洁精用于车间计量器具、工具、仪器设备内外表面及门窗玻璃、墙面、地板等去油污，使用前倒出适量后用塑料刷刷洗或用抹布擦洗，最后用饮用水或纯化水冲洗干净。1% 氢氧化钠溶液（1% NaOH）用于配液罐内部等不易清洁部位的清洁。配制和使用时注意劳动防护，及时填写配制、领用记录。

**4. 消毒剂**　车间消毒剂种类有 75% 乙醇、0.1% 苯扎溴铵溶液、2% 甲酚皂溶液、84 消毒液。消毒剂一般应现配现用，如需贮存，则需密闭存放。配制和领用时需填写配制、领用记录。配制后在消毒剂的盛装容器壁上贴标签注明名称、配制日期、配制人等。

手部消毒用 75% 乙醇、0.1% 苯扎溴铵溶液、2% 甲酚皂溶液。

D 级洁净区设备与药品直接接触的部位、操作台与药品直接接触的表面、与药品接触的生产用具、某些内包材的消毒用 75% 乙醇、0.1% 苯扎溴铵溶液。

D 级洁净区地面、墙壁、天花板的消毒用 84 消毒液、0.1% 苯扎溴铵溶液、75% 乙醇、

2% 甲酚皂溶液。

D 级洁净区清洁工具的消毒用 75% 乙醇、84 消毒液、2% 甲酚皂溶液。

D 级洁净区地漏水封用 0.1% 苯扎溴铵溶液、75% 乙醇、84 消毒液、2% 甲酚皂溶液。

**5. 清场合格证**　清场合格证发放前应检查清洁操作是否按规定的清洁规程执行。地面无积水,无粉渣,无积灰,无异物;环境清洁合格。使用的工具、容器清洁无异物,管道内外清洁,无黏液,无异物,状态标志明显。有关生产设施、物品等要干净、整洁,并码放整齐。剩余物料、生产指令、生产记录等过时文件、生产中的各种状态标志等清除。检查清场记录填写正确、真实、完整。以上内容检查合格后,发放清场合格证。

每一品种、每一批次的产品随各岗位环节的完成,随时清场,清场自查合格后请 QA 进行验收。清场合格证分正、副本,正本进入本批生产记录,副本置于岗位的相应位置进入下批记录。

## 二、清洁流程

设备的清洁按各设备清洁程序操作;清洁前必须先切断电源;凡能用水冲洗的设备,可先用饮用水浸泡润湿后(水中加有清洁剂),抹洗一次,再用饮用水冲洗至无污水,然后再用纯化水冲洗两次。

不能直接用水冲洗的设备,先扫除设备表面的积尘,凡是直接接触药品的部位可用纯化水浸湿抹布擦抹直至干净;能拆下的零部件应拆下洗涤,其他部位用一次性抹布擦抹干净;凡能在清洁间清洗的零部件和能移动的小型设备尽可能在清洁间清洗烘干。

工具、容器的清洁一律在清洁间进行,先用饮用水清洗干净,再用纯化水清洗两次,移至烘箱烘干。

门窗、灯具、风管、地面、墙壁等的清洁:门、窗、墙壁、灯具、风管等先用干抹布擦抹掉其表面灰尘,再用饮用水浸湿抹布擦抹直到干净;擦抹灯具时应先关闭电源;凡是设有地漏的工作室,地面应用饮用水冲洗干净,无地漏的工作室用拖把抹干净(洁净后用洁净区的专用拖把)。

知识拓展:
在线清洗

 **任务实施**

### 一、设备的清洁

完成品种生产后,需对湿法制粒机进行清洁,请按清洁规程进行清洁。

知识拓展:
HLSG-50
湿法制粒机
清洁规程

### 二、生产区域的清洁

设备清洁完成后,请完成生产区域地面、墙面、门窗等的清洁。

知识拓展:
生产区域的
清洁规程

知识拓展：
地漏清洁、
消毒标准操
作规程

## 三、地漏的清洁

生产区域清洁完成后，请进行地漏清洁。

 **知识总结**

1. 清场原则为先物后地，先里后外，先上后下。

2. 同品种产品在连续生产周期内，批与批之间生产，以及单班结束后需进行小清场，设备进行简单清洁。

3. 换品种或超过清洁有效期后重新使用前要进行大清场，设备需进行彻底清洁。

4. 车间常用清洁剂种类有洁厕精、洗衣粉、洗手液、洗洁精、1% 氢氧化钠溶液。

5. 车间消毒剂种类有 75% 乙醇、0.1% 苯扎溴铵溶液、2% 甲酚皂溶液、84 消毒液。

6. 清场合格证分正、副本，正本进入本批生产记录，副本置于岗位的相应位置进入下批记录。

 **在线测试**

请扫描二维码完成在线测试。

在线测试：
清场管理

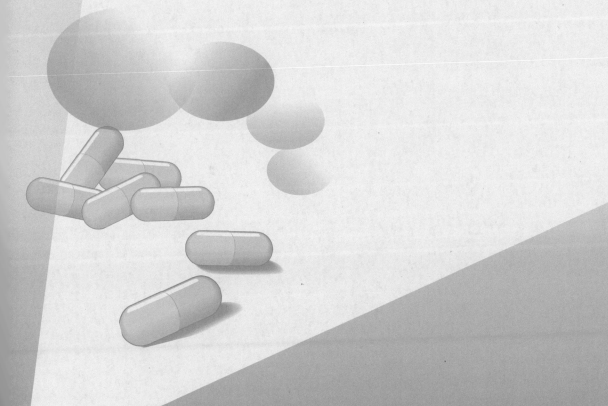

制剂篇

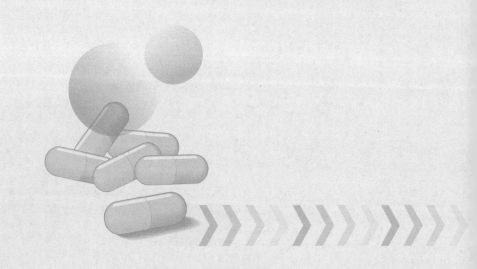

# 项目 6
# 散剂生产

>>>> 学习目标

1. 掌握散剂的定义、特点、处方组成、制备方法、生产工艺及质量检查。
2. 熟悉散剂的分类及质量要求。
3. 了解散剂的包装与贮存。

>>>> 知识导图

请扫描二维码了解本项目主要内容。

知识导图：
散剂生产

# 任务 6.1　散　剂　制　备

 **任务描述**

　　散剂是临床常用的固体剂型之一，在此基础上可进一步加工制成颗粒剂、胶囊剂、丸剂和片剂等。本任务主要是学习散剂的定义、特点、分类、处方组成和制备方法，按照散剂的生产工艺流程，完成散剂的制备。

 **知识准备**

## 一、基础知识

　　散剂系指原料药物或与适宜的辅料经粉碎、均匀混合制成的干燥粉末状制剂。散剂历史悠久，为传统剂型之一，最早记载于《五十二病方》，而后《黄帝内经》《伤寒论》《金匮要略》《备急千金要方》等均收载了多种经典散剂。散剂可以作为药物制剂直接应用于临床，如五苓散、藿香正气散、七厘散、牛磺酸散等，也可以作为颗粒剂、胶囊剂、混悬剂等其他药物制剂的原料。

　　《黄帝内经》中有"散者散也，去急病用之"的记载，《本草纲目》中有"汤散荡涤之急方，下咽易散而行速也"的论述，充分概括了散剂的特点。① 比表面积大，易于分散，溶出快，吸收快，起效快。② 制备工艺简单，运输、携带方便。③ 剂量可随症增减，易于控制剂量，便于吞服困难患者和婴幼儿服用。④ 内服可分布于胃肠道黏膜表面，避免局部刺激，外用覆盖面积大，具有保护、收敛、促进伤口愈合等作用。⑤ 由于粉碎后比表面积增大，刺激性、吸湿性、挥发性、不稳定性及化学活性增加，所以刺激性、吸湿性较强，遇光、热不稳定的药物不宜制成散剂。此外，口感不好，并且使用剂量大的药物也不宜制成散剂。

　　散剂的分类方式有很多，常见的分类方式见表6-1。

表6-1　散剂的分类

| 分类方式 | 名称 | 特点及代表药物 |
|---|---|---|
| 药物组成 | 单散剂 | 由一种药物组成，如三七散、蔻仁散、川贝散等 |
| | 复方散剂 | 由两种及以上药物组成，如冰硼散、婴儿散、活血止痛散等 |

续表

| 分类方式 | 名称 | 特点及代表药物 |
|---|---|---|
| 药物性质 | 含毒性成分散剂 | 又称特殊散剂,如九分散、九一散等 |
| | 含液体成分散剂 | 含液体成分,如蛇胆川贝散、紫雪散等 |
| | 含共熔成分散剂 | 含共熔成分,如白避瘟散、痱子粉等 |
| 包装剂量 | 分剂量散剂 | 以单剂量包装供患者使用,如内服散剂 |
| | 不分剂量散剂 | 以总剂量形式发出,由患者按照医嘱自行分取剂量使用,如外用散剂 |
| 给药途径 | 口服散剂 | 又称内服散剂,一般溶于或分散于水、稀释液或其他液体中服用,也可直接用水送服,可发挥全身或局部治疗作用,如小儿清肺散、六味安消散、蛇胆川贝散等 |
| | 局部用散剂 | 又称外用散剂,常用于皮肤、口腔、咽喉和腔道等处。如口腔溃疡散、痱子粉(皮肤用)等,专供治疗、预防和润滑皮肤的散剂也称撒布剂或撒粉 |

## 二、工艺流程

散剂的制备工艺流程如图 6-1 所示。

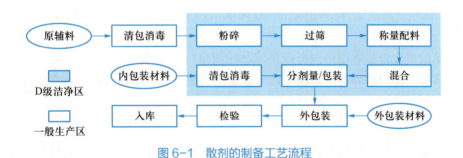

图 6-1 散剂的制备工艺流程

##  任务实施

将药物和辅料分别进行粉碎、过筛,以 80~100 目为宜,然后混合。根据散剂制备的工艺要求可加入适宜辅料,如稀释剂、黏合剂、分散剂、着色剂、矫味剂等,根据需要还可加入崩解剂。

## 一、粉碎

粉碎是借助机械力或其他作用力将块状固体物料破碎成适宜粒度的操作单元。通过粉碎可实现:① 大大降低固体物料的粒度,有利于各组分混合均匀。② 改善难溶性药物的溶出度。③ 有利于中药材中有效成分的浸出。但是粉碎对药物的质量和药效

也可能产生影响,常见的影响有药物的晶型转变或热降解,物料的黏附性和润湿性发生改变等。

常见的粉碎设备有研钵、球磨机、万能粉碎机和气流磨等,散剂的粉碎应根据物料的性质选择适当的粉碎设备。

### 二、筛分

筛分又称过筛,是借助带孔的筛面将物料分离成不同粒度粉末的操作单元。通过筛分可实现:① 根据筛面孔径大小不同对物料进行筛分分级。② 提高物料的流动性以利于混合。③ 通过筛分增加物料混合的均匀性。

常见的筛分设备有振动筛、旋转筛和摇动筛等。散剂的筛分应根据分离效率选择适当的筛分设备。

### 三、混合

混合是借助机械力或其他作用力使两种或多种物料相互分散,并达到一定均匀程度的操作单元。混合是散剂制备的重要操作单元之一,也是散剂生产的一个关键工序。常用的混合方法有搅拌混合法、研磨混合法和过筛混合法,根据特殊物料的性状还可选择等量递加法(又称配研法)和打底套色法。通过混合可实现:① 各成分分散均匀,色泽一致。② 药物剂量准确,保证用药安全。③ 保障药物疗效,提高散剂质量。

常见的混合设备有槽形混合设备、双螺旋锥形混合设备、V形混合设备和三维运动混合设备等。散剂的混合应根据生产工艺和均匀度要求等选择适当的混合设备。

### 四、分剂量

分剂量是指把混合均匀的物料按照工艺中剂量要求分成规定剂量的操作单元。通过分剂量可实现:① 单剂量包装,方便患者用药。② 药物剂量准确,保证用药安全。

常用的分剂量方法有目测法(又称估分法)、重量法和容量法。分剂量结束后进行内包装。

### 五、包装

散剂比表面积较大,容易吸湿、风化和挥发,若包装不当,会由于吸湿出现潮解、结块、变色、分解和霉变等现象,由于风化和挥发出现药物成分改变等现象,从而引发散剂的质量和安全问题。因此,为了解决散剂吸湿的问题,尽量避免药物风化和挥发,包装时应选择合适的包装材料和方法。

散剂的包装材料有包药纸、塑料袋、玻璃管(瓶)等。包药纸有光纸、玻璃纸、蜡纸等,常见的包装材料及其适用性见表6-2。

表 6-2　常见的包装材料及其适用性

| 包装材料 | 适用性 |
|---|---|
| 包药纸 | 光纸:适用于含性质较稳定药物的散剂,不适用于含易吸湿药物的散剂<br>玻璃纸:适用于含挥发性药物、油脂类药物的散剂,不适用于含易吸湿、风化及被二氧化碳等气体分解药物的散剂<br>蜡纸:适用于含易吸湿、风化及二氧化碳作用下易变质药物的散剂,不适用于含冰片、樟脑、薄荷脑、麝香草酚等挥发性药物的散剂 |
| 塑料袋 | 由于透气、透湿问题未完全克服,应用上受到限制 |
| 玻璃管(瓶) | 密闭性好,自身性质稳定,适用于各类散剂的包装 |

知识拓展:
散剂的贮存

散剂包装方法的选用通常由包装剂量决定,分剂量的散剂可用包药纸折四角包、五角包和长方包进行包装,也可用纸袋或塑料袋(封口袋)等进行包装;不分剂量的散剂可用塑料袋(封口袋)、纸盒、玻璃管(瓶)等进行包装。

实例分析

## 痱子粉

【处方】　水杨酸 14 g,麝香草酚 6 g,氧化锌 60 g,薄荷油 6 g,硼酸 85 g,薄荷脑 6 g,升华硫 40 g,樟脑 6 g,淀粉 100 g,滑石粉加至 1 000 g。

【制法】　① 先将麝香草酚、樟脑和薄荷脑研磨,形成低共熔物,与薄荷油混匀。② 另将升华硫、水杨酸、硼酸、氧化锌、淀粉、滑石粉共置于球磨机内混合粉碎成细粉,过 100~120 目筛。③ 将此细粉置于混合筒内,喷入含有薄荷油的上述低共熔物混匀、筛分,即得。

【讨论】　1. 处方中各成分的作用分别是什么?

　　　　　2. 处方中各成分应采用什么方法混合?

　　　　　3. 本品有什么临床用途?

实例分析:
痱子粉

实例分析

## 冰硼散

【处方】　冰片 50 g,硼砂(炒)500 g,朱砂 60 g,玄明粉 500 g。

【制法】　① 朱砂采用水飞法粉碎成极细粉,硼砂粉碎成细粉,将冰片研细,分别称取以上四味药。② 用朱砂打底,按照等量递加法与玄明粉套色混匀,再将混合粉与硼砂进行配研,混合。将冰片与混合粉按照等量递加法混合均匀。③ 将上述混合后的粉末筛分、包装,即得。

【讨论】　1. 处方中各成分的作用分别是什么?

　　　　　2. 处方中各成分应采用什么方法混合?

　　　　　3. 本品有什么临床用途?

实例分析:
冰硼散

 知识总结

1. 散剂系指原料药物或与适宜的辅料经粉碎、均匀混合制成的干燥粉末状制剂。

2. 散剂的特点：易于分散，溶出快，吸收快，起效快；制备工艺简单，运输、携带方便；剂量可随症增减，易于控制剂量，便于吞服困难患者和婴幼儿服用等。

3. 散剂按照药物组成不同分为单散剂和复方散剂；按照药物性质不同分为含毒性成分散剂、含液体成分散剂和含共熔成分散剂；按照包装剂量不同分为分剂量散剂和不分剂量散剂；按照给药途径不同分为口服散剂和局部用散剂。

4. 散剂制备的一般工艺：粉碎、筛分、混合、分剂量和包装。

5. 为保证物料混合均匀，常用的混合方法有搅拌混合法、研磨混合法和过筛混合法，根据特殊物料的性状还可选择等量递加法和打底套色法。

6. 分剂量是指把混合均匀的物料按照工艺中剂量要求分成规定剂量的操作单元，常用的方法有目测法、重量法和容量法。

视频：
散剂的制备

 在线测试

请扫描二维码完成在线测试。

在线测试：
散剂制备

# 任务 6.2　散剂质量检查

PPT：
散剂质量
检查

 任务描述

　　散剂在生产与贮藏期间应符合相关质量要求。本任务主要是学习散剂的质量要求，按照《中国药典》(2020 年版)散剂项目中粒度、外观均匀度、水分、干燥失重、装量差异等检查法要求完成散剂的质量检查，正确评价散剂的质量。

授课视频：
散剂质量
检查

 知识准备

　　由于散剂中药物或药物与辅料均为粉末，根据医疗需要、药物性质和粉末要求，散剂在生产和贮藏期间应符合下列规定。

1. 供制散剂的原料药物均应粉碎，除另有规定外，口服用散剂为细粉，儿科用和局

部用散剂应为最细粉。

2. 散剂中可含或不含辅料,口服散剂需要时亦可加矫味剂、芳香剂、着色剂等。

3. 为防止胃酸对生物制品散剂中活性成分的破坏,散剂稀释剂中可调配中和胃酸的成分。

4. 散剂应干燥、疏松、混合均匀、色泽一致。制备含有毒性药、贵重药或药物剂量小的散剂时,应采用配研法混匀并过筛。

5. 散剂可单剂量包(分)装,多剂量包装者应附分剂量的用具。含有毒性药的口服散剂应单剂量包装。

6. 除另有规定外,散剂应密闭贮存,含挥发性原料药物或吸潮原料药物的散剂应密封贮存,生物制品应采用防潮材料包装。

7. 散剂用于烧伤治疗如为非无菌制剂的,应在标签上标明"非无菌制剂";产品说明书中应注明"本品为非无菌制剂",同时在适应证下应明确"用于程度较轻的烧伤(Ⅰ°或浅Ⅱ°)";注意事项下规定"应遵医嘱使用"。

## 任务实施

除另有规定外,散剂应进行以下相应检查。

### 一、粒度检查

除另有规定外,化学药局部用散剂和用于烧伤或严重创伤的中药局部用散剂及儿科用散剂,照下述方法检查,应符合规定。

检查法:除另有规定外,取供试品 10 g,精密称定,照粒度和粒度分布测定法(通则 0982 单筛分法)测定。化学药散剂通过七号筛(中药通过六号筛)的粉末重量,不得少于 95%。

### 二、外观均匀度检查

取供试品适量,置光滑纸上,平铺约 5 cm²,将其表面压平,在明亮处观察,应色泽均匀,无花纹与色斑。

### 三、水分检查

中药散剂照水分测定法(通则 0832)测定,除另有规定外,不得过 9.0%。

### 四、干燥失重检查

化学药和生物制品散剂,除另有规定外,取供试品,照干燥失重测定法(通则 0831)测定,在 105℃干燥至恒重,减失重量不得过 2.0%。

## 五、装量差异检查

单剂量包装的散剂,照下述方法检查,应符合规定。

检查法:除另有规定外,取供试品 10 袋(瓶),分别精密称定每袋(瓶)内容物的重量,求出内容物的装量与平均装量。每袋(瓶)装量与平均装量相比较[凡有标示装量的散剂,每袋(瓶)装量应与标示装量相比较],按照表 6-3 中的规定,超出装量差异限度的散剂不得多于 2 袋(瓶),并不得有 1 袋(瓶)超出装量差异限度的 1 倍。

表 6-3　散剂装量差异限度

| 平均装量或标示装量 | 装量差异限度(中药、化学药) | 装量差异限度(生物制品) |
| --- | --- | --- |
| 0.1 g 及 0.1 g 以下 | ± 15% | ± 15% |
| 0.1 g 以上至 0.5 g | ± 10% | ± 10% |
| 0.5 g 以上至 1.5 g | ± 8% | ± 7.5% |
| 1.5 g 以上至 6.0 g | ± 7% | ± 5% |
| 6.0 g 以上 | ± 5% | ± 3% |

凡规定检查含量均匀度的化学药和生物制品散剂,一般不再进行装量差异的检查。

## 六、装量检查

除另有规定外,多剂量包装的散剂,照最低装量检查法(通则 0942)检查,应符合规定。

## 七、无菌检查

除另有规定外,用于烧伤[除程度较轻的烧伤(Ⅰ°或浅Ⅱ°)外]、严重创伤或临床必须无菌的局部用散剂,照无菌检查法(通则 1101)检查,应符合规定。

## 八、微生物限度检查

除另有规定外,照非无菌产品微生物限度检查:微生物计数法(通则 1105)和控制菌检查法(通则 1106)及非无菌药品微生物限度标准(通则 1107)检查,应符合规定。凡规定进行杂菌检查的生物制品散剂,可不进行微生物限度检查。

 **知识总结**

1. 根据医疗需要、药物性质和粉末要求,散剂在生产和贮藏期间应符合《中国药典》(2020 年版)有关规定。

2. 散剂应干燥,混合均匀,色泽一致,无吸潮、软化、结块、潮解等现象。

3. 除另有规定外,散剂应密封,置干燥处贮存,防止受潮。

4. 除另有规定外,散剂应检查粒度、外观均匀度、水分(中药散剂)、干燥失重(化学药品和生物制品)、装量差异(单剂量包装)、装量(多剂量包装)、无菌、微生物限度,并符合《中国药典》(2020 年版)规定。

 **在线测试**

请扫描二维码完成在线测试。

在线测试:
散剂质量
检查

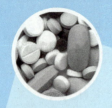

# 项目 7
## 颗粒剂生产

>>>> 学习目标

1. 掌握颗粒剂的定义、特点、处方组成、制备方法、生产工艺及质量检查。
2. 熟悉颗粒剂的分类及质量要求。
3. 了解颗粒剂的包装与贮存。

>>>> 知识导图

请扫描二维码了解本项目主要内容。

知识导图：
颗粒剂生产

# 任务 7.1　颗粒剂制备

## 任务描述

颗粒剂是临床常用的固体剂型之一，在此基础上可进一步加工制成胶囊剂和片剂。本任务主要是学习颗粒剂的定义、特点、分类、处方组成和制备方法，按照颗粒剂的生产工艺流程，完成颗粒剂制备。

 知识准备

### 一、基础知识

颗粒剂系指原料药物与适宜的辅料混合制成的具有一定粒度的干燥颗粒状制剂。颗粒剂主要用于口服，可直接吞服，也可用水冲服。颗粒剂是临床上应用比较广泛的剂型之一，主要具有以下特点。

颗粒剂的优点：① 与散剂相比，飞散性、附着性、聚集性、吸湿性等均较小，制粒后，可防止各种成分的离析，且便于分剂量。② 与汤剂相比，体积小，且可通过加入着色剂、矫味剂，制成色、香、味俱佳的颗粒，便于服用。③ 与片剂、胶囊剂相比，分散度大，有利于药物的吸收及疗效发挥。④ 颗粒剂性质稳定，运输、携带、贮存比较方便。⑤ 必要时，可对颗粒进行包衣，使颗粒具有防潮性，或制成缓控释或肠溶颗粒。

颗粒剂的不足：① 多种颗粒的混合物由于颗粒大小不均匀或密度差异较大会导致剂量不准确。② 包装不严密时，容易潮解、结块。

颗粒剂可分为可溶颗粒（通称为颗粒）、混悬颗粒、泡腾颗粒、肠溶颗粒、缓释颗粒和控释颗粒等。

（1）可溶颗粒：目前大多为水溶性颗粒剂，如三九胃泰颗粒、小柴胡颗粒等。此外，近几年来研制的一种新的颗粒剂类型为酒溶性颗粒剂，如养血愈风颗粒、木瓜颗粒，每包颗粒剂加一定量饮用酒，溶解后服用。

（2）混悬颗粒：系指难溶性原料药物与适宜辅料混合制成的颗粒剂。临用前加水或其他适宜的液体振摇即可分散成混悬液，如金芪降糖颗粒、羧甲司坦颗粒等。除另有规定外，混悬颗粒应进行溶出度检查。

（3）泡腾颗粒：系指含有碳酸氢钠和有机酸，遇水可放出大量气体而呈泡腾状的颗

粒剂。泡腾颗粒中的原料药物应是易溶性的,加水产生气泡后应能溶解。有机酸一般用枸橼酸、酒石酸等。泡腾颗粒一般不得直接吞服,如盐酸雷尼替丁泡腾颗粒、维生素C泡腾颗粒等。

(4)肠溶颗粒:系指采用肠溶材料包裹颗粒或其他适宜方法制成的颗粒剂。肠溶颗粒耐胃酸而在肠液中释放活性成分或控制药物在肠道内定位释放,可防止药物在胃内分解失效,避免对胃的刺激。肠溶颗粒应进行释放度检查。肠溶颗粒不得咀嚼。

(5)缓释颗粒:系指在规定的释放介质中缓慢地非恒速释放药物的颗粒剂,如美沙拉嗪缓释颗粒。缓释颗粒应符合缓释制剂的有关要求,并应进行释放度检查。缓释颗粒不得咀嚼。

(6)控释颗粒:系指在规定的释放介质中缓慢地恒速释放药物的颗粒剂。

知识拓展:
中药配方
颗粒

## 二、工艺流程

颗粒剂是在散剂的基础上进行制粒,其混合前的操作与散剂完全相同,标志性单元操作为制粒。制粒方法分为两大类,即湿法制粒与干法制粒,其中最常用的制粒方法为湿法制粒。颗粒剂的制备工艺流程如图7-1所示。

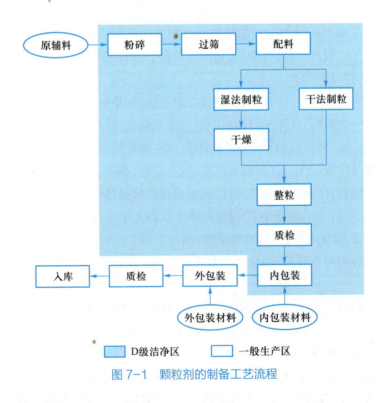

图7-1 颗粒剂的制备工艺流程

实际操作中,可根据药物与辅料性质,采用制粒技术完成操作(表7-1)。

表 7-1 制粒技术与操作过程

| 制粒方法 | 制备工艺 | 操作过程 |
|---|---|---|
| 湿法制粒 | 挤压制粒法 | 将物料粉末混合均匀,加入适宜的润湿剂或黏合剂制成软材,强制挤压通过筛网,制得颗粒。常用制粒设备为摇摆式制粒机和旋转式制粒机 |
| | 高速混合制粒法 | 将物料粉末加入高速混合制粒机的容器中,混匀,加入黏合剂,在高速搅拌桨和切割刀的作用下快速制粒。常用制粒设备为高速混合制粒机 |
| | 流化床制粒法 | 将物料粉末置于流化室内,自下而上的气流作用使其呈悬浮的流化状态,喷入黏合剂溶液,使粉末聚集成颗粒。常用制粒设备为沸腾制粒机 |
| | 喷雾制粒法 | 将一定量的干粉加入盛料器中作为母核,热气流作用使其呈沸腾状态,再通过喷枪把料液喷洒到母核表面,并以热风干燥,制得颗粒。也可将药物与黏合剂制成含固体 50%~60% 的混悬液或混合浆,通过喷枪将其雾化喷出,热风干燥后制得球形细小颗粒。常用制粒设备为喷雾干燥制粒机 |
| | 转动制粒法 | 将物料粉末置于容器中,转动容器或底盘,喷洒润湿剂或黏合剂,制得颗粒。常用制粒设备为转动制粒机、离心造粒机 |
| 干法制粒 | 重压法 | 利用重型压片机,将物料粉末压制成致密的料片,然后再将料片破碎成一定大小的颗粒。由于对设备要求较高,现已较少使用 |
| | 滚压法 | 利用转速相同的两个滚动圆筒之间的缝隙,将物料粉末滚压成薄片,然后破碎成一定大小的颗粒。常用制粒设备为滚压式制粒机 |

湿颗粒需经干燥操作除去水分,常见的干燥方法及其特点见表 7-2。

表 7-2 常见的干燥方法及其特点

| 干燥方法 | 特点 | 常用设备 |
|---|---|---|
| 厢式干燥法 | 利用空气作为加热介质加热物料盘内物料,为静态干燥,颗粒的大小和形状不易变,但颗粒间容易粘连,需用人工方法进行间歇搅动。料层厚度一般为 10~100 mm | 热风循环烘箱 |
| 流化床干燥法 | 利用风力或振动力使物料沸腾流化,物料动态干燥,颗粒干燥速率快,干燥均匀,颗粒不易粘连,但易碎 | 沸腾干燥机 |
| 真空干燥法 | 将被干燥物料放置在密闭干燥室内,抽真空,同时物料被加热,湿分挥发。由于真空状态下湿分沸点较低,干燥温度不高,故适用于热敏性、易氧化性或湿分是有机溶剂的物料干燥 | 真空干燥机 |
| 红外干燥法 | 利用红外线辐射使物料中的水分汽化而干燥。干燥速率快、干燥质量好、能量利用率高,但红外线易被水蒸气等吸收而受到损失 | 远红外干燥机 |
| 微波干燥法 | 利用高频(300 MHz~300 GHz)电磁波使湿物料中的水分子迅速转动并产生剧烈的碰撞和摩擦,部分微波能转化为热能,使温度升高,从而达到干燥的目的。具有干燥速率快、加热均匀、产品质量好等优点。采用 2 540 MHz 的微波还兼有灭菌作用 | 微波干燥机 |

 任务实施

#### ▶▶▶ 湿法制粒

### 一、物料准备

将药物与辅料进行粉碎、过筛、混合，以80~100目为宜。根据制剂需要可加入适宜的辅料，如稀释剂、黏合剂、分散剂、着色剂、矫味剂等。有时根据需要也可加入崩解剂。常用设备为单臂提升料斗混合机。

### 二、制粒

以高速混合制粒为例：将混匀的药物与辅料置于高速混合制粒机盛料缸内，搅拌混合均匀，再加入适量的润湿剂或黏合剂，继续混匀，制成软材。制软材的关键在于润湿剂、黏合剂的用量。若用量过少，则不能捏合成团；若用量过多，则制成的颗粒过硬。根据经验，加入量以使软材"轻握成团，轻按即散"为准。软材经高速旋转的制粒刀（通常转速大于1 000 r/min）搅碎、切割形成均匀的颗粒，由出料口排出，再经整粒机（或摇摆式制粒机）整粒制成湿颗粒。常用设备为高速混合制粒机。

### 三、干燥

以流化床干燥为例：湿颗粒整粒后，应立即干燥，以防止结块或受压变形。将待干燥的物料投入干燥器料斗，空气经中效过滤器除尘后，由加热器升温至干燥所需要的温度，经料斗底部的多孔板，使料斗内物料流化，同时除去水分而干燥，水分蒸发后随排风经布袋过滤器过滤后由风机排出，干燥过程中随风上升的细粉由布袋捕集，并通过抖袋操作返回流化床。干燥温度取决于物料性质，通常以50~80℃为宜，对热稳定的药物，可提高至80~100℃。颗粒剂的干燥程度，通常以水分控制在3%为宜。

注意事项：① 干燥时，应逐渐升温，防止出现"外干内湿"现象。此外，淀粉、糖类在温度骤然升高时，易出现糊化、溶化等现象。② 为使颗粒受热均匀，同时缩短干燥时间，若采用厢式干燥，可定时翻动，但翻动应待湿粒基本干燥后进行，否则会破坏颗粒结构，使细粉增加。

### 四、整粒

湿颗粒在干燥过程中会发生粘连、结块，形成大块状，因此干燥后需进行整粒。通常采用筛分法，即将颗粒通过一定孔径的筛网，使粘连、结块的颗粒散开，同时获得均匀颗粒。通常筛去过粗（一号筛）和过细（五号筛）的颗粒。大生产时，常采用快速整粒机等设备进行操作。

## 五、总混

为保证颗粒的均匀性,将制得的颗粒置于混合筒中进行混合,从而得到一批均匀的颗粒。若制剂处方中含有挥发油,可直接加入颗粒分级筛出的细粉中,再与全部干颗粒混匀;若挥发性药物为固体,可制成其乙醇溶液,然后喷洒在干颗粒中,混匀后,密闭数小时,使挥发性药物渗入颗粒中。

## 六、分剂量与包装

将制得的颗粒进行含量、粒度等质量检查,合格后按剂量装入适宜袋中。一般采用自动颗粒分装机进行包装。

**维生素 C 泡腾颗粒**                                                    **实例分析**

【处方】 维生素 C 2 g,枸橼酸 11 g,碳酸氢钠 9 g,糖粉 80 g,柠檬黄 0.02 g,甜橙香精 0.1 g。

【制法】 ① 将枸橼酸磨成细粉,于 50~60℃干燥 5~6 h,按处方量分别称取维生素 C、枸橼酸、50% 糖粉混合均匀,加入柠檬黄乙醇溶液,混匀,制粒,于 50~60℃干燥 2.5~3.5 h,备用。② 按处方量分别称取碳酸氢钠、50% 糖粉混合均匀,加入柠檬黄水溶液及甜橙香精,混合至色泽均匀,制粒,于 60~70℃干燥 4.5~5.5 h,备用。③ 取干燥后的两种颗粒混合均匀,检查含量和水分。制成的混合物装于不透水的袋中,每袋含维生素 C 200 mg。

【讨论】 1. 处方中各成分的作用是什么?

2. 此为单方制剂,为何需要分别制粒?

3. 服用本品有什么特别需要注意的地方?

实例分析:
维生素 C 泡
腾颗粒

## 🔍 知识总结

1. 颗粒剂是指原料药物与适宜的辅料混合制成的具有一定粒度的干燥颗粒状制剂。

2. 颗粒剂的飞散性、附着性、聚集性、吸湿性等较小;制粒后可防止各种成分的离析;起效快,贮运方便;对颗粒进行包衣,可增加颗粒的防潮性,也可制备缓释或肠溶颗粒。

3. 颗粒剂可分为可溶颗粒、混悬颗粒、泡腾颗粒、肠溶颗粒、缓释颗粒和控释颗粒等。

4. 颗粒剂常用的制粒方法有挤压制粒法、高速混合制粒法、流化床制粒法、喷雾制粒法、转动制粒法、重压法和滚压法。

5. 湿颗粒的干燥方法包括厢式干燥法、流化床干燥法、真空干燥法、红外干燥法、微波干燥法等。

6. 湿法制粒的一般工艺流程为:粉碎、过筛、混合、制软材、制湿颗粒、干燥、整粒、

混合、分剂量、包装。

在线测试

请扫描二维码完成在线测试。

在线测试：
颗粒剂制备

# 任务 7.2　颗粒剂质量检查

PPT：
颗粒剂质量
检查

授课视频：
颗粒剂质量
检查

## 任务描述

　　颗粒剂在生产与贮藏期间应符合相关质量要求。本任务主要是学习颗粒剂的质量要求，按照《中国药典》(2020年版)颗粒剂项下粒度、水分、干燥失重、溶化性、装量差异、装量、微生物限度等检查法要求完成颗粒剂的质量检查，正确评价制剂质量。

## 知识准备

　　颗粒剂在生产与贮藏期间应符合下列规定。

　　1. 原料药物与辅料应均匀混合。含药量小或含毒剧药的颗粒剂，应根据原料药物的性质采用适宜方法使其分散均匀。

　　2. 除另有规定外，中药饮片应按各品种项下规定的方法提取、纯化、浓缩成规定的清膏，采用适宜的方法干燥并制成细粉，加适量辅料或饮片细粉，混匀并制成颗粒；也可将清膏加适量辅料或饮片细粉，混匀并制成颗粒。

　　3. 凡挥发性原料药物或遇热不稳定的药物在制备过程中应注意控制适宜的温度条件，凡遇光不稳定的原料药物应遮光操作。

　　4. 颗粒剂通常采用干法制粒、湿法制粒等方法制备。干法制粒可避免引入水分，尤其适合对湿、热不稳定药物的颗粒剂的制备。

　　5. 根据需要颗粒剂可加入适宜的辅料，如稀释剂、黏合剂、分散剂、着色剂及矫味剂等。

　　6. 除另有规定外，挥发油应均匀喷入干燥颗粒中，密闭至规定时间或用包合等技术处理后加入。

　　7. 为了防潮、掩盖原料药物的不良气味，也可对颗粒进行包衣。必要时，包衣颗粒应检查残留溶剂。

8. 颗粒剂应干燥、颗粒均匀、色泽一致，无吸潮、软化、结块、潮解等现象。

9. 颗粒剂的微生物限度应符合要求。

10. 根据原料药物和制剂的特性，除来源于动、植物多组分且难以建立测定方法的颗粒剂外，溶出度、释放度、含量均匀度等应符合要求。

11. 除另有规定外，颗粒剂应密封，置干燥处贮存，防止受潮。生物制品原液、半成品和成品的生产及质量控制应符合相关品种要求。

 **任务实施**

## 一、粒度检查

除另有规定外，照粒度和粒度分布测定法（通则 0982 第二法　双筛分法）测定。

检查法：取单剂量包装的 5 袋（瓶）或多剂量包装的 1 袋（瓶），称定重量，置上层一号筛中（下层的五号筛下配有密合的接收容器），保持水平状态过筛，左右往返，边筛动边拍打 3 min。取不能通过一号筛和能通过五号筛的颗粒及粉末，称定重量，计算其所占比例，不得超过 15%。

## 二、水分检查

中药颗粒剂照水分测定法（通则 0832）测定，除另有规定外，水分不得超过 8.0%。

## 三、干燥失重检查

除另有规定外，化学药品和生物制品颗粒剂照干燥失重测定法（通则 0831）测定，于 105℃干燥（含糖颗粒应在 80℃减压干燥）至恒重，减失重量不得超过 2.0%。

## 四、溶化性检查

除另有规定外，颗粒剂照下述方法检查，溶化性应符合规定。含中药原粉的颗粒剂不进行溶化性检查。

可溶颗粒检查法：取供试品 10 g（中药单剂量包装取 1 袋），加热水 200 ml，搅拌 5 min，立即观察，可溶颗粒应全部溶化或轻微浑浊。

泡腾颗粒检查法：取供试品 3 袋，将内容物分别转移至盛有 200 ml 水的烧杯中，水温为 15~25℃，应迅速产生气体而呈泡腾状，5 min 内颗粒均应完全分散或溶解在水中。

颗粒剂按上述方法检查，均不得有异物，中药颗粒还不得有焦屑。

混悬颗粒及已规定检查溶出度或释放度的颗粒剂可不进行溶化性检查。

## 五、装量差异检查

单剂量包装的颗粒剂按下述方法检查，应符合规定（表 7-3）。

表 7-3　颗粒剂装量差异限度

| 平均装量或标示装量 | 装量差异限度 |
|---|---|
| 1.0 g 及 1.0 g 以下 | ± 10% |
| 1.0 g 以上至 1.5 g | ± 8% |
| 1.5 g 以上至 6.0 g | ± 7% |
| 6.0 g 以上 | ± 5% |

检查法：取供试品 10 袋(瓶)，除去包装，分别精密称定每袋(瓶)内容物的重量，求出每袋(瓶)内容物的装量与平均装量。每袋(瓶)装量与平均装量相比较[凡无含量测定的颗粒剂或有标示装量的颗粒剂，每袋(瓶)装量应与标示装量比较]，超出装量差异限度的颗粒剂不得多于 2 袋(瓶)，并不得有 1 袋(瓶)超出装量差异限度 1 倍。

凡规定检查含量均匀度的颗粒剂，一般不再进行装量差异检查。

## 六、装量检查

多剂量包装的颗粒剂，照最低装量检查法(通则 0942)检查，应符合规定(表 7-4)。

检查法：除另有规定外，取供试品 5 个(50 g 以上者 3 个)，除去外盖和标签，容器外壁用适宜的方法清洁并干燥，分别精密称定重量，除去内容物，容器用适宜的溶剂洗净并干燥，再分别精密称定空容器的重量，求出每个容器内容物的装量与平均装量，均应符合表 7-4 的有关规定。如有 1 个容器装量不符合规定，则另取 5 个(50 g 以上者 3 个)复试，应全部符合规定。

表 7-4　颗粒剂装量限度

| 标示装量 | 平均装量 | 每个容器装量 |
|---|---|---|
| 20 g 以下 | 不少于标示装量 | 不少于标示装量的 93% |
| 20 g 至 50 g | 不少于标示装量 | 不少于标示装量的 95% |
| 50 g 以上 | 不少于标示装量 | 不少于标示装量的 97% |

## 七、微生物限度检查

以动物、植物、矿物质来源的非单体成分制成的颗粒剂，生物制品颗粒剂，照非无菌产品微生物限度检查：微生物计数法(通则 1105)和控制菌检查法(通则 1106)及非无菌药品微生物限度标准(通则 1107)检查，应符合规定。检查杂菌的生物制品颗粒剂，可不进行微生物限度检查。

 知识总结

1. 颗粒剂原料药物与辅料应均匀混合。

2. 颗粒剂应干燥,颗粒均匀,色泽一致,无吸潮、软化、结块、潮解等现象。

3. 为了防潮、掩盖原料药物的不良气味,也可对颗粒进行包衣。

4. 颗粒剂的微生物限度应符合要求。

5. 除另有规定外,颗粒剂应密封,置干燥处贮存,防止受潮。

6. 除另有规定外,颗粒剂应检查粒度、水分(中药颗粒剂)、干燥失重(化学药品和生物制品)、溶化性(可溶颗粒、泡腾颗粒)、装量差异(单剂量包装)、装量(多剂量包装),并符合《中国药典》(2020 年版)规定。

 ## 在线测试

请扫描二维码完成在线测试。

在线测试:
颗粒剂质量
检查

89

# 项目 8
# 胶囊剂生产

⟫⟫⟫ **学习目标**

1. 掌握胶囊剂的定义、特点、处方组成、制备方法、生产工艺及质量检查。
2. 熟悉胶囊剂的类型、质量要求及内容物的形式。
3. 了解胶囊剂的包装与贮存。

⟫⟫⟫ **知识导图**

请扫描二维码了解本项目主要内容。

知识导图：
胶囊剂生产

# 任务 8.1　硬胶囊剂制备

PPT：
硬胶囊剂
制备

授课视频：
硬胶囊剂
制备

硬胶囊剂是临床常用的固体剂型之一。本任务主要是学习硬胶囊剂的定义、特点，按照硬胶囊剂的生产工艺流程，完成硬胶囊剂制备。

## 一、基础知识

胶囊剂系指原料药物或与适宜辅料充填于空心胶囊或密封于软质囊材中制成的固体制剂。

硬胶囊剂，通称为胶囊，系指采用适宜的制剂技术，将原料药物或加适宜辅料制成的均匀粉末、颗粒、小片、小丸、半固体或液体等，充填于空心胶囊中的胶囊剂。

胶囊剂具有如下特点：① 能掩盖药物的不良嗅味，提高药物稳定性：因药物装在囊壳中与外界隔离，避开了水分、空气、光线的影响，对具不良嗅味、不稳定的药物有一定程度上的遮蔽、保护与稳定作用。② 药物在体内的起效快：胶囊剂中的药物是以粉末或颗粒状态直接填装于囊壳中，不受压力等因素的影响，所以在胃肠道中迅速分散、溶出和吸收，一般情况下其起效将快于丸剂、片剂等剂型。③ 可使液态药物固体剂型化：含油量高的药物或液态药物难以制成丸剂、片剂等，但可制成软胶囊剂，将液态药物以个数计量，服药方便。④ 可延缓药物的释放和定位释药：可将药物按需要制成缓释颗粒装入胶囊中，以达到缓释延效作用，康泰克胶囊即属此种类型；制成肠溶胶囊剂即可将药物定位释放于小肠；亦可制成直肠给药或阴道给药的胶囊剂，使定位在这些腔道释药；对在结肠段吸收较好的蛋白类、多肽类药物，可制成结肠靶向胶囊剂。

## 二、工艺流程

硬胶囊剂的制备一般分为空心胶囊的选择、内容物的制备、物料的填充、抛光等工艺过程。其制备工艺流程如图 8-1 所示。

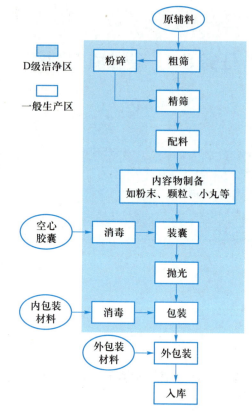

图 8-1　硬胶囊剂的制备工艺流程

## 任务实施

### 一、空心胶囊的选择

**1. 空心胶囊的组成**　明胶是空心胶囊的主要成囊材料,由骨、皮水解而制得。还有其他胶囊,如淀粉胶囊、甲基纤维素胶囊、羟丙甲纤维素胶囊等。为增加韧性与可塑性,一般加入增塑剂,如甘油、山梨醇、羧甲纤维素钠(CMC-Na)、羟丙基纤维素(HPC)、油酸酰胺磺酸钠等;为减小流动性、增加胶冻力,可加入增稠剂琼脂等;对光敏感药物,可加遮光剂二氧化钛(2%~3%);为美观和便于识别,可加食用色素等着色剂;为防止霉变,可加尼泊金类防腐剂。

**2. 空心胶囊的种类与规格**　空心胶囊呈圆筒状,质硬且有弹性,由可套合和锁合囊帽及囊体两节组成,分为透明(两节均不含遮光剂)、半透明(仅一节含遮光剂)及不透明(两节均含遮光剂)三种。囊帽和囊体有闭合用槽圈,套合后不易松开,以保证硬胶囊剂在生产、运输和贮存过程中不易漏粉。

空心胶囊共有八种规格,即 000、00、0、1、2、3、4、5 号,其中 000 号容积最大,5 号最小,常用 0~5 号空心胶囊。由于药物充填多用容积控制剂量,而各种药物的密度、晶型、粒度及剂量不同,所占的容积也不同,故必须用适宜大小的空心胶囊。一般凭经验或试装后选用适当规格的空心胶囊。

知识拓展:
胶囊剂的
"荤"与"素"

## 二、内容物的制备

可根据药物性质和临床需要,通过制剂技术制成不同形式和功能的内容物,主要有以下几类。

**1. 粉末** 若单纯药物粉末能满足填充要求,一般将药物粉碎至适宜细度,加适宜辅料如稀释剂、助流剂等混合均匀后直接填充。粉末是最常见的胶囊内容物。

**2. 颗粒** 将一定量的药物加适宜的辅料如稀释剂、崩解剂等制成颗粒。粒度比一般颗粒剂细,一般为小于 40 目的颗粒。颗粒也是较常见的胶囊内容物。

**3. 小丸** 将药物制成普通小丸、速释小丸、缓释小丸、控释小丸或肠溶小丸单独填充或混合后填充,必要时加入适量空白小丸作填充剂。

## 三、物料的填充

按 GMP 要求,硬胶囊剂的工业化生产现已全部采用全自动胶囊填充机填充药物,将空心胶囊和内容物分别加入各自的加料器中用填充机械填充。目前全自动胶囊填充机的式样虽很多,但填充过程一般按以下八个步骤循环进行:① 空心胶囊定向排列;② 帽体分离;③ 帽体错位;④ 填充物料;⑤ 剔除废囊;⑥ 帽体闭合;⑦ 出囊;⑧ 清洁。

## 四、抛光

充填好的胶囊可使用胶囊抛光机,清除吸附在胶囊外壁上的细粉,使胶囊光洁。

### 速效感冒胶囊

**实例分析**

【处方】 对乙酰氨基酚 300 g,维生素 C 100 g,胆汁粉 100 g,咖啡因 3 g,氯苯那敏 3 g,10% 淀粉浆适量,食用色素适量。

【制法】 ① 取上述各药物,分别粉碎,过 80 目筛。② 将 10% 淀粉浆分为 A、B、C 三份,A 加入少量食用胭脂红制成红糊;B 加入少量食用橘黄(最大用量为 1/万)制成黄糊;C 不加色素为白糊。③ 将对乙酰氨基酚分为三份,一份与氯苯那敏混匀后加入红糊;一份与胆汁粉、维生素 C 混匀后加入黄糊;一份与咖啡因混匀后加入白糊,分别制成软材后,过 14 目尼龙筛制粒,于 70℃ 干燥至水分 3% 以下。④ 将上述三种颜色的颗粒混合均匀后,填入空胶囊中,即得。

【讨论】 处方中各成分的作用是什么?

实例分析:
速效感冒
胶囊

 **知识总结**

1. 硬胶囊剂,通称为胶囊,系指采用适宜的制剂技术,将原料药物或加适宜辅料制成的均匀粉末、颗粒、小片、小丸、半固体或液体等,充填于空心胶囊中的胶囊剂。

2. 胶囊剂的特点:① 能掩盖药物的不良嗅味,提高药物稳定性。② 药物在体内的起效快。③ 可使液态药物固体剂型化。④ 可延缓药物的释放和定位释药。

3. 硬胶囊剂的制备一般分为空心胶囊的选择、内容物的制备、物料的填充、抛光等工艺过程。

 **在线测试**

请扫描二维码完成在线测试。

在线测试:
硬胶囊剂
制备

# 任务 8.2　软胶囊剂制备

PPT:
软胶囊剂
制备

**任务描述**

软胶囊剂是临床常用的固体剂型之一。本任务主要是学习软胶囊剂的定义、特点、分类,按照软胶囊剂的生产工艺流程,完成软胶囊剂制备。

 **知识准备**

授课视频:
软胶囊剂
制备

## 一、基础知识

软胶囊剂系指将一定量的液体原料药物直接密封,或将固体原料药物溶解或分散在适宜的辅料中制备成溶液、混悬液、乳状液或半固体,密封于软质囊材中的胶囊剂。软质囊材一般由胶囊用明胶、甘油或其他适宜的药用辅料单独或混合制成。

## 二、工艺流程

常用压制法和滴制法制备软胶囊剂。压制法制备软胶囊剂的工艺流程如图 8-2

所示,滴制法制备软胶囊剂的工艺流程如图 8-3 所示。

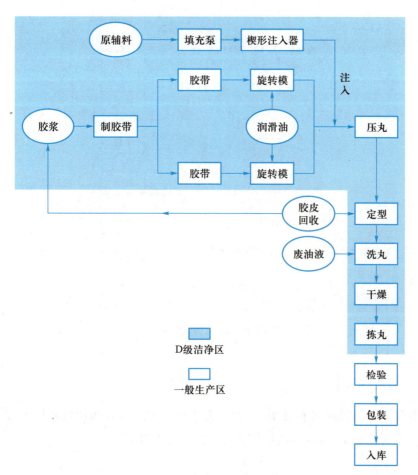

图 8-2　压制法制备软胶囊剂的工艺流程

## 任务实施

### 一、囊材组成

　　软胶囊剂与硬胶囊剂的主要区别是软胶囊剂的囊材中加入了较多的增塑剂,因而其可塑性强,弹性大。其重量比例通常是明胶:增塑剂:水 =1:(0.4~0.6):1。若增塑剂用量过小或过大,则会造成囊壳过硬或过软。常用的增塑剂有甘油、山梨醇或者两者的混合物。配制时,将按比例称好的囊材物料置于适当容器中,使明胶充分溶胀,加热至 70~80℃,搅拌溶解,静置保温 1~2 h,待气泡上浮后,保温过滤,成为胶浆备用。

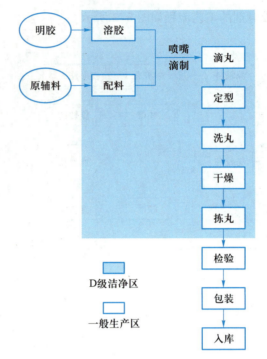

图 8-3　滴制法制备软胶囊剂的工艺流程

## 二、制备内容物

软胶囊剂中可填装各种油类、对明胶无溶解作用的液体药物及药物溶液,液体药物含水量不应超过 5%,也可填装药物混悬液、半固体和固体。

## 三、压制

压制是将胶浆制成厚薄均匀的胶带,再将药液置于两块胶带之间,用钢板模或旋转模压制成软胶囊的一种方法。目前生产上主要采用自动旋转轧囊机,药液由贮液槽经导管流入楔形注入器,两条由机器自动制成的胶带由两侧送料轴自相反方向传送过来,相对地进入两个轮状模子的夹缝处,两胶带部分被加压黏合,此时药液借填充泵的推动,经导管定量进入两胶带间,由于旋转的轮模连续转动,将胶带与药液压入两模的凹槽中,胶带全部轧压结合,使胶带将药液包裹成一个球形或椭圆形或其他形状的囊状物,多余的胶带被切割分离。

## 四、干燥

制出的胶丸铺摊于浅盘内,用石油醚洗涤后,送入干燥隧道中,在相对湿度 20%~30%、温度 21~24℃鼓风条件下进行干燥即得。模的形状可为椭圆形、球形或其他形状。压制法制成的软胶囊中间有缝,故又称有缝胶丸,此法具有产量大、自动化程度高、成品率高、剂量准确的优点。

## 知识总结

1. 软胶囊剂系指将一定量的液体原料药物直接密封,或将固体原料药物溶解或分散在适宜的辅料中制备成溶液、混悬液、乳状液或半固体,密封于软质囊材中的胶囊剂。

2. 软质囊材一般由胶囊用明胶、甘油或其他适宜的药用辅料单独或混合制成。

3. 软胶囊剂的制备方法有压制法和滴制法。

## 在线测试

请扫描二维码完成在线测试。

在线测试:
软胶囊剂
制备

# 任务 8.3 胶囊剂质量检查

 **任务描述**

胶囊剂在生产与贮藏期间应符合相关质量要求。本任务主要是学习胶囊剂的质量要求,按照《中国药典》(2020 年版)胶囊剂项下水分、装量差异、崩解时限、微生物限度等检查法要求完成胶囊剂的质量检查,正确评价制剂质量。

PPT:
胶囊剂质量
检查

授课视频:
胶囊剂质量
检查

## 知识准备

胶囊剂在生产与贮藏期间应符合下列规定。

1. 胶囊剂的内容物不论是原料药物还是辅料,均不应造成囊壳的变质。

2. 硬胶囊剂可根据下列制剂技术制备不同形式的内容物充填于空心胶囊中。

(1)将原料药物加适宜的辅料如稀释剂、助流剂、崩解剂等制成均匀的粉末、颗粒或小片。

(2)将普通小丸、速释小丸、缓释小丸、控释小丸或肠溶小丸单独填充或混合后填充,必要时加入适量空白小丸作填充剂。

(3)将原料药物粉末直接填充。

(4)将原料药物制成包合物、固体分散体、微囊或微球。

　　(5) 溶液、混悬液、乳状液等也可采用特制灌囊机填充于空心胶囊中，必要时密封。

　　3. 小剂量原料药物应先用适宜稀释剂稀释，并混合均匀。

　　4. 胶囊剂应整洁，不得有黏结、变形、渗漏或囊壳破裂等现象，并应无异臭。

　　5. 胶囊剂的溶出度、释放度、含量均匀度、微生物限度等应符合要求，必要时，内容物包衣的胶囊剂应检查残留溶剂。

　　6. 除另有规定外，胶囊剂应密封贮存，其存放环境温度不高于30℃，湿度应适宜，防止受潮、发霉、变质。

## 任务实施

### 一、水分检查

　　中药硬胶囊剂应进行水分检查。

　　取供试品内容物，照水分测定法（通则0832）测定，除另有规定外，不得过9.0%。

　　硬胶囊剂内容物为液体或半固体者不检查水分。

### 二、装量差异检查

　　取供试品20粒（中药取10粒），分别精密称定重量，倾出内容物（不得损失囊壳），硬胶囊剂囊壳用小刷或适宜的用具拭净；软胶囊剂或内容物为半固体或液体的硬胶囊剂囊壳用乙醚等溶剂洗净，置通风处使溶剂挥散尽，再分别精密称定囊壳重量，求出每粒胶囊内容物的装量与平均装量。每粒装量与平均装量相比较（有标示装量的胶囊剂，每粒装量应与标示装量比较），超出装量差异限度（表8-1）的不得多于2粒，并不得有1粒超出限度1倍。

表8-1 胶囊剂装量差异限度

| 平均装量或标示装量 | 装量差异限度 |
| --- | --- |
| 0.3 g 以下 | ±10% |
| 0.3 g 及 0.3 g 以上 | ±7.5%（中药 ±10%） |

### 三、崩解时限检查

　　除另有规定外，照崩解时限检查法（通则0921）检查，均应符合规定。

　　取供试品6粒，如胶囊漂浮于液面，可加1块挡板。硬胶囊剂应在30 min内全部崩解，软胶囊剂应在1 h内全部崩解。如有1粒不能完全崩解，应另取6粒按上述方法复试，均应符合规定。软胶囊剂可改在人工胃液中进行检查。肠溶胶囊剂按崩解时限检查装置与方法先在盐酸溶液（9→1000）中检查2 h，每粒的囊壳均不得有裂缝或崩解现象，然后将吊篮取出，用少量水洗涤后，每管各加入挡板1块，再按上述方法改在人

工肠液中进行检查,1 h内应全部崩解,如有1粒不能完全崩解,应另取6粒按上述方法复试,均应符合规定。

凡规定检查溶出度或释放度的胶囊剂,一般不再进行崩解时限检查。

### 四、微生物限度检查

以植物、动物、矿物质来源的非单体成分制成的胶囊剂,生物制品胶囊剂,照非无菌产品微生物限度检查:微生物计数法(通则1105)和控制菌检查法(通则1106)及非无菌药品微生物限度标准(通则1107)检查,应符合规定。规定检查杂菌的生物制品胶囊剂,可不进行微生物限度检查。

 ## 知识总结

知识拓展:
"毒胶囊"
事件

1. 胶囊剂外观应整洁,硬胶囊剂内容物应干燥、松紧适度、混合均匀。

2. 中药胶囊剂应进行水分检查,除另有规定外,不得过9.0%。硬胶囊剂内容物为液体或半固体者不检查水分。

3. 胶囊剂的微生物限度应符合要求。

4. 除另有规定外,胶囊剂应密封,置干燥处贮存,防止受潮。

5. 除另有规定外,胶囊剂应检查水分、装量差异、崩解时限、溶出度与释放度,并符合《中国药典》(2020年版)规定。

6. 凡规定检查溶出度或释放度的胶囊剂,一般不再进行崩解时限检查。

 ## 在线测试

请扫描二维码完成在线测试。

在线测试:
胶囊剂质量
检查

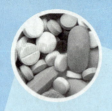

# 项目 9
# 片剂生产

▶▶▶ 学习目标

1. 掌握片剂的定义、特点、处方组成、制备方法；常用辅料的种类、性质、特点、用途。
2. 熟悉片剂的制备工艺过程、质量要求及质量检查方法；片剂包衣的种类、一般过程及包衣的目的；压片过程中容易出现的问题及解决办法。
3. 了解片剂的种类及各类片剂的特点和应用。

▶▶▶ 知识导图

请扫描二维码了解本项目主要内容。

知识导图：
片剂生产

# 任务 9.1 片 剂 制 备

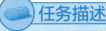

**任务描述**

片剂是临床上品种多、产量大、用途广,使用和贮运方便,质量稳定的剂型之一。本任务主要是学习片剂的定义、特点、分类、处方组成和制备方法,按照片剂的生产工艺流程,完成片剂制备。

PPT:
片剂制备

授课视频:
片剂制备

**知识准备**

## 一、基础知识

片剂系指原料药物或与适宜的辅料制成的圆形或异形的片状固体制剂。片剂可供内服、外用,是临床上应用最广泛的剂型之一,主要具有以下特点。

片剂的优点:① 便于生产,机械化、自动化程度高,产量大,成本较低。② 剂量准确,含量差异小。③ 体积小,接触面积小,因而在贮存期间质量稳定,保存时间长,服用、携带、运输和贮存等方便。④ 片剂经包衣后,可弥补其缺点,满足多种治疗用药的需要。

片剂的不足:① 幼儿及昏迷患者不易吞服。② 贮存过程中往往变硬,崩解时间延长。③ 片剂的制备中一般需加入赋形剂,并经过压缩成型,可能会影响其溶出度及生物利用度。

片剂可分为口服用片剂、口腔用片剂、外用片剂等。

(1) 口服用片剂:包括以下几类。① 口服普通片(素片):为药物与赋形剂混合后,经加工压制而成的未包衣的片剂,如磺胺嘧啶片。② 包衣片:为素片外包衣膜的片剂,按照包衣物料或作用的不同可分为糖衣片、薄膜衣片与肠溶衣片,如三黄片、布洛芬薄膜衣片等。③ 泡腾片:为含有泡腾崩解剂(碳酸氢钠与有机酸)的片剂,遇水时产生大量 $CO_2$ 气体,促使片剂快速崩解,药物起效迅速,生物利用度较高,如维生素 C 泡腾片。④ 分散片:为遇水能迅速崩解并均匀分散的片剂,也可咀嚼或含服,服用方便,吸收快,生物利用度高,如阿奇霉素分散片。⑤ 口崩片:为在口腔内不需用水即能崩解或溶解的片剂,生物利用度高,胃肠道副作用小,可产生局部治疗的靶向效应,同时可避免肝首过效应,如利培酮口崩片。⑥ 咀嚼片:为于口腔中咀嚼后吞服的片剂,可加入蔗糖、薄荷、食用香料等调整口味,使之适合小儿服用;对于崩解困难的药物制成咀嚼片可以有利于吸收,如铝碳酸镁咀嚼片。⑦ 缓释片:为在规定释放介质中缓慢地非恒速释放药物的片剂,具有药物释放缓慢,血药浓度较平稳,药物作用时间长,服药次数少等特点,如美托洛尔缓释片。⑧ 控释片:为在规定释放介质中缓慢恒速释放药物的片剂,具有血药浓度平稳,药物作用时间长,副作用小,服药次数少等特点,如硝苯地平控释片。⑨ 双层片:为由两层或多层组成的片剂,可避免复方制剂中不同药物之间的配伍变化,或者达到缓释、控释的效果。

(2) 口腔用片剂:包括以下几类。① 舌下片:为置于舌下使用的压制片,药物通过口腔黏膜的快速吸收而发挥速效作用,可避免肝首过效应,如硝酸甘油片。② 含片:为含在颊腔内缓缓溶解而发挥治疗作用的压制片,常用于口腔及咽喉疾病的治疗,如复方草珊瑚含片。③ 口腔贴片:为贴于口腔黏膜或口腔内患处,有足够黏着力长时间固定在黏膜释药的片剂,可避免肝首过效应,吸收快且速效,局部用药剂量小,副作用少,药效维持时间长,又便于中止给药,如意可贴片。

(3) 外用片剂:包括以下几类。① 可溶片:为临用前能溶解于水的非包衣片或薄膜包衣片剂,可溶片应溶解于水中,溶液可呈轻微乳光,供外用、含漱等用,如复方硼砂漱口片等。② 阴道用片:为直接用于阴道内产生局部作用的压制片,起局部消炎杀菌作用,如替硝唑阴道片。

知识拓展:
固体分散片

## 二、常用辅料

辅料为生产药品和调配处方时所加入的赋形剂和添加剂。辅料如硬脂酸、滑石粉、聚乙二醇、微粉硅胶等润滑剂的加入,可降低压片颗粒(或粉粒)相互间的摩擦力,使药物在制备过程中具有良好的流动性和可压性;辅料如淀粉浆、阿拉伯胶浆、纤维素衍生物、聚乙二醇等润湿剂或黏合剂的加入,可增加药粉间的黏合作用,以利于制粒和压片;辅料如淀粉、糊精、糖粉等稀释剂或吸收剂的加入,可增加片剂的重量或体积;辅料如干燥淀粉、羧甲淀粉钠等崩解剂的加入,可促使片剂在胃肠液中迅速崩解成细小颗粒,使药物易于吸收而发挥药效。

## 三、工艺流程

片剂在制备过程中需具备良好的流动性、压缩成型性和润滑性这三大要素。

片剂的制备方法主要有以湿法制粒、干法制粒为基础的制粒压片法,以及以直接粉末(结晶)、半干式颗粒(空白颗粒)为基础的直接压片法,其中最常用的是湿法制粒压片。片剂的制备工艺流程如图 9-1 所示。

实际操作中,可根据药物与辅料性质,采用适宜的压片技术完成片剂的制备(表9-1)。

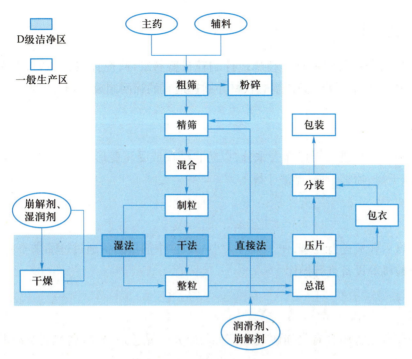

图 9-1 片剂的制备工艺流程

表 9-1 压片技术与操作过程

| 压片方法 | 制备工艺 | 操作过程 |
|---|---|---|
| 制粒压片法 | 湿法制粒压片 | 将药物和辅料的粉末混合均匀后加入黏合剂或润滑剂制备颗粒,经干燥后压制成片。常用压片设备为单冲压片机、多冲旋转压片机等 |
| | 干法制粒压片 | 将药物和粉状辅料混合均匀,采用滚压法或重压法使其成块状或大片状,再将其粉碎成所需大小的颗粒,利用滚压法或重压法进行压片 |
| 直接压片法 | 粉末(结晶)直接压片 | 将药物粉末与适宜的辅料混合后,不经制粒而直接压片 |
| | 半干式颗粒(空白颗粒)压片 | 将药物粉末和预先制好的辅料颗粒混合后压片 |

 **任务实施**

## 一、物料准备

主药与辅料经粉碎、过筛、干燥等加工处理后再混合。易受潮结块的原料、辅料先干燥再粉碎、过筛。

## 二、制湿颗粒

将混匀的药物与辅料置于高速搅拌制粒机盛料缸内,搅拌混合均匀,再加入适量的润湿剂或黏合剂,继续混匀,制成软材并通过适宜的筛网制成湿颗粒。

## 三、干燥

湿颗粒整粒后进行干燥除去水分,以防止结块或受压变形。干燥的方法有厢式干燥、流化床干燥、喷雾干燥、微波干燥等。

## 四、整粒

对干燥后颗粒进行处理,使干颗粒大小一致。小剂量制备通过过筛来整粒;大生产时采用整粒机等设备进行操作。

## 五、总混

对于制剂处方中含有的崩解剂、润滑剂,应先干燥过筛,再将崩解剂及润滑剂与干颗粒一起加入混合器中进行混合。对于制剂处方中含有的挥发油,可加在润滑剂与颗粒混合后筛出的部分颗粒中,或直接加入干颗粒中筛出的部分细粉中,再与全部干颗粒混匀;对于固体挥发性药物,可将其溶于适量乙醇,或与其他成分混合研磨共熔后再加入干颗粒中混匀。

## 六、压片

对湿、热稳定的药物适宜采用湿法制粒压片;对水、热不稳定,吸湿性或采用直接压片法流动性差的药物适宜采用干法制粒压片;对湿、热不稳定且剂量小的药物适宜采用空白颗粒压片或粉末直接压片;结晶性或颗粒性且流动性、可压性好的药物适宜采用结晶直接压片。

压片前要先对混合后颗粒进行片重的计算:

### 1. 按主药含量计算

每片颗粒重 = [每片主药含量(标示量)/颗粒中主药含量(%)]× 主药含量允许误差范围(%)+ 压片前每片加入的平均辅料量

此公式适用于投料时未考虑制粒过程中主药的损耗量。

### 2. 按颗粒重量计算

片重 =(干颗粒重 + 压片前加入辅料的重量)/ 应压片数

此公式适用于投料时计入原料的损耗。

而后,根据片重选择冲模的大小,根据包衣与否选择冲模的类型。选择适宜的冲模安装在压片机上,先调试片重再调试压力,在片重、崩解时限符合规定,硬度适宜,片面光洁完整、色泽均匀时,即可进行大规模压片。

## 七、压片过程中常见问题的解决

片剂在制备过程中易出现裂片、松片、黏冲、崩解迟缓、片重差异超限、含量均匀度超限、变色与色斑、麻点及迭片等问题。

可能的原因有以下几类。① 药物因素：药物的熔点、结晶形态的影响。② 颗粒因素：赋形剂的种类、用量、比例、细粉量等的影响。③ 水分因素：过湿或过干的影响。④ 机械因素：压力大小、车速快慢、冲模磨损等的影响。⑤ 环境因素：空气湿度等的影响。

主要解决措施：

（1）裂片：选用弹性小、塑性大的辅料，选用适宜制粒方法、适宜压片机和操作参数等，从整体上提高物料的压缩成型性，降低弹性复原率。

（2）松片：选用黏性强的黏合剂，增大压片机压力等。

（3）黏冲：检查是否颗粒含水量过多、润滑剂使用不当、冲头表面粗糙或工作场所湿度太大等，并根据实际情况查找原因给予解决。

（4）崩解迟缓：检查是否崩解剂选择不当或用量不足、黏合剂黏性太强或用量过多、压片时压力过大、疏水润滑剂用量过多等，并根据实际情况查找原因给予解决。

（5）片重差异超限：检查是否存在颗粒流动性差、颗粒内细粉太多、颗粒大小相差悬殊、冲头与模孔吻合程度不好等情况，并根据实际情况查找原因给予解决。

（6）含量均匀度超限：检查是否存在混合不均匀、可溶性成分颗粒迁移等情况，并根据实际情况查找原因给予解决。

（7）变色与色斑：检查是否存在颗粒过硬、混料不匀、接触金属离子、压片机污染油污等情况，并针对原因逐一处理解决。

（8）麻点：检查是否存在润滑剂和黏合剂选用不当、颗粒大小不均匀或引湿受潮、粗粒或细粉量过多、冲头表面粗糙等情况，并针对原因逐一处理解决。

（9）迭片：检查是否存在出片调节器调节不当、上冲黏片及加料斗故障等情况，并针对原因逐一处理解决。

### 盐酸环丙沙星片

**实例分析**

【处方】 环丙沙星盐酸盐（1 000 片）291 g，淀粉 100 g，低取代羟丙纤维素（L-HPC）40 g，十二烷基硫酸钠 1.4 g，1.5% 羟丙甲纤维素（HPMC）适量，硬脂酸镁适量。

【制法】 ① 将环丙沙星盐酸盐、淀粉、L-HPC、十二烷基硫酸钠混合均匀，备用。② 加入 1.5%HPMC 适量制成软材，用 14 目筛制粒，60℃通风干燥，14 目或 16 目筛整粒，备用。③ 加入硬脂酸镁混匀，压片，包薄膜衣，即得。

【讨论】 1. 处方中各成分的作用是什么？

　　　　 2. 进行整粒的目的是什么？

实例分析：
盐酸环丙沙
星片

 **知识总结**

1. 片剂系指原料药物或与适宜的辅料制成的圆形或异形的片状固体制剂。

2. 片剂便于生产,机械化、自动化程度高,产量大,成本较低;剂量准确,含量差异小;体积小,接触面积小,因而在贮存期间质量稳定,保存时间长,服用、携带、运输和贮存等方便;经包衣后,可改善其缺点,满足多种治疗用药的需要。

3. 片剂以口服普通片为主,另有含片、舌下片、口腔贴片、咀嚼片、分散片、可溶片、泡腾片、阴道片、阴道泡腾片、缓释片、控释片、肠溶片与口崩片等。

4. 辅料的类型有润滑剂、润湿剂或黏合剂、稀释剂或吸收剂、崩解剂等。

5. 片剂通常采用湿法制粒压片、干法制粒压片、粉末直接压片和半干式颗粒压片。

6. 湿法制粒压片的一般工艺流程为:粉碎、过筛、混合、制粒、干燥、整粒、总混、计算片重、压片、质量检查、包装。

  **在线测试**

请扫描二维码完成在线测试。

**在线测试:
片剂制备**

# 任务 9.2　包　　衣

**PPT:
包衣**

 **任务描述**

　　包衣技术在制药工业中占有非常重要的地位,本任务主要是学习片剂包衣的常用方法、工艺流程与设备,进行薄膜衣片的制备并能对包衣过程中容易出现的问题给予解决。

  **知识准备**

**授课视频:
包衣**

## 一、基础知识

　　包衣是指在片剂表面包裹上适宜的材料衣层的操作。包衣的目的是增加药物稳定性;掩盖不良气味;避免药物对胃的刺激或被胃液破坏;控制药物释放部位、速率;使外

形美观,便于识别。

包衣的基本类型有糖衣、薄膜衣(半薄膜衣)与肠溶衣等,目前最常用的是薄膜衣。薄膜衣的优点有:① 操作简单,节省物料,成本较低。② 衣层薄,薄膜衣片仅增重2%~4%。③ 对片剂的崩解和溶出度的不良影响较糖衣小。④ 片剂表面的标记,包衣后仍可显出,不用另做标记。

包衣片剂的片芯与衣层均需符合质量要求:片芯形状一般应为深弧形,硬度大,可经受多次滚转、碰撞;衣层一般应均匀牢固、光亮美观、无裂纹,与片芯不起反应,崩解度符合要求。

## 二、包衣液的组成

薄膜衣片在包衣过程中常用的包衣材料有薄膜衣料(表9-2)、增塑剂、溶剂、掩光剂、着色剂、打光剂等。

表9-2　薄膜衣料种类

| 类型 | 材料 |
| --- | --- |
| 胃溶性材料 | 羟丙甲纤维素(HPMC) |
| | 羟丙基纤维素(HPC) |
| | 聚维酮(PVP) |
| | 丙烯酸树脂类 |
| 肠溶性材料 | 邻苯二甲酸醋酸纤维素(CAP) |
| | 羟丙甲纤维素邻苯二甲酸酯(HPMCP) |
| | 醋酸羟丙甲纤维素琥珀酸酯(HPMCAS) |
| | 丙烯酸树脂类 |
| 水不溶性材料 | 醋酸纤维素(CA) |
| | 乙基纤维素(EC) |
| | 中性丙烯酸乙酯-甲基丙烯酸酯共聚物(Eudragit RL100,Eudragit RS100) |

包衣液除表9-2中的薄膜衣料外,还混合有以下材料。

(1) 增塑剂:常采用丙二醇、甘油、PEG、蓖麻油、硅油、脂肪酸山梨坦(司盘)等,可增加衣材柔韧性与抗击强度。

(2) 溶剂:常采用乙醇、丙酮、异丙醇等,可使衣材与水形成水分散体,安全性好。

(3) 遮光剂:二氧化钛。

(4) 其他:着色剂与打光剂等。

## 三、工艺流程

薄膜衣片为在片芯上包一层比较稳定的高分子聚合物衣膜,可保护片剂不受空气

中湿气、氧气等作用,增加稳定性,并可掩盖不良气味。

薄膜衣片可以使用包衣锅、高效包衣机或流化包衣设备,其制备工艺流程如图 9-2 所示。

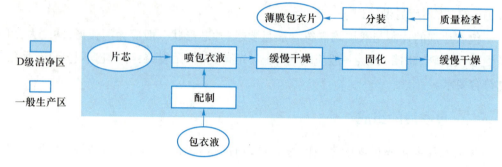

图 9-2　薄膜衣片的制备工艺流程

## 任务实施

### 一、包衣

包衣的方法有滚转包衣法、流化包衣法与压制包衣法等,其中最常用的是滚转包衣法。

包衣锅为荸荠形,目前常用埋管包衣锅,适宜转速下片剂在包衣锅口附近形成旋涡状的运动,包衣液则通过空气喷头在物料层内进行喷雾,热气通过物料层,可防止喷液飞扬,加快物料运动速度和干燥速率,使包衣液与片剂有良好的混合。

### 二、包衣过程中常见问题的解决

1. **起泡**　由于固化条件不当、干燥速率过快导致,应控制成膜条件,降低干燥温度和速率。

2. **皱皮**　由于衣料选择不当、干燥条件不当导致,应更换衣料,改变成膜温度。

3. **剥落**　由于衣料选择不当、两次包衣间隔时间太短导致,应更换衣料,延长包衣间隔时间,调节干燥温度和适当降低包衣液的浓度。

4. **花斑**　由于增塑剂、色素等选择不当,干燥时溶剂将可溶性成分带到衣膜表面导致,操作时应改变包衣处方,调节空气温度和流量,减慢干燥速率。

###  知识总结

1. 片剂包衣后可增加药物稳定性,掩盖不良气味,避免药物对胃的刺激或被胃液

破坏,控制药物释放部位与速率,并使药片外形美观,便于识别。

2. 薄膜衣片是在片芯之外包一层薄的高分子衣膜,与糖衣比较,生产周期短,效率高,片重增加不大,包衣过程自动化,对崩解的影响小。

3. 薄膜包衣工艺为:片芯→喷包衣液→缓慢干燥→固化→缓慢干燥→质量检查→分装→薄膜包衣片。

4. 常用的薄膜包衣材料有薄膜衣料(胃溶性、肠溶性、水不溶性)、增塑剂、着色剂和掩蔽剂等。

5. 滚转包衣法是经典且广泛使用的包衣方法,在包衣过程中注意起泡、皱皮、剥落、花斑等现象,应分析其原因并给予解决,以保证片剂的质量。

 **在线测试**

请扫描二维码完成在线测试。

在线测试:
包衣

# 任务 9.3　片剂质量检查

 **任务描述**

　　片剂在生产与贮藏期间应符合相关质量要求。本任务主要是学习片剂的质量要求,按照《中国药典》(2020 年版)片剂项下硬度、脆碎度、重量差异、崩解时限、发泡量、分散均匀性、微生物限度等检查法要求完成片剂的质量检查,正确评价制剂质量。

PPT:
片剂质量
检查

 **知识准备**

授课视频:
片剂质量
检查

片剂在生产与贮藏期间应符合下列规定。

1. 原料药物与辅料应混合均匀。含药量小或含毒剧药的片剂,应根据原料药物的性质采用适宜方法使其分散均匀。

2. 凡属挥发性或对光、热不稳定的原料药物,在制片过程中应采取遮光、避热等适宜方法,以避免成分损失或失效。

3. 压片前的物料、颗粒或半成品应控制水分,以适应制片工艺的需要,防止片剂在贮存期间发霉、变质。

4. 片剂通常采用湿法制粒压片、干法制粒压片和粉末直接压片。干法制粒压片和粉末直接压片可避免引入水分,适合对湿、热不稳定的药物的片剂制备。

5. 根据依从性需要,片剂中可加入矫味剂、芳香剂和着色剂等,一般指含片、口腔贴片、咀嚼片、分散片、泡腾片、口崩片等。

6. 为增加稳定性、掩盖原料药物不良臭味、改善片剂外观等,可对制成的药片包糖衣或薄膜衣。对一些遇胃液易破坏、刺激胃黏膜或需要在肠道内释放的口服药片,可包肠溶衣。必要时,薄膜包衣片剂应检查残留溶剂。

7. 片剂外观应完整光洁,色泽均匀,有适宜的硬度和耐磨性,以免包装、运输过程中发生磨损或破碎,除另有规定外,非包衣片应符合片剂脆碎度检查法的要求。

8. 片剂的微生物限度应符合要求。

9. 根据原料药物和制剂的特性,除来源于动、植物多组分且难以建立测定方法的片剂外,溶出度、释放度、含量均匀度等应符合要求。

10. 片剂应注意贮存环境中温度、湿度及光照的影响,除另有规定外,片剂应密封贮存。生物制品原液、半成品和成品的生产及质量控制应符合相关品种要求。

 **任务实施**

## 一、硬度检查

在生产中通常采用指压法检查,将片剂置于中指与食指之间,以拇指轻压,根据片剂的抗压能力,判断硬度。也可采用仪器进行片剂硬度的测定,如孟山都硬度计、片剂四用测定仪等。

## 二、脆碎度检查

照《中国药典》(2020 年版)片剂脆碎度检查法(通则 0923)进行,用于检查非包衣片的脆碎情况及其他物理强度,如压碎强度等。采用片剂脆碎度检查仪进行测定。

片重为 0.65 g 或以下者取若干片,使其总重约为 6.5 g;片重大于 0.65 g 者取 10 片。用吹风机吹去片剂脱落的粉末,精密称重,置圆筒中,转动 100 次。取出,同法除去粉末,精密称重,减失重量不得过 1%,且不得检出断裂、龟裂及粉碎的片。本试验一般仅做 1 次。如减失重量超过 1%,应复测 2 次,3 次的平均减失重量不得过 1%,并不得检出断裂、龟裂及粉碎的片。

如供试品的形状或大小使片剂在圆筒中形成不规则滚动,可调节圆筒的底座,使与桌面成约 10° 的角,试验时片剂不再聚集,能顺利下落。

对于形状或大小在圆筒中形成严重不规则滚动或特殊工艺生产的片剂,不适于本法检查,可不进行脆碎度检查。

对易吸水的制剂,操作时应注意防止吸湿(通常控制相对湿度小于 40%)。

## 三、重量差异检查

取供试品 20 片,精密称定总重量,求得平均片重后,再分别精密称定每片的重量,每片重量与平均片重比较(凡无含量测定的片剂或有标示片重的中药片剂,每片重量应与标示片重比较),按表 9-3 中的规定,超出重量差异限度的不得多于 2 片,并不得有 1 片超出限度 1 倍。

表 9-3　重量差异检查的限度要求

| 平均片重 | 重量差异限度 |
| --- | --- |
| 0.3 g 以下 | ±7.5% |
| 0.30 g 及 0.30 g 以上 | ±5% |

糖衣片的片芯应检查重量差异并符合规定,包糖衣后不再检查重量差异。薄膜衣片应在包薄膜衣后检查重量差异并符合规定。

凡规定检查含量均匀度的片剂,一般不再进行重量差异检查。

## 四、崩解时限检查

除另有规定外,照崩解时限检查法(通则 0921)检查,应符合规定。采用升降式崩解仪,将吊篮通过上端的不锈钢轴悬挂于支架上,浸入 1 000 ml 烧杯中,并调节吊篮位置使其下降至低点时筛网距烧杯底部 25 mm,烧杯内盛有温度为 37℃±1℃的水,调节水位高度使吊篮上升至高点时筛网在水面下 15 mm 处,吊篮顶部不可浸没于溶液中。除另有规定外,取供试品 6 片,分别置上述吊篮的玻璃管中,启动崩解仪进行检查,各片均应在 15 min 内全部崩解。如有 1 片不能完全崩解,应另取 6 片复试,均应符合规定。

1. **薄膜衣片**　按上述装置与方法检查,并可改在盐酸溶液(9→1000)中进行检查,化药薄膜衣片应在 30 min 内全部崩解。如有 1 片不能完全崩解,应另取 6 片复试,均应符合规定。

2. **糖衣片**　按上述装置与方法检查,化药糖衣片应在 1 h 内全部崩解。中药糖衣片则每管加挡板 1 块,各片均应在 1 h 内全部崩解,如果供试品黏附挡板,应另取 6 片,不加挡板按上述方法检查,应符合规定。如有 1 片不能完全崩解,应另取 6 片复试,均应符合规定。

3. **肠溶片**　按上述装置与方法,先在盐酸溶液(9→1000)中检查 2 h,每片均不得有裂缝、崩解或软化现象;然后将吊篮取出,用少量水洗涤后,每管加入挡板 1 块,再按上述方法在磷酸盐缓冲液(pH 6.8)中进行检查,1 h 内应全部崩解。如果供试品黏附挡板,应另取 6 片,不加挡板按上述方法检查,应符合规定。如有 1 片不能完全崩解,应另取 6 片复试,均应符合规定。

4. **结肠定位肠溶片**　除另有规定外,按上述装置照各品种项下规定检查,各片在

盐酸溶液(9 → 1000)及 pH 6.8 以下的磷酸盐缓冲液中均不得有裂缝、崩解或软化现象，在 pH 7.5~8.0 的磷酸盐缓冲液中 1 h 内应完全崩解。如有 1 片不能完全崩解，应另取 6 片复试，均应符合规定。

5. **含片**　除另有规定外，按上述装置和方法检查，各片均不应在 10 min 内全部崩解或溶化。如有 1 片不符合规定，应另取 6 片复试，均应符合规定。

6. **舌下片**　除另有规定外，按上述装置和方法检查，各片均应在 5 min 内全部崩解并溶化。如有 1 片不能完全崩解或溶化，应另取 6 片复试，均应符合规定。

7. **可溶片**　除另有规定外，水温为 20℃±5℃，按上述装置和方法检查，各片均应在 3 min 内全部崩解并溶化。如有 1 片不能完全崩解或溶化，应另取 6 片复试，均应符合规定。

8. **泡腾片**　取 1 片，置 250 ml 烧杯(内有 200 ml 温度为 20℃±5℃的水)中，即有许多气泡放出，当片剂或碎片周围的气体停止逸出时，片剂应溶解或分散在水中，无聚集的颗粒剩留。除另有规定外，同法检查 6 片，各片均应在 5 min 内崩解。如有 1 片不能完全崩解，应另取 6 片复试，均应符合规定。

9. **阴道片**　照融变时限检查法(通则 0922)检查，应符合规定。取供试品 3 片，分别置于上面的金属圆盘上，装置上盖一玻璃板，以保证空气潮湿。除另有规定外，阴道片 3 片，均应在 30 min 内全部溶化或崩解溶散并通过开孔金属圆盘，或仅残留无硬心的软性团块。如有 1 片不符合规定，应另取 3 片复试，均应符合规定。

10. **咀嚼片**　不进行崩解时限检查。

凡规定检查溶出度、释放度的片剂，一般不再进行崩解时限检查。

## 五、发泡量检查

阴道泡腾片照下述方法检查，应符合规定。

除另有规定外，取 25 ml 具塞刻度试管(内径 1.5 cm，若片剂直径较大，可改为内径 2.0 cm)10 支，按表 9-4 中规定加水一定量，置 37℃±1℃水浴中 5 min，各管中分别投入供试品 1 片，20 min 内观察最大发泡量的体积，平均发泡体积不得少于 6 ml，且少于 4 ml 的不得超过 2 片。

表 9-4　发泡量检查的加水量情况

| 平均片重 | 加水量 |
| --- | --- |
| 1.5 g 及 1.5 g 以下 | 2.0 ml |
| 1.5 g 以上 | 4.0 ml |

## 六、分散均匀性检查

分散片照下述方法检查，应符合规定。

照崩解时限检查法(通则0921)检查,不锈钢丝网的筛孔内径为710 μm,水温为15~25℃;取供试品6片,应在3 min内全部崩解并通过筛网,如有少量不能通过筛网,但已软化成轻质上漂且无硬心者,符合要求。

### 七、微生物限度检查

以动物、植物、矿物质来源的非单体成分制成的片剂,生物制品片剂,以及黏膜或皮肤炎症或腔道等局部用片剂(如口腔贴片、外用可溶片、阴道片、阴道泡腾片等),照非无菌产品微生物限度检查:微生物计数法(通则1105)和控制菌检查法(通则1106)及非无菌药品微生物限度标准(通则1107)检查,应符合规定。规定检查杂菌的生物制品片剂,可不进行微生物限度检查。

知识拓展:
含量均匀度
检查法

 **知识总结**

1. 片剂原料药物与辅料应均匀混合。
2. 在片剂制备过程中,注意原料药物的光、热不稳定性及水分的引入。
3. 根据需要,片剂中可加入矫味剂、芳香剂和着色剂等或对制成的药片进行包衣。
4. 片剂质量直接影响其药效和用药的安全性,必须按有关质量标准的规定进行硬度、脆碎度、重量差异、崩解时限、发泡量、分散均匀性、微生物限度等检查。
5. 片剂宜密封贮藏,防止受潮、发霉、变质。

 **在线测试**

请扫描二维码完成在线测试。

在线测试:
片剂质量
检查

# 项目 10
# 丸剂与滴丸剂生产

>>> 学习目标

1. 掌握丸剂与滴丸剂的定义、特点、分类、制备方法、质量控制。
2. 熟悉丸剂的赋形剂、滴丸剂的基质与冷凝液、包衣的目的及常用衣料。
3. 了解丸剂与滴丸剂常见质量问题、产生原因及解决措施。

>>> 知识导图

请扫描二维码了解本项目主要内容。

知识导图：
丸剂与滴丸
剂生产

# 任务 10.1　丸　剂　制　备

PPT：
丸剂制备

授课视频：
丸剂制备

　　丸剂在我国有悠久的历史,是传统中药制剂中最主要的剂型之一,在安全、必需、有效、价廉等方面具有较大优势。本任务主要是学习丸剂的定义、特点、分类和制备方法,按照丸剂的生产工艺流程,完成丸剂制备。

## 一、基础知识

　　丸剂是药材细粉或提取物与适宜的黏合剂或其他辅料制成的球形或类球形固体制剂,主要供内服。丸剂在我国有悠久的历史,是传统中药制剂中最主要的剂型之一,主要具有以下特点。

　　丸剂的优点:① 作用迟缓,多用于慢性病的治疗。② 可降低药物的毒副作用,对于某些毒性或刺激性较强的药物,可通过选用不同的赋形剂,延缓药物的吸收,缓和毒性,降低不良反应。③ 可减缓挥发性成分的散失,某些具有挥发性、芳香性等特殊气味的药物,可通过制丸工艺,将其包裹于丸剂内部,减缓成分的散失。④ 适用范围广,工艺简单。

　　丸剂的不足:① 服用剂量大。② 溶散时限较难控制。③ 易受微生物污染。④ 小儿服用不便。

　　根据赋形剂不同,丸剂可分为水丸、蜜丸、水蜜丸、浓缩丸、糊丸、蜡丸、微丸等(图 10–1)。

　　(1) 水丸:指药材细粉以水或水性液体(酒、醋、药汁等)为赋形剂,采用泛制法制成的丸剂。水丸的赋形剂主要是水溶液,服用后易溶散,吸收快速,多见于解表药、清热药、消食药等,如二妙丸、牛黄上清丸。水丸较少含其他固体赋形剂,有效成分含量高;药物可分层泛入,可掩盖不良气味或降低芳香性成分的损失;可根据临床需要,将速效成分泛入外层,缓释药物泛于内层,以产生长效治疗的作用。

　　(2) 蜜丸:指药材细粉以炼制过的蜂蜜为赋形剂,采用塑制法制成的丸剂,多见于补益类药品,如补中益气丸、逍遥丸等。根据丸粒大小的不同,又可进一步分成大蜜丸、

小蜜丸。其中,每丸重量在 0.5 g(含 0.5 g)以上者称大蜜丸,如安宫牛黄丸;每丸重量在 0.5 g 以下者称小蜜丸。

| 水丸 | 大蜜丸 | 小蜜丸 | 水蜜丸 |

| 浓缩丸 | 糊丸 | 蜡丸 | 微丸 |

图 10-1　不同种类的丸剂

(3)水蜜丸:指药材细粉以蜂蜜和水为赋形剂制成的丸剂,在南方气候较湿润的地区应用较普遍。其丸粒小,表面圆整,易于吞服;相较于蜜丸,蜂蜜用量少、成本低,利于贮存。

(4)浓缩丸:指药材或部分药材先采用提取纯化技术制备成清膏或浸膏,再与处方中其余药材细粉或辅料混合制成的丸剂。根据赋形剂的不同,可进一步分为浓缩水丸、浓缩蜜丸、浓缩水蜜丸等。浓缩丸体积小,易于吞服和溶散,吸收迅速,药效稳定,且利于保存,不易霉变,是极具发展前景的一类丸剂。

(5)糊丸:指药材细粉以米糊或面糊等为赋形剂制成的丸剂。糊丸较硬,服用后溶散迟缓,吸收缓慢,可延长药效,缓和药物对胃肠道的刺激,适用于含毒性或刺激性的药物,如小金丸。

(6)蜡丸:指药材细粉以蜂蜡为赋形剂制成的丸剂,一般采用塑制法制备。蜂蜡主要成分是高级脂肪酸酯类,不溶于水,因此制成丸剂后在体内溶散极慢,在延长药效或减小毒副作用方面较糊丸更显著,尤其适于药性峻烈的组分,如妇科通经丸。但因其释药速率较难控制,目前已较少应用。

(7)微丸:指粒径小于 2.5 mm 的各类球形或类球形的丸剂。微丸具有流动性好、含药量大、服用剂量小、释药稳定、外形美观等特点,常作为中间产品用于多种制剂的生产,且在缓控释制剂中亦有广泛应用。例如,复方盐酸伪麻黄碱缓释胶囊(新康泰克蓝色装)即是先将主药盐酸伪麻黄碱和氯苯那敏制成微丸,并以不同的颜色区分,再将其填充于空心胶囊中制得。

知识拓展:
糖丸

此外,根据制法不同,丸剂也可分为泛制丸、塑制丸。

## 二、工艺流程

传统丸剂的制备方法主要包括泛制法和塑制法两种。微丸的制备方法较常规丸剂略有不同,主要包括滚动成丸法、流化制丸法、挤出滚圆法、喷雾干燥法等。常用的制备方法为塑制法,指药材细粉加适宜的黏合剂,混合均匀,制成软硬适宜、可塑性较强的丸块,再依次制丸条、分粒、搓圆而成丸粒的一种制丸方法。塑制法主要用于蜜丸、水蜜丸、浓缩丸、糊丸、蜡丸等的制备。丸剂制备工艺流程如图 10-2、图 10-3 所示。

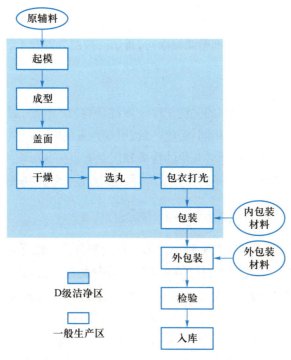

图 10-2　丸剂(泛制法)制备工艺流程

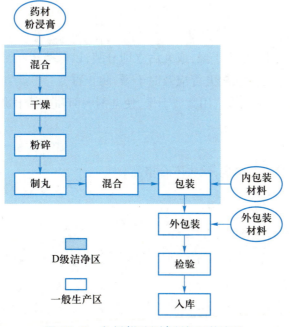

图 10-3　丸剂(塑制法)制备工艺流程

117

  **任务实施**

## 一、物料准备

采用适宜的方法制备药材细粉或最细粉,备用。按照处方及工艺要求,配制黏合剂。

## 二、制丸块

制丸块又称合坨,是塑制法的关键工序。取混合均匀的药粉,加入黏合剂,混合搅拌均匀后,炼制成温度适宜、软硬相同、密度一致、可塑性强的丸块。在该工序中,须注意药粉与黏合剂的配比,不同的比例对丸块的性质和质量有直接的影响。理想的丸块应不黏手,不黏器壁,可随意塑形而不开裂。大生产时一般采用捏合机或炼药机制备丸块。

## 三、制丸条、分粒和搓圆

随着自动化程度的提高,工业制丸设备可自动制备出粗细适宜、表面光洁、内无空隙的丸条,并可进一步实现对所制得的丸条进行分割丸粒、搓圆的操作。中药制丸机是目前常用的塑制法制丸设备。其工作机制:将已炼制好的丸块加入料仓中,在螺旋推进器的挤推和制条器的作用下,制备成3~12根规格相同的丸条,经过送条轮、顺条器将丸条送入刀轮组件。两个刀轮沿轴向、径向做相对运动,快速切割丸条,同时搓圆丸粒,制成相同粒径的药丸。在实际生产中,根据工艺需要,选择不同规格的制条器和刀轮,可制备不同粒径的药丸。

## 四、干燥

蜜丸因水分易控制,可不干燥,成丸后立即分装,以保持药丸的滋润状态。其他塑制法制备的水蜜丸、浓缩丸、糊丸等应及时干燥,防止霉变。干燥方法可选用烘箱或流化床干燥,粒径较大的丸剂可选用微波干燥,使丸剂表面和内部干燥均匀。

## 五、整丸

对干燥后的丸粒进行筛选,除去不合格品。

**实例分析** 六味地黄丸(浓缩丸)

【处方】 熟地黄 120 g,酒萸肉 60 g,牡丹皮 45 g,山药 60 g,茯苓 45 g,泽泻 45 g。

【制法】 ① 以上六味,牡丹皮用水蒸气蒸馏法提取挥发性成分。② 药渣与酒萸肉 20 g、熟地黄、茯苓、泽泻加水煎煮 2 次,每次 2 h,煎液过滤,滤液合并,浓缩成稠膏。③ 山药与剩余酒萸肉粉碎成细粉,过筛、混合,与上述稠膏和牡丹皮挥发性成分混匀,制丸,干燥,打光,即得。

【讨论】　1. 本品的用途是什么?

　　　　　2. 本品为浓缩丸,有何制备特点?

实例分析:
六味地黄丸
(浓缩丸)

 **知识总结**

1. 丸剂是药材细粉或提取物与适宜的黏合剂或其他辅料制成的球形或类球形固体制剂。

2. 丸剂的作用迟缓,多用于慢性病的治疗;可降低药物的毒副作用;可减缓挥发性成分的散失;适用范围广,工艺简单。

3. 丸剂可分为水丸、蜜丸、水蜜丸、浓缩丸、糊丸、蜡丸、微丸等。

4. 丸剂的制备方法主要包括泛制法和塑制法两种。

5. 丸剂塑制法工艺流程包括:物料准备→制丸块→制丸条→分粒→搓圆→干燥→整丸→质量检查→包装。

 **在线测试**

请扫描二维码完成在线测试。

在线测试:
丸剂制备

# 任务 10.2　滴丸剂制备

 **任务描述**

　　滴丸剂最早于 1933 年被提出,起初用于维生素滴丸剂的制备,后经多年的技术改进,现已发展成一种成熟稳定、应用广泛、操作简单的制剂。本任务主要是学习滴丸剂的定义、特点和制备方法,按照滴丸剂的生产工艺流程,完成滴丸剂制备。

PPT:
滴丸剂制备

 **知识准备**

授课视频:
滴丸剂制备

## 一、基础知识

滴丸剂指原料药物与适宜的基质加热熔融混匀,滴入不相混溶、互不作用的冷凝介质中,在表面张力的作用下液滴收缩成球形或类球形的制剂,主要供口服。

滴丸剂的优点:① 能发挥速效作用,药物在基质中呈分子、胶态、微晶或亚稳态的高度分散状态。② 能增加药物的稳定性,可使液体药物固体化,药物包埋于基质中,减少易水解、易氧化、易挥发成分的损失,并能缓和刺激性,掩盖不良气味。③ 应用范围广,除口服外,滴丸剂亦可用于鼻、眼、耳等其他黏膜、腔道部位,发挥局部或全身治疗作用,满足多种临床需要。④ 设备简单,操作方便,制备工艺及条件易于控制,生产工序少、周期短、效率高、成本低,且生产车间无粉尘飞扬,有利于劳动保护。⑤ 可产生缓释作用,对于难溶性或生物利用度低的药物,选用适宜的难溶性基质,可改善其释放和吸收效果,或可制备成缓释制剂,此类应用相对较少。

滴丸剂的不足:① 受制备工艺的限制,其丸粒小、载药量低,服用剂量大。② 易老化,基于固体分散技术,稳定性不佳,贮存一定时间后易出现硬度变大、析晶或药物溶出速率降低等老化现象。

知识拓展:
固体分散技术与滴丸剂

## 二、工艺流程

滴丸剂采用滴制法制备,首先将主药溶解、混悬或乳化在适宜的已熔融的基质中,保持恒定的温度(80~90℃),再通过既定管径的滴头,将药液等速滴入冷凝液中,使其凝固形成丸粒,缓缓沉于底部或浮于表面,取出,拭去冷凝液,干燥即得。其制备工艺流程如图 10-4 所示。

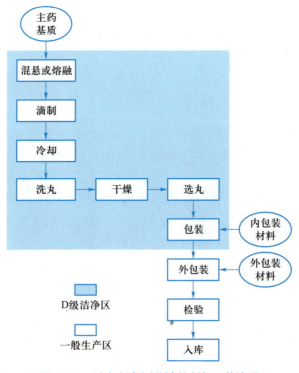

图 10-4　滴丸剂(滴制法)的制备工艺流程

### 1. 滴丸剂基质的要求与选用

（1）基质的要求：滴丸剂中除主药以外的附加剂称为基质。基质应具有良好的化学惰性，性质稳定，不与主药发生化学反应，不影响主药的药效与质量检测，对人体无害。基质的熔点应较低，在 60~100℃温度下易熔融，遇骤冷又能凝结成固体，在室温下能保持固体状态，且该性质不因药物的加入而改变。

（2）基质的选用：① 水溶性基质，可选用 PEG 4000、PEG 6000、泊洛沙姆、硬脂酸聚烃氧（40）酯、甘油明胶等，其中以 PEG 较为常用。② 非水溶性基质，可选用硬脂酸、单硬脂酸甘油酯、氢化植物油、蜂蜡、虫蜡等。在实际生产中常采用多种基质的混合物作为滴丸剂的复合基质，以改善丸粒的耐热性、流动性、硬度、光泽度及药物的生物利用度等性质。

### 2. 冷凝液的要求与选用

（1）冷凝液的要求：① 安全无害，不与主药和基质混溶，或发生化学反应。② 有适宜的黏度，相对密度应与液滴相近，但不能相等，以使滴丸在冷凝液中缓缓下沉或上浮，有充分的时间进行冷凝。③ 还要有适宜的表面张力，以保证液滴能顺利凝固成型。

（2）冷凝液的选用：① 水溶性冷凝液，常用水或不同浓度的乙醇，适于非水溶性基质。② 非水溶性冷凝液，常用液状石蜡、甲基硅油、植物油等，适于水溶性基质。此外，根据具体药物的性质特点，也常采用混合基质。

 **任务实施**

## 一、物料准备

根据处方要求，处理并称取药物。若为中药饮片，须采取适宜的方法提取、浓缩制成一定密度的浸膏，或将饮片粉碎成细粉，备用；加热熔融基质，将药物溶解、混悬或乳化在已熔融的基质中，混匀，制成药液；药物在混合搅拌时往往会伴有温度的改变，且易带入一定量的空气，影响成品的重量和主成分含量，药液温度一般应控制在 80~90℃，并排除药液空气。

## 二、滴制

各环节工艺参数：① 调节冷凝液的温度，一般为 10~15℃，也常采用梯度冷凝法，可提高丸粒的圆整度。② 调整冷凝液柱的高度，一般为 80~140 cm。③ 保持药液温度和均匀度的恒定。④ 调整滴头内径，一般为 1~4 mm，且管壁应尽量薄。⑤ 控制滴速，以 50~60 滴/min 为宜，调节滴距，一般不大于 5 cm。⑥ 开始滴制，将药液滴入冷凝液中制得。

常采用滴丸机进行生产，或者采用全自动滴丸生产线，可连续完成药液的调配、上料、滴制、收集、离心、去除冷凝液、筛选、干燥等工序,极大提高滴丸剂的生产效率。

滴丸剂的理论丸重 $=2\pi r\gamma$,公式中 $r$ 为滴口半径,$\gamma$ 为药液界面张力。考虑到滴口处的药液存留,滴丸剂的实际丸重 = 理论丸重 $\times 60\%$。

### 三、冷却、洗丸、干燥

待充分冷却后,将丸粒从冷凝液中取出,剔除废丸,先用纱布擦去冷凝液,再用适宜的溶剂搓洗,拭去黏附的冷凝液和溶剂,冷风吹干即得。

### 四、选丸

为保证成品的质量均一和剂量准确,用适宜药筛对干燥后的丸粒进行筛选,除去大小不匀及异形者。

**实例分析**　**穿心莲内酯滴丸**

实例分析:
穿心莲内酯
滴丸

【处方】　穿心莲内酯 150 g。

【制法】　取等量的 PEG 6000、PEG 4000,混合均匀,加热熔融,加入穿心莲内酯,混匀,滴制成丸,包薄膜衣,制成 1 000 袋,即得。

【讨论】　1. 本品的用途是什么?

　　　　　2. 本品的制备方法为滴制法,请说明滴制法工艺流程。

 **知识总结**

1. 滴丸剂指原料药物与适宜的基质加热熔融混匀,滴入不相混溶、互不作用的冷凝介质中,在表面张力的作用下液滴收缩成球形或类球形的制剂。

2. 滴丸剂能发挥速效作用,增加药物的稳定性,可产生缓释作用,应用范围广,设备简单。

3. 滴丸剂的制备方法主要为滴制法。

4. 滴丸剂滴制法工艺流程包括:物料准备(药物 + 基质)→滴制→冷却→洗丸→干燥→选丸→质量检查→包装。

 **在线测试**

在线测试:
滴丸剂制备

请扫描二维码完成在线测试。

# 任务 10.3　丸剂与滴丸剂质量检查

PPT：
丸剂与滴丸
剂质量检查

授课视频：
丸剂与滴丸
剂质量检查

## 任务描述

　　丸剂与滴丸剂在生产与贮藏期间应符合相关质量要求。本任务主要是学习丸剂与滴丸剂的质量要求,按照《中国药典》(2020 年版)丸剂与滴丸剂项下水分、重量差异、装量差异、装量、溶散时限、微生物限度等检查法要求完成丸剂与滴丸剂的质量检查,正确评价制剂质量。

## 知识准备

　　丸剂与滴丸剂在生产与贮藏期间应符合下列规定。

　　1. 除另有规定外,供制丸剂用的药粉应为细粉或最细粉。

　　2. 炼蜜按炼蜜程度分为嫩蜜、中蜜和老蜜,制备时可根据品种、气候等具体情况选用。蜜丸应细腻滋润,软硬适中。

　　3. 滴丸基质包括水溶性基质和非水溶性基质,常用的有 PEG 类(如 PEG 6000、PEG 4000 等)、泊洛沙姆、硬脂酸聚烃氧(40)酯、甘油明胶、硬脂酸、单硬脂酸甘油酯、氢化植物油等。

　　4. 丸剂通常采用泛制法、塑制法制备,滴丸剂通常采用滴制法制备。

　　5. 浓缩丸所用饮片提取物应按制法规定,采用一定的方法提取浓缩制成。

　　6. 蜡丸制备时,将蜂蜡加热熔化,待冷却至适宜温度后按比例加入药粉,混合均匀。

　　7. 除另有规定外,水蜜丸、水丸、浓缩水蜜丸和浓缩水丸均应在 80℃以下干燥;含挥发性成分或淀粉较多的丸剂(包括糊丸)应在 60℃以下干燥;不宜加热干燥的应采用其他适宜的方法干燥。

　　8. 滴丸冷凝介质必须安全无害,且与原料药物不发生作用。常用的冷凝介质有液状石蜡、植物油、甲基硅油和水等。

　　9. 除另有规定外,糖丸在包装前应在适宜条件下干燥,并按丸重大小要求用适宜筛号的药筛过筛处理。

　　10. 根据原料药物的性质、使用与贮藏的要求,凡需包衣和打光的丸剂,应使用各品种制法项下规定的包衣材料进行包衣和打光。

11. 除另有规定外,丸剂外观应圆整、大小、色泽应均匀,无粘连现象。蜡丸表面应光滑无裂纹,丸内不得有蜡点和颗粒。滴丸剂表面应无冷凝介质黏附。

12. 根据原料药物的性质与使用、贮藏的要求,供口服的滴丸剂可包糖衣或薄膜衣。必要时,薄膜衣包衣滴丸应检查残留溶剂。

13. 丸剂的微生物限度应符合要求。

14. 根据原料药物和制剂的特性,除来源于动、植物多组分且难以建立测定方法的丸剂外,溶出度、释放度、含量均匀度等应符合要求。

15. 除另有规定外,丸剂应密封贮存,防止受潮、发霉、虫蛀、变质。

 **任务实施**

## 一、水分检查

除另有规定外,蜜丸和浓缩蜜丸水分不得过 15.0%;水蜜丸、浓缩水蜜丸不得过 12.0%;水丸、糊丸、浓缩水丸不得过 9.0%;蜡丸不检查水分。

## 二、重量差异检查

**1. 糖丸** 取供试品 20 丸,精密称定总重量,求得平均丸重后,再分别精密称定每丸的重量。每丸重量与标示丸重相比较(无标示丸重的,与平均丸重比较),按表 10-1 的规定,超出重量差异限度的不得多于 2 丸,并不得有 1 丸超出限度 1 倍。

表 10-1 糖丸重量差异限度

| 标示丸重或平均丸重 | 重量差异限度 |
| --- | --- |
| 0.03 g 及 0.03 g 以下 | ± 15% |
| 0.03 g 以上至 0.3 g | ± 10% |
| 0.3 g 以上 | ± 7.5% |

**2. 其他丸剂** 除另有规定外,其他丸剂,以 10 丸为 1 份(丸重 1.5 g 及 1.5 g 以上的以 1 丸为 1 份),取供试品 10 份,分别称定重量,再与每份标示重量(每丸标示重量 × 称取丸数)相比(无标示重量的丸剂,与平均重量比较),按表 10-2 的规定,超出重量差异限度的不得多于 2 份,并不得有 1 份超出限度 1 倍。

表 10-2 其他丸剂重量差异限度

| 标示重量或平均重量 | 重量差异限度 |
| --- | --- |
| 0.05 g 及 0.05 g 以下 | ± 12% |
| 0.05 g 以上至 0.1 g | ± 11% |

续表

| 标示重量或平均重量 | 重量差异限度 |
| --- | --- |
| 0.1 g 以上至 0.3 g | ± 10% |
| 0.3 g 以上至 1.5 g | ± 9% |
| 1.5 g 以上至 3 g | ± 8% |
| 3 g 以上至 6 g | ± 7% |
| 6 g 以上至 9 g | ± 6% |
| 9 g 以上 | ± 5% |

3. **滴丸剂** 取滴丸 20 丸,精密称定总重量,求得平均丸重后,再分别精密称定每丸的重量。每丸重量与标示丸重相比较(无标示丸重的,与平均丸重比较),按表 10-3 的规定,超出重量差异限度的不得多于 2 丸,并不得有 1 丸超出限度 1 倍。

表 10-3 滴丸剂重量差异限度

| 标示丸重或平均丸重 | 重量差异限度 |
| --- | --- |
| 0.03 g 及 0.03 g 以下 | ± 15% |
| 0.03 g 以上至 0.1 g | ± 12% |
| 0.1 g 以上至 0.3 g | ± 10% |
| 0.3 g 以上 | ± 7.5% |

## 三、装量差异检查

除糖丸外,单剂量包装的丸剂照下述方法检查,应符合规定。检查法:取供试品 10 袋(瓶),分别称定每袋(瓶)内容物的重量,每袋(瓶)装量与标示装量相比较,应符合表 10-4 的规定,超出装量差异限度的不得多于 2 袋(瓶),并不得有 1 袋(瓶)超出限度 1 倍。

表 10-4 丸剂装量差异限度

| 标示装量 | 装量差异限度 |
| --- | --- |
| 0.5 g 及 0.5 g 以下 | ± 12% |
| 0.5 g 以上至 1 g | ± 11% |
| 1 g 以上至 2 g | ± 10% |
| 2 g 以上至 3 g | ± 8% |
| 3 g 以上至 6 g | ± 6% |
| 6 g 以上至 9 g | ± 5% |
| 9 g 以上 | ± 4% |

## 四、装量检查

装量以重量标示的多剂量包装丸剂,照最低装量检查法(通则0942)检查,应符合规定。以丸数标示的多剂量包装丸剂,不检查装量。

## 五、溶散时限检查

取供试品6丸,照崩解时限检查法(通则0921)片剂项下的方法加挡板进行检查。除另有规定外,小蜜丸、水蜜丸和水丸应在1 h内全部溶散;浓缩丸和糊丸应在2 h内全部溶散;滴丸不加挡板检查,应在30 min内全部溶散。蜡丸照崩解时限检查法片剂项下的肠溶衣片检查法检查,应符合规定。大蜜丸及研碎、嚼碎后或用开水、黄酒等分散后服用的丸剂,不检查溶散时限。

## 六、微生物限度检查

以动物、植物、矿物质来源的非单体成分制成的丸剂,生物制品丸剂,照非无菌产品微生物限度检查:微生物计数法(通则1105)和控制菌检查法(通则1106)及非无菌药品微生物限度标准(通则1107)检查,应符合规定。生物制品规定检查杂菌的,可不进行微生物限度检查。

 **知识总结**

1. 除另有规定外,供制丸剂用的药粉应为细粉或最细粉。

2. 丸剂通常采用泛制法、塑制法制备,滴丸剂通常采用滴制法制备。

3. 除另有规定外,丸剂外观应圆整,大小、色泽应均匀,无粘连现象。

4. 丸剂的微生物限度应符合要求。

5. 除另有规定外,丸剂应密封贮存,防止受潮、发霉、虫蛀、变质。

6. 除另有规定外,丸剂应检查水分、重量差异、装量差异(单剂量包装)、装量(多剂量包装)、溶散时限、微生物限度,并符合《中国药典》(2020年版)规定。

 **在线测试**

请扫描二维码完成在线测试。

在线测试:
丸剂与滴丸
剂质量检查

# 项目 11
# 膜剂生产

>>> **学习目标**

1. 掌握膜剂的定义、特点、处方组成、制备方法、生产工艺及质量检查项目。
2. 熟悉膜剂的分类及常用的成膜材料，涂膜剂的特点及质量要求。
3. 了解膜剂的包装与贮存。

>>> **知识导图**

请扫描二维码了解本项目主要内容。

知识导图：
膜剂生产

# 任务 11.1 膜 剂 制 备

 **任务描述**

　　膜剂具有重量轻、体积小、使用方便等特点,随着制剂技术的发展和成膜材料的不断研发,临床使用越来越广泛。本任务主要学习膜剂的定义及其分类、特点,以及膜剂的处方组成和制备方法,并学习膜剂的生产工艺流程,进行膜剂制备。

 **知识准备**

## 一、基础知识

　　**1. 膜剂的定义、特点、分类**　　膜剂是指原料药物与适宜的成膜材料经加工制成的膜状制剂。膜剂可通过多种途径和方法给药,如口服、舌下、眼结膜囊、鼻腔、阴道、皮肤和黏膜创伤、烧伤或炎症表面、体内植入等。随着现代制药工艺技术的发展和成膜材料的研发,膜剂成为近年来国内外研究和应用进展较快的剂型。

　　膜剂的形状、大小和厚度可根据用药部位的特点和含药量而定,一般膜剂的厚度为 0.1~0.2 μm,面积为 0.5 cm² 的可供眼部使用,面积为 1 cm² 的可供口服或黏膜使用。其优点包括:① 重量轻,体积小,使用和携带方便。② 剂量准确,稳定性好,起效快。③ 采用不同的成膜材料,可制成具有不同释药速率的膜剂,多层复合膜剂可以解决药物相互之间的干扰影响分析和配伍禁忌等问题。④ 生产过程中无粉尘飞扬,利于劳动保护。⑤ 制备工艺简单,成膜材料用量小,可以节约辅料和包装材料。但膜剂因载药量小,只适用于小剂量药物,所以在药物的选择上具有一定的局限性。

　　膜剂按结构特点可分为:① 单层膜剂:是将药物溶解或分散在成膜材料的浆液中形成的普通药膜。② 多层膜剂:由多层药膜叠合而成,可避免药物间的配伍禁忌,以及药物相互作用对分析的干扰和影响。③ 夹心膜剂:是由两层不溶性的高分子膜分别作为背衬层和控释膜,中间夹着含药膜的一类新型长效制剂。

　　膜剂按给药途径可分为:① 内服膜剂:通过口服经胃肠道吸收,可代替口服片剂等。② 眼用膜剂:用于眼结膜囊内,可克服滴眼液中药物保留低、作用时间短、眼膏剂影响视觉的缺点,并以较少的药物达到局部高浓度且维持时间长。③ 腔道黏膜用膜剂:包括鼻用膜剂及阴道用膜剂等。④ 口腔用膜剂:包括口含、舌下和口腔贴膜。⑤ 皮

肤用膜剂:用于皮肤创伤、烧伤及炎症表面覆盖与治疗。

**2. 膜剂的成膜材料和附加剂**　膜剂的组成包括主药、成膜材料和附加剂三部分。成膜材料主要包括天然高分子成膜材料和合成高分子成膜材料,附加剂主要包括改善成膜性能的增塑剂、着色剂、遮光剂、矫味剂及表面活性剂,必要时可加入填充剂。

(1) 成膜材料:理想的成膜材料应具备以下条件。① 无毒、无刺激,长期使用无"三致"等不良反应。② 性质稳定,不与主药起变化,应用于机体不妨碍组织的愈合,吸收后不影响机体的生理功能,在体内能被代谢或排泄。③ 成膜性和脱模性良好,制成的膜剂应具有一定的强度和柔韧性,不易破碎。④ 价廉易得,使用方便。

成膜材料包括天然高分子成膜材料和合成高分子成膜材料。

天然高分子成膜材料有明胶、淀粉、糊精、玉米朊、琼脂、阿拉伯胶、纤维素、海藻酸等,其中大部分可生物降解,但成膜和脱模性能较差,故常与其他成膜材料合用。

合成高分子成膜材料有聚乙烯醇(PVA)、乙烯 - 醋酸乙烯共聚物(EVA)、纤维素衍生物等,其中 PVA 是醋酸乙烯在醇溶剂中进行聚合反应生成聚醋酸乙烯,再经醇解而得,为白色或淡黄色粉末或颗粒。其性质和规格主要取决于聚合度和醇解度,聚合度越大,水溶性越低,水溶液的黏度越大,成膜性能越好。目前国内常用的两种规格为 PVA05-88和 PVA17-88,其平均聚合度分别为 500~600 和 1 700~1 800,醇解度均为 88%。这两种PVA 均能溶于水,但 PVA05-88 聚合度小、水溶性大、柔韧性差,PVA17-88 聚合度大、水溶性小、柔韧性好。两者常以适当比例混合使用。PVA 对眼黏膜及皮肤无毒性、无刺激性,口服消化道吸收少,是目前比较理想的成膜材料。EVA 是乙烯和醋酸乙烯在过氧化物或偶氮异丁腈引发下共聚而成的水不溶性高分子聚合物,可用于制备非溶蚀型膜剂或制备眼、阴道等控释膜剂的外膜,为无色粉末或颗粒。其性能与分子量和醋酸乙烯含量关系较大,随醋酸乙烯含量增加,溶解性、柔韧性、弹性和透明性也越好。EVA 无毒、无刺激,人体相容性较好;不溶于水,溶于有机溶剂,熔点低,成膜性能好,柔韧性较 PVA 好。

(2) 附加剂:为了便于制剂的制备、识别和增加稳定性,可以加入增塑剂(如甘油、三醋酸甘油酯、丙二醇、山梨醇、苯二甲酸酯等)、着色剂(如天然色素、人工色素等)、遮光剂(如氧化钛、二氧化钛等)、矫味剂(如蔗糖、甜叶菊糖苷等)及表面活性剂(如聚山梨酯 80、十二烷基硫酸钠、豆磷脂等),必要时可添加填充剂,如淀粉、碳酸钙、糊精等。

知识拓展:
中药膜剂的
发展概况

## 二、工艺流程

膜剂的制备工艺流程如图 11-1、图 11-2 所示,注意应在规定的洁净区内进行,整个操作过程应注意避免污染和交叉污染。

**1. 匀浆制膜技术制备膜剂工艺流程**　见图 11-1。

**2. 热塑制膜技术制备膜剂工艺流程**　见图 11-2。

**3. 复合制膜技术制备膜剂工艺流程**　复合制膜技术是以不溶性的热塑性成膜材料(如 EVA)为外膜,分别制成具有凹穴的底外膜带和上外膜带,另用水溶性成膜材料(如 PVA)用匀浆制膜技术制成含药的内膜带,剪切后置于底外膜带凹穴中;也可用易

挥发性溶剂制成含药匀浆,定量注入底外膜带凹穴中,经干燥后盖上上外膜带,热封即得。这种技术需一定的机械设备,一般用于缓释膜剂的制备。

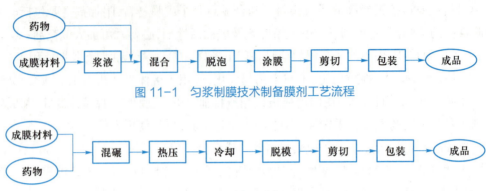

图11-1 匀浆制膜技术制备膜剂工艺流程

图11-2 热塑制膜技术制备膜剂工艺流程

##  任务实施

### 一、药浆配制

以匀浆制膜技术为例,因为此技术目前在国内最为常用。先将成膜材料溶解于适当溶剂中,再将药物及附加剂溶解或分散在成膜材料溶液中制成均匀的药浆。

药浆配制时需要注意的问题有:① 难溶性或不溶性药物,应粉碎成极细粉,并与甘油或聚山梨酯80研匀后再与成膜材料浆液混匀。② 水溶性药物可与增塑剂、着色剂及表面活性剂一起溶于成膜材料的溶液中。③ 增塑剂用量应适当,防止药膜过软或过脆。④ 成膜材料溶解时,应充分吸水膨胀后再加热溶解,以免溶解不完全。

### 二、涂膜与干燥

大剂量生产时采用涂膜机涂膜,将配制好的呈流动状态的药浆加入涂膜机流液嘴中,均匀涂布于不锈钢循环带上。小量制备时,可将配制好的药浆倾倒于洁净玻璃板上涂成厚度均匀的薄层。玻璃板需要预热处理并涂有脱模剂,以免药浆涂布不均匀和脱模困难。在涂膜时,药浆中的气泡应尽可能除尽,以免成品中出现气泡,影响制剂质量。涂膜完成后立即进行干燥,干燥温度应适当。

### 三、脱模与剪切

干燥后立即脱模冷却,按剂量热烫划痕或裁剪成适宜大小的小片进行包装。

### 四、质量检查

按药品质量标准项下要求进行质量检查,符合要求后进行包装。

## 五、包装与贮存

选用适宜的符合包装要求的材料进行包装,膜剂应密封贮存,防止受潮、发霉、变质。

### 硝酸甘油膜

**实例分析**

【处方】 硝酸甘油乙醇溶液(10%)100 ml,PVA17-88 78 g,聚山梨酯 80 5 g,甘油 5 g,二氧化钛 3 g,纯化水 400 ml。

【制法】 取 PVA17-88、聚山梨酯 80、甘油、纯化水在水浴上加热混匀,二氧化钛研碎后过 80 目筛,加至浆液中搅拌均匀。在搅拌下逐渐加入硝酸甘油乙醇溶液,放置过夜以消除气泡。次日用涂膜机在 80℃下制成厚 0.05 mm、宽 10 mm 的膜剂,用铝箔包装,即得。

【讨论】 1. 膜剂制备过程中如何防止气泡产生?

2. 二氧化钛、甘油、PVA17-88 在处方中分别起什么作用?

实例分析:
硝酸甘油膜

 ## 知识总结

1. 膜剂是指原料药物与适宜的成膜材料经加工制成的膜状制剂。

2. 膜剂的特点:① 重量轻,体积小,使用和携带方便。② 剂量准确,稳定性好,起效快。③ 采用不同的成膜材料,可制成具有不同释药速率的膜剂,多层复合膜剂可以解决药物相互之间的干扰影响分析和配伍禁忌等问题。④ 生产过程中无粉尘飞扬,利于劳动保护。⑤ 制备工艺简单,成膜材料用量小,可以节约辅料和包装材料。⑥ 膜剂因载药量小,只适用于小剂量药物,所以在药物的选择上具有一定的局限性。

3. 膜剂的分类:按结构特点可分为单层膜剂、多层膜剂、夹心膜剂。按给药途径可分为内服膜剂、眼用膜剂、腔道黏膜用膜剂、口腔用膜剂和皮肤用膜剂。

4. 膜剂的组成包括主药、成膜材料和附加剂三部分。

5. 膜剂的制备技术包括匀浆制膜技术、热塑制膜技术和复合制膜技术。

6. 膜剂应密封贮存,防止受潮、发霉、变质。

 ## 在线测试

请扫描二维码完成在线测试。

在线测试:
膜剂制备

## 任务 11.2　膜剂质量检查

PPT：
膜剂质量
检查

授课视频：
膜剂质量
检查

 **任务描述**

　　膜剂在生产与贮藏期间应符合相关质量要求。本任务主要是学习膜剂的一般质量要求及质量检查，按照《中国药典》(2020 年版)膜剂项下重量差异、微生物限度要求及检查法完成膜剂的质量检查，正确评价制剂质量。

### 📁 知识准备

　　膜剂在生产与贮藏期间应符合下列规定。

　　1. 原辅料的选择应考虑到可能引起的毒性和局部刺激性。常用的成膜材料有聚乙烯醇、丙烯酸树脂类、纤维素类及其他天然高分子材料。

　　2. 膜剂常用涂布法、流延法、胶注法等方法制备。原料药物如为水溶性，应与成膜材料制成具有一定黏度的溶液；如为不溶性原料药物，应粉碎成极细粉，并与成膜材料等混合均匀。

　　3. 膜剂外观应完整光洁，色泽均匀，厚度一致，无明显气泡。多剂量的膜剂，分格压痕应均匀清晰，并能按压痕撕开。

　　4. 膜剂所用的包装材料应无毒性，能够防止污染，方便使用，并不能与原料药物或成膜材料发生理化作用。

　　5. 除另有规定外，膜剂应密封贮存，防止受潮、发霉、变质。

###  任务实施

#### 一、重量差异检查

　　照下述方法检查，应符合规定。

　　检查法：除另有规定外，取供试品 20 片，精密称定总重量，求得平均重量，再分别精密称定各片的重量。每片重量与平均重量相比较，按表 11-1 中的规定，超出重量差异限度的不得多于 2 片，并不得有 1 片超出限度的 1 倍。

表 11-1 膜剂的重量差异

| 平均重量 | 重量差异限度 |
| --- | --- |
| 0.02 g 及 0.02 g 以下 | ± 15% |
| 0.02 g 以上至 0.20 g | ± 10% |
| 0.20 g 以上 | ± 7.5% |

凡进行含量均匀度检查的膜剂,一般不再进行重量差异检查。

## 二、微生物限度检查

除另有规定外,照非无菌产品微生物限度检查:微生物计数法(通则 1105)和控制菌检查法(通则 1106)及非无菌药品微生物限度标准(通则 1107)检查,应符合规定。

 ## 知识总结

1. 膜剂外观应完整光洁,色泽均匀,厚度一致,无明显气泡。多剂量的膜剂,分格压痕应均匀清晰,并能按压痕撕开。

2. 膜剂所用的包装材料应无毒性,能够防止污染,方便使用,并不能与原料药物或成膜材料发生理化作用。

3. 膜剂应进行重量差异、微生物限度检查。

 ## 在线测试

请扫描二维码完成在线测试。

在线测试:
膜剂质量
检查

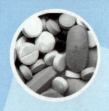

# 项目 12
# 栓剂生产

>>>> **学习目标**

1. 掌握栓剂的概念、分类、处方组成、制备方法及质量检查。
2. 熟悉栓剂的处方设计方法。
3. 了解栓剂的包装与贮存。

>>>> **知识导图**

请扫描二维码了解本项目主要内容。

知识导图：
栓剂生产

# 任务 12.1  栓 剂 制 备

PPT:
栓剂制备

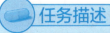

**任务描述**

　　栓剂是腔道给药的剂型之一,具有悠久历史。本任务主要是学习栓剂的定义、分类、处方组成和制备方法,按照栓剂的生产工艺流程,完成栓剂制备。

授课视频:
栓剂制备

## 📁 知识准备

### 一、基础知识

**1. 栓剂的定义、分类与特点**　　栓剂系指原料药物与适宜基质等制成供腔道给药的固体制剂。栓剂在常温下为固体,塞入人体腔道后,在体温下迅速软化,熔融或溶解于分泌液,逐渐释放药物而产生局部或全身作用。

　　栓剂因施用腔道的不同,分为直肠栓、阴道栓和尿道栓。直肠栓为鱼雷形、圆锥形或圆柱形等;阴道栓为鸭嘴形、球形或卵形等;尿道栓一般为棒状,阴道栓可分为普通栓和膨胀栓。

　　阴道膨胀栓系指含药基质中插入具有吸水膨胀功能的内芯后制成的栓剂,膨胀内芯系以脱脂棉或黏胶纤维等经加工灭菌制成。

知识拓展:
栓剂的发展

　　栓剂用作全身治疗时与口服制剂相比,具有以下特点:① 药物不受胃肠 pH 或酶的破坏而失去活性;② 对胃黏膜有刺激性的药物可用直肠给药,免受刺激;③ 对不能或者不愿吞服片、丸及胶囊的患者,尤其是伴有呕吐的患者、儿童可用此法给药;④ 药物经直肠吸收,比口服药物的肝首过效应影响小、干扰因素少;⑤ 使用上不如口服方便,生产成本比片剂、胶囊剂高,生产效率低。

　　**2. 栓剂基质**　　用于制备栓剂的基质应具备下列要求:① 室温时具有适宜的硬度,当塞入腔道时不变形,不破碎。在体温下易软化、融化,能与体液混合和溶于体液。② 具有润湿或乳化能力,水值较高。③ 不因晶形的软化而影响栓剂的成型。④ 基质的熔点与凝固点的间距不宜过大,油脂性基质的酸值在 0.2 以下,皂化值应在 200~245,碘值低于 7。⑤ 适用于冷压法及热熔法制备栓剂,且易于脱模。基质与药物混合后,不能影响药物的作用。基质的选择还应考虑与栓剂的用途相对应。例如,局部作用栓剂要求药物释放缓慢而持久,应选择溶解性与药物相近或体温下融化缓慢的基质;全身作用栓剂要求引入腔道后迅速释药,应选择与药物溶解性相反的基质。基质主要分油脂性基质和水溶性基质两大类。

(1) 油脂性基质:油脂性基质的栓剂中,如药物为水溶性的,则药物能很快释放于体液中,较快作用于机体。如药物为脂溶性的,则药物必须先从油相中转入水相体液中,才能发挥作用。转相与药物的油水分配系数有关。

1) 可可豆脂:可可豆脂是从梧桐科植物可可树种仁中得到的一种固体脂肪,主要是含硬脂酸、棕榈酸、油酸、亚油酸和月桂酸的甘油酯,其中可可碱含量可高达 2%。可可豆脂为白色或淡黄色、脆性蜡状固体。有 α、β、β′、γ 四种晶型,其中以 β 型最稳定,熔点为 34℃。通常应缓缓升温加热,待熔化至 2/3 时,停止加热,让余热使其全部熔化,以避免不稳定晶型的形成。每 100 g 可可豆脂可吸收 20~30 g 水,若加入 5%~10% 聚山梨酯(吐温 80)可增加吸水量,且还有助于药物混悬在基质中。

2) 半合成或全合成脂肪酸甘油酯:系由椰子或棕榈种子等天然植物油水解、分馏所得 $C_{12}$~$C_{18}$ 游离脂肪酸,经部分氢化再与甘油酯化而得的三酯、二酯、一酯的混合物。这类基质化学性质稳定,成型性能良好,具有保湿性和适宜的熔点,不易酸败,目前为取代天然油脂的较理想的栓剂基质。国内已生产的有半合成椰油酯、半合成山苍子油酯、半合成棕榈油酯、硬脂酸丙二醇酯等。

① 半合成椰油酯:系由椰油加硬脂酸再与甘油酯化而成。本品为乳白色块状物,熔点为 33~41℃,凝固点为 31~36℃,有油脂臭,吸水能力大于 20%,刺激性小。

② 半合成山苍子油酯:系由山苍子油水解,分离得月桂酸再加硬脂酸与甘油经酯化而得的油酯。也可直接用化学品合成,称为混合脂肪酸酯。因混合比例不同,产品的熔点也不同,其规格有 34 型(33~35℃)、36 型(35~37℃)、38 型(37~39℃)、40 型(39~41℃)等,其中栓剂制备中最常用的为 38 型。本品的理化性质与可可豆脂相似,为黄色或乳白色块状物。

③ 半合成棕榈油酯:系以棕榈仁油经碱处理而得的皂化物,再经酸化得棕榈油酸,加入不同比例的硬脂酸、甘油经酯化而得的油酯。本品为乳白色固体,抗热能力强,酸值和碘值低,对直肠和阴道黏膜均无不良影响。

④ 硬脂酸丙二醇酯:是硬脂酸丙二醇单酯与双酯的混合物,为乳白色或微黄色蜡状固体,稍有脂肪臭。该基质在水中不溶,遇热水可膨胀,熔点为 35~37℃,对腔道黏膜无明显的刺激性,安全、无毒。

(2) 水溶性基质:

1) 甘油明胶:甘油明胶系将明胶、甘油、水按一定的比例在水浴上加热融合,蒸去大部分水,放冷后经凝固而制得。本品具有很好的弹性,不易折断,且在体温下不融化,但能软化并缓慢溶于分泌液中缓慢释放药物。其溶解速率与明胶、甘油及水三者用量有关,甘油与水的含量越高则越容易溶解,且甘油能防止栓剂干燥变硬。通常用量为明胶与甘油约等量,水分含量在 10% 以下。若水分过多,则成品变软。

本品多用作阴道栓剂基质,明胶是胶原的水解产物,凡与蛋白质能产生配伍变化的药物,如鞣酸、重金属盐等,均不能用甘油明胶作基质。

2) 聚乙二醇(PEG):为结晶性载体,易溶于水,熔点较低,多用熔融法制备成型,为难溶性药物的常用载体。PEG 于体温下不熔化,但能缓缓溶于体液中而释放药物。本品吸湿性较强,对黏膜有一定刺激性,加入约 20% 的水,可减轻刺激性。为避免刺激,还可在纳入腔道前先用水湿润,也可在栓剂表面涂一层蜡醇或硬脂醇薄膜。

PEG 栓剂基质中含 30%~50% 的液体,其硬度为 2.7~2 kg/cm²,接近或等于可可豆脂的硬度,其硬度较为适宜。栓剂在水中的溶解度随液体 PEG 比例的增多而加速。如 PEG 4000 中加入 PEG 400 时,一般含 30%PEG 400 为最佳。

PEG 基质不宜与银盐、鞣酸、奎宁、水杨酸、乙酰水杨酸、苯佐卡因、氯碘喹啉、磺胺类配伍。

3) 聚氧乙烯(40)单硬脂酸酯类:系聚乙二醇的单硬脂酸酯和二硬脂酸酯的混合物,并含有游离乙二醇,呈白色或微黄色,无臭或稍有脂肪臭味,为蜡状固体。熔点为 39~45℃;可溶于水、乙醇、丙酮等,不溶于液状石蜡。其国内商品代号为 S-40,S-40 可以与 PEG 混合使用,可制得崩解、释放性能较好的稳定的栓剂。

4) 泊洛沙姆:本品为乙烯氧化物和丙烯氧化物的嵌段聚合物(聚醚),是一种表面活性剂,易溶于水,能与许多药物形成间隙固溶体。本品型号有多种,随聚合度增大,物态从液体、半固体至蜡状固体,易溶于水,可用作栓剂基质。较常用的型号为 188 型,商品名为 Pluronic F68,熔点为 52℃。型号 188,编号的前两位数 18 表示聚氧丙烯链段分子量为 1 800(实际为 1 750),第三位 8 乘以 10% 为聚氧乙烯分子量占整个分子量的百分比,即 8×10%=80%,其他型号类推。本品能促进药物的吸收并起到缓释与延效的作用。

**3. 栓剂附加剂**　栓剂的处方中,根据不同目的需加入一些添加剂。

(1) 硬化剂:若制得的栓剂在贮藏或使用时过软,可加入适量的硬化剂,如白蜡、鲸蜡醇、硬脂酸、巴西棕榈蜡等调节,但效果十分有限。因为它们的结晶体系和构成栓剂基质的三酸甘油酯大不相同,所得混合物明显缺乏内聚性,而且其表面异常。

(2) 增稠剂:当药物与基质混合,因机械搅拌情况不良或生理上需要时,栓剂制品中可酌加增稠剂,常用的增稠剂有:氢化蓖麻油、单硬脂酸甘油酯、硬脂酸铝等。

(3) 乳化剂:当栓剂处方中含有与基质不能相混合的液相,特别是在此相含量较高(大于 5%)时,可加适量的乳化剂。

(4) 吸收促进剂:起全身治疗作用的栓剂,为了增加全身吸收,可加入吸收促进剂,以促进药物被直肠黏膜的吸收。常用的吸收促进剂有以下几类。① 表面活性剂:在基质中加入适量的表面活性剂,能增加药物的亲水性,尤其对覆盖在直肠黏膜壁上的连续的水性黏液层有胶溶、洗涤作用并形成有孔隙的表面,从而增加药物的穿透性,提高生物利用度。② Azone:将不同量的 Azone 和表面活性剂基质 S-40 混合后,含 Azone

栓剂均有促进直肠吸收的作用,说明 Azone 能直接与肠黏膜起作用,改变生物膜的通透性,增加药物的亲水性,能加速药物向分泌物中转移,因而有助于药物的释放、吸收。但随 Azone 的含量增加无显著性差异,不含 Azone 的栓剂吸收则较少。此外,尚有氨基酸乙胺衍生物、乙酰醋酸酯类、β- 二羧酸酯、芳香族酸性化合物、脂肪族酸性化合物也可作为吸收促进剂。

(5)着色剂:可选用脂溶性着色剂,也可选用水溶性着色剂,但加入水溶性着色剂时,必须注意加水后对 pH 和乳化剂乳化效率的影响,还应注意控制脂肪的水解和栓剂中的色移现象。

(6)抗氧剂:对易氧化的药物应加入抗氧剂,如叔丁基羟基茴香醚(BHA)、叔丁基对甲酚(BHT)、没食子酸酯类等。

(7)防腐剂:当栓剂中含有植物浸膏或水性溶液时,可使用防腐剂及抗菌剂,如对羟基苯甲酸酯类。使用防腐剂时应验证其溶解度、有效剂量、配伍禁忌及直肠对它的耐受性。

**4. 基质用量计算**　通常情况下栓剂模型的容量是固定的,但它会因基质或药物密度的不同可容纳不同的重量。而一般栓模容纳重量(如 1 g 或 2 g 重)是指以可可豆脂为代表的基质重量。加入药物会占有一定体积,特别是不溶于基质的药物。为保持栓剂原有体积,就要考虑引入置换价(displacement value,DV)的概念。药物的重量与同体积基质重量的比值称为该药物对基质的置换价。可以用下述方法和式 12-1 求得某药物对某基质的置换价:

$$DV = \frac{W}{G-(M-W)} \qquad (式 12-1)$$

式中,$G$ 为纯基质平均栓重;$M$ 为含药栓的平均重量;$W$ 为每个栓剂的平均含药重量。

测定方法:取基质作空白栓,称得平均重量为 $G$,另取基质与药物定量混合做成含药栓,称得平均重量为 $M$,每粒栓剂中药物的平均重量为 $W$,将这些数据代入上式,即可求得某药物对某一新基质的置换价。

用测定的置换价可以方便地计算出制备这种含药栓需要基质的重量 $x$:

$$x = \left(G - \frac{y}{DV}\right) \cdot n \qquad (式 12-2)$$

式中,$y$ 为处方中药物的剂量;$n$ 为拟制备栓剂的枚数。

## 二、工艺流程

栓剂的基本制备方法有三种,即热熔法、冷压法和搓捏法。其中,热熔法应用较广泛,工厂生产一般均采用机械自动化操作来完成,其制备工艺流程见图 12-1。

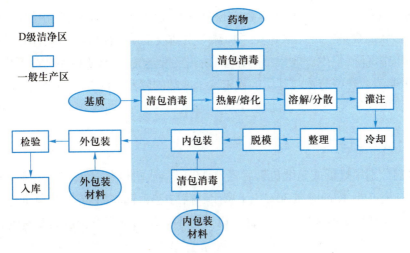

图 12-1　热熔法制备栓剂的制备工艺流程

## 任务实施

### 一、药物与基质的混合

药物与基质的混合可按下法进行：若为脂肪性基质，油溶性药物如苯酚、水合氯醛、樟脑等，可直接混入基质中溶解，但若加入的量较大能降低基质的熔点或使栓剂软化，则需加入适量石蜡或蜂蜡调节；不溶于油脂而溶于水的药物如生物碱、浸膏等，可加入少量的水配成浓溶液，用适量的羊毛脂吸收后再与基质混合；不溶于油脂、水或甘油的药物，需要先研磨成细粉并全部通过 6 号筛，再与基质混合均匀。若为水溶性和亲水性基质，可溶性药物直接溶解于基质中，不溶性药物制成细粉加入。

### 二、栓剂的制备

栓剂的制备方法有热熔法、冷压法和搓捏法，可按基质的不同类型选择。脂肪性基质可采用热熔法和冷压法，水溶性基质多采用热熔法。

1. **热熔法**　主要有加热、熔化、注模、冷却、脱模等过程。

将计算量的基质锉末用水浴或蒸汽浴加热熔化，温度不宜过高，然后按药物性质以不同方法加入，混合均匀后，倾入涂有润滑剂的栓模中至稍溢出模口为度。放冷，待完全凝固后，削去溢出部分，脱模取出。

栓模孔内涂的润滑剂通常有两类：① 脂肪性基质的栓剂，常用软肥皂、甘油各 1 份与 95% 乙醇 5 份混合所得的润滑剂；② 水溶性或亲水性基质的栓剂，则用油性润滑剂，如液状石蜡或植物油等。不黏模的基质可不用润滑剂，如可可豆脂或 PEG 类。

2. **冷压法**　脂肪性基质栓剂的制备也可用冷压法：先将基质磨碎或锉末，再与主

药混合均匀装入压栓机中,在配有栓剂模型的圆筒内,通过水压机或手动螺旋活塞挤压成一定形状的栓剂。冷压法避免了加热对主药或基质稳定性的影响,不溶性药物也不会在基质中沉降,但生产效率不高,成品往往夹带空气,对基质或主药起氧化作用。

**3. 搓捏法** 是将药物与基质的锉末置于冷却的容器内混合均匀,然后搓捏成型或装入制栓机模内压成一定形状的栓剂。

### 三、栓剂的包装

将栓剂分别用蜡纸或锡纸包裹后置于小硬纸盒或塑料盒内,以免互相粘连,避免受压。除另有规定外,栓剂应在 30℃ 以下密闭贮存与运输,防止因受热、受潮而变形、发霉、变质。油脂性基质栓剂最好贮存在 20℃ 以下的环境中,以防贮存温度高使基质液化。

---

**实例分析** 双黄连栓(小儿消炎栓)

实例分析:
双黄连栓
(小儿消炎栓)

【处方】 金银花 2 500 g,黄芩 2 500 g,连翘 5 000 g,半合成脂肪酸酯 780 g,制成 1 000 粒。

【制法】 取金银花、黄芩和连翘的提取物水溶液,搅匀并调节 pH 至 7.0~7.5,减压浓缩成稠膏,低温干燥,粉碎。另取半合成脂肪酸酯,加热熔化,温度保持在 40℃ ±2℃,加入上述干膏粉,混匀,注模,冷却脱模,即得。

【讨论】 处方中各成分的作用分别是什么?

 **知识总结**

1. 栓剂系指将原料药物和适宜的基质制成的具有一定形状供腔道给药的固体状外用制剂。

2. 栓剂是塞入人体腔道(直肠、阴道、尿道)的固体制剂,可以发挥局部作用,也可以发挥全身作用。

3. 栓剂的突出特点是局部作用确切、可靠,全身作用只要用法得当(避免首过效应)也较好,尤其适合儿童用药。

4. 栓剂的基质分为油脂性基质和水溶性基质,制备方法主要是热熔法,贮存时要注意温度,不要超过室温。

  **在线测试**

在线测试:
栓剂制备

请扫描二维码完成在线测试。

# 任务 12.2　栓剂质量检查

PPT：
栓剂质量
检查

授课视频：
栓剂质量
检查

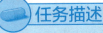**任务描述**

栓剂在生产与贮藏期间应符合相关质量要求。本任务主要是学习栓剂的质量要求，按照《中国药典》(2020 年版)栓剂项下重量差异、融变时限、膨胀值、微生物限度等检查法要求完成栓剂的质量检查，正确评价制剂质量。

**知识准备**

栓剂在生产与贮藏期间应符合下列规定。

1. 栓剂一般采用热熔法、冷压法和搓捏法制备。热熔法适宜于脂肪性基质和水溶性基质栓剂的制备，冷压法适宜于大量生产脂肪性基质栓剂，搓捏法适宜于脂肪性基质栓剂小量制备。

2. 栓剂常用基质为半合成脂肪酸甘油酯、可可豆脂、聚氧乙烯硬脂酸酯、聚氧乙烯山梨聚糖脂肪酸酯、氢化植物油、甘油明胶、泊洛沙姆、PEG 类或其他适宜物质。根据需要可加入表面活性剂、稀释剂、润滑剂和抑菌剂等。常用水溶性或与水能混溶的基质制备阴道栓。

3. 制备栓剂用的固体原料药物，除另有规定外，应预先用适宜方法制成细粉或最细粉。可根据施用腔道和使用需要，制成各种适宜的形状。

4. 栓剂中的原料药物与基质应混合均匀，其外形应完整光滑，放入腔道后应无刺激性，应能融化、软化或溶化，并与分泌液混合，逐渐释放出药物，产生局部或全身作用；并应有适宜的硬度，以免在包装或贮存时变形。

5. 栓剂所用内包装材料应无毒性，并不得与原料药物或基质发生理化作用。

6. 阴道膨胀栓内芯应符合有关规定，以保证其安全性。

7. 除另有规定外，应在 30℃ 以下密闭贮存和运输，防止因受热、受潮而变形、发霉、变质。生物制品原液、半成品和成品的生产及质量控制应符合相关品种要求。

 **任务实施**

## 一、重量差异检查

取供试品 10 粒,精密称定总重量,求得平均粒重后,再分别精密称定各粒的重量。每粒重量与平均粒重相比较(有标示粒重的中药栓剂,每粒重要应与标示粒重比较),按表 12-1 中的规定,超出重量差异限度的药粒不得多于 1 粒,并不得超出限度 1 倍。

表 12-1　栓剂重量差异限度

| 平均粒重或标示粒重 | 重量差异限度 |
| --- | --- |
| 1.0 g 及 1.0 g 以下 | ± 10% |
| 1.0 g 以上至 3.0 g | ± 7.5% |
| 3.0 g 以上 | ± 5% |

凡规定检查含量均匀度的栓剂,一般不再进行重量差异检查。

## 二、融变时限检查

取供试品 3 粒,在室温下放置 1 h,照《中国药典》(2020 年版)融变时限检查法(通则 0922)检查,应符合规定。除另有规定外,脂肪性基质的栓剂 3 粒均应在 30 min 内全部融化、软化或触压时无硬心;水溶性基质的栓剂 3 粒均应在 60 min 内全部溶解。如有一粒不合格,应另取 3 粒复试,均应符合规定。

## 三、膨胀值检查

除另有规定外,阴道膨胀栓应检查膨胀值,并符合规定。

检查法:取供试品 3 粒,用游标卡尺测其尾部棉条直径,滚动约 90° 再测一次,每粒测 2 次,求出每粒测定的 2 次平均值($R_i$);将上述 3 粒栓用于融变时限测定结束后,立即取出剩余棉条,待水断滴,均轻置于玻璃板上,用游标卡尺测定每个棉条的两端及中间 3 个部位,滚动约 90° 后再测定 3 个部位,每个棉条共获得 6 个数据,求出测定的 6 次平均值($r_i$),计算每粒的膨胀值($P_i$),3 粒栓的膨胀值均应大于 1.5。

$$P_i = r_i/R_i \qquad\qquad (式 12-3)$$

## 四、微生物限度检查

除另有规定外,照非无菌产品微生物限度检查:微生物计数法(通则 1105)和控制菌检查法(通则 1106)及非无菌药品微生物限度标准(通则 1107)检查,应符合规定。

 **知识总结**

1. 栓剂外形应完整光滑,药物与基质应混合均匀。

2. 栓剂塞入腔道后应无刺激性,应能融化、软化或溶解,并与分泌物混合,逐步释放药物,产生局部或全身作用。

3. 栓剂应有适宜的硬度,以免在包装、贮藏或使用时变形。

4. 栓剂微生物限度检查应符合规定。

 **在线测试**

请扫描二维码完成在线测试。

知识拓展:
栓剂的使用
方法

在线测试:
栓剂质量
检查

# 项目 13
# 液体制剂生产

# 任务 13.1　低分子溶液剂制备

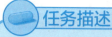

低分子溶液剂是临床常用的液体剂型之一。本任务主要是学习低分子溶液剂的定义、特点、分类、溶剂、附加剂和制备方法,按照常见低分子溶液剂的生产工艺流程,完成常见低分子溶液剂制备。

PPT:
低分子溶液
剂制备

授课视频:
低分子溶液
剂制备

## 一、基础知识

**1. 低分子溶液剂的定义和分类**　低分子溶液剂又称真溶液,是指药物以小分子或离子形式分散于溶剂中制成的均相液体制剂。

低分子溶液剂中药物分散度大,吸收快,作用迅速,疗效高,稳定性好,但需注意某些药物的化学稳定性。常见的低分子溶液剂有溶液剂、醑剂、糖浆剂、芳香水剂、酊剂、甘油剂等。

**2. 分散介质**　对溶液剂来说,药物处于溶解或分散状态,分散介质与液体制剂的制备方法、稳定性及所产生的药效等密切相关。良好的分散介质应具有以下特点:① 化学性质稳定,不与药物或附加剂发生反应;② 对药物具有较好的溶解性和分散性;③ 不影响药效的发挥和含量测定;④ 毒性小,无刺激性,无不适的臭味等。常用分散介质见表 13-1。

表 13-1　常用分散介质

| 类别 | 介电常数大小 | 常见试剂 |
| --- | --- | --- |
| 极性分散介质 | >40 | 水、甘油、二甲基亚砜等 |
| 半极性分散介质 | 15~40 | 乙醇、丙二醇、丙酮、聚乙二醇等 |
| 非极性分散介质 | <15 | 脂肪油、液状石蜡、乙酸乙酯等 |

**3. 附加剂**

（1）防腐剂:液体制剂易被微生物污染变质,为了控制微生物滋生,保证药品质量并符合《中国药典》标准,需在液体制剂中加入适量对微生物的生长与繁殖具有抑制作用的防腐剂。优良的防腐剂具有以下特点：① 在分散介质中有较大的溶解度，能达到防腐需要的浓度；② 在抑菌浓度范围内对人体无害、无刺激；③ 不影响制剂的理化性质和药理作用，不与包装材料起作用；④ 防腐性能稳定，不受制剂中药物的影响，不易受热和 pH 的影响；⑤ 抑菌谱广，抑菌作用强。常用防腐剂的种类和特点见表 13-2。

表 13-2　常用防腐剂的种类和特点

| 类别 | 常用防腐剂 | 特点 |
|---|---|---|
| 对羟基苯甲酸酯类 | 羟基苯甲酸甲酯、乙酯、丙酯、丁酯等 | 其抑菌作用随烷基碳数增加而增加，但溶解度则减小；在酸性溶液中作用较强，在弱碱性溶液中作用减弱。本类防腐剂配伍使用有协同作用 |
| 苯甲酸及其盐 | 苯甲酸、苯甲酸钠等 | 未解离的苯甲酸分子抑菌作用强，所以在酸性溶液中抑菌效果较好，最适 pH 是 4。苯甲酸防霉作用不如尼泊金类，而防发酵作用强于尼泊金类，故苯甲酸和尼泊金类联合应用，适合中药液体制剂防霉和防发酵 |
| 山梨酸及其盐 | 山梨酸、山梨酸钾等 | 本品有微弱特异臭味，起防腐作用的是未解离的分子，在 pH 为 4 的水溶液中效果较好 |
| 其他防腐剂 | 苯扎溴铵 | 又称新洁尔灭，为阳离子型表面活性剂，可溶于水和乙醇，在酸性和碱性溶液中稳定，耐热压。对金属、塑料、橡胶无腐蚀作用 |
| | 醋酸氯己定 | 微溶于水，可溶于乙醇、甘油、丙二醇等溶剂中，为广谱杀菌剂，多外用 |
| | 邻苯基苯酚 | 微溶于水，为广谱杀菌剂，低毒无味 |

（2）矫味剂：一种能改善或掩盖药物的不良味道、臭味的物质。常用矫味剂有甜味剂、芳香剂、胶浆剂和泡腾剂等。常用矫味剂的种类和特点见表 13-3。

表 13-3　常用矫味剂的种类和特点

| 类别 | 常用矫味剂 | 特点 |
|---|---|---|
| 甜味剂 | 葡萄糖、果糖、甘油、甘露醇等 | 天然甜味剂，热量高，易引发龋齿 |
| | 橙皮糖浆、桂皮糖浆等 | 天然甜味剂，具有芳香味，能矫臭 |
| | 糖精、甜蜜素、阿司帕坦、安赛蜜等 | 合成甜味剂甜度高，不会导致龋齿，可以有效地降低热量，适用于糖尿病、肥胖症患者 |
| 芳香剂 | 柠檬、薄荷挥发油等 | 天然香料，系由植物中提取的芳香性挥发油 |
| | 苹果香精等 | 合成香料，系化学合成制得 |
| 胶浆剂 | 阿拉伯胶、琼脂、明胶、甲基纤维素等的胶浆 | 具有黏稠、缓和的性质，可以干扰味蕾的味觉而能矫味 |
| 泡腾剂 | 由酒石酸、枸橼酸等有机酸与碳酸氢钠组成 | 遇水后产生大量二氧化碳，二氧化碳能麻痹味蕾起矫味作用，对盐类的苦味、涩味、咸味有所改善 |

（3）着色剂：用于改善药物制剂的外观颜色。着色剂包括天然色素和人工合成色素两类。常用着色剂的种类和特点见表 13-4。

表 13-4    常用着色剂的种类和特点

| 类别 | 常用着色剂 | 特点 |
|---|---|---|
| 天然色素 | 苏木、甜菜红、姜黄、松叶兰、焦糖等 | 植物性色素 |
|  | 氧化铁 | 矿物性色素，呈棕红色 |
| 人工合成色素 | 苋菜红、柠檬黄、胭脂蓝等 | 色泽鲜艳，价格低廉，可食用，但大多数毒性比较大，用量不宜过多 |
|  | 伊红、亚甲蓝等 | 不能食用，一般外用 |

（4）其他附加剂：在液体制剂中，为了增加难溶药物的溶解度或溶解速率，可以加入增溶剂、助溶剂、潜溶剂等；为了增加药物的化学稳定性，可加入抗氧剂、pH 调节剂、金属离子络合剂等。

#### 4. 表面活性剂

（1）表面活性剂的定义：表面活性剂分子一般由一个以上的亲水基团（极性基团）和一段 8 个碳原子以上的亲油基团（非极性基团）烃链组成，极性基团可以是解离的离子，如羧酸、磺酸、硫酸酯、磷酸酯基、氨基或胺基及它们的盐，也可以是不解离的亲水基团，如羟基、酰胺基、醚键、羧酸酯基等。如脂肪酸类表面活性剂肥皂，其分子结构如图 13-1 所示。

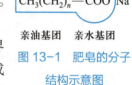

$$CH_3(CH_2)_n—COO^-Na^+$$

亲油基团    亲水基团

图 13-1    肥皂的分子结构示意图

表面活性剂在水中溶解较少时，集中定向排列在水 – 气界面，亲水基团朝向水而亲油基团朝向空气，这种聚集在表面形成单分子层的现象称为正吸附。正吸附使表面最外层呈现碳氢链性质，从而使表面张力明显降低。

（2）表面活性剂的分类：表面活性剂根据极性基团的解离情况可分为离子型表面活性剂和非离子型表面活性剂。离子型表面活性剂又可分为阴离子型表面活性剂、阳离子型表面活性剂和两性离子型表面活性剂。

① 阴离子型表面活性剂：该型表面活性剂起表面活性作用的部分是阴离子，主要包括高级脂肪酸盐、硫酸化物和磺酸化物三类（表 13-5）。

表 13-5    常用阴离子型表面活性剂的种类和特点

| 类别 | 常用阴离子型表面活性剂 | 特点 |
|---|---|---|
| 高级脂肪酸盐 | 硬脂酸、月桂酸、油酸等 | 也称为肥皂类，通式为 $(RCOO^-)_nM^{n+}$，脂肪酸烃链 R 一般在 C11 至 C17 之间。本类表面活性剂具有良好的乳化性能，但易被酸破坏，碱金属皂可被钙、镁盐等破坏，电解质可使之盐析。本类表面活性剂有一定的刺激性，一般只用于外用制剂 |

续表

| 类别 | 常用阴离子型表面活性剂 | 特点 |
|---|---|---|
| 硫酸化物 | 硫酸化蓖麻油 | 可与水混合,为无刺激性的去污剂 |
| | 十二烷基硫酸钠、十六烷基硫酸钠等 | 乳化性很强,耐酸和钙、镁盐,但对黏膜有一定的刺激性,主要用于外用乳膏的乳化剂 |
| 磺酸化物 | 二辛基琥珀酸磺酸钠、二己基琥珀酸磺酸钠等 | 不易水解,但水溶性及耐酸、耐钙和镁盐性比硫酸化物稍差,是优良的洗涤剂 |

② 阳离子型表面活性剂:起表面活性作用的部分是阳离子,亦称阳性皂。因其分子结构中含有一个五价的氮原子,所以又称为季铵型阳离子表面活性剂。该型表面活性剂的水溶性大,在酸、碱性溶液中均较稳定,具有良好的表面活性和杀菌、防腐作用,对人体有害,常外用,主要用于皮肤、黏膜和手术器械的消毒。常用品种有苯扎氯铵、苯扎溴铵等。

③ 两性离子型表面活性剂:分子结构中同时具有正、负离子基团,在不同 pH 介质中可表现为不同的性质。在等电点以上呈阴离子型表面活性剂的良好起泡、去污性质;在等电点以下则呈阳离子型表面活性剂的杀菌、防腐性质。常用两性离子型表面活性剂的种类和特点见表 13-6。

表 13-6　常用两性离子型表面活性剂的种类和特点

| 类别 | 常用两性离子型表面活性剂 | 特点 |
|---|---|---|
| 天然两性离子型表面活性剂 | 豆磷脂、卵磷脂等 | 对热敏感,在酸性和碱性条件及酯酶作用下容易水解;不溶于水,但对油脂乳化能力强,常用于制备注射用乳剂及脂质微粒制剂 |
| 合成两性离子型表面活性剂 | 氨基酸型 | 在等电点时亲水性减弱,并可能产生沉淀 |
| | 甜菜碱型 | 亲水性强,在任何 pH 环境中均易溶解,在等电点时也无沉淀 |

④ 非离子型表面活性剂:这类表面活性剂在水中不解离,其分子中的亲水基团是甘油、聚乙二醇和山梨醇等多元醇,亲油基团是长链脂肪酸或长链脂肪醇及烷基或芳基等,它们以酯键或醚键与亲水基团结合。因不解离,受 pH 影响小,毒性和溶血性小,故常作为增溶剂、分散剂、乳化剂、混悬剂,广泛用于外用、口服和注射剂的制剂生产。常用非离子型表面活性剂的种类和特点见表 13-7。

表 13-7　常用非离子型表面活性剂的种类和特点

| 类别 | 常用非离子型表面活性剂 | 特点 |
|---|---|---|
| 脂肪酸山梨坦(司盘类) | 司盘 20、司盘 40、司盘 60 和司盘 80 等 | 商品名为司盘(Span),亲油性强,不溶于水,易溶于乙醇,在酸、碱和酶的作用下容易水解,其 HLB 值从 1.8 至 8.6,是常用的油包水型乳化剂,但司盘 20 和司盘 40 与吐温配伍常用作水包油型乳化剂或混合乳化剂 |

续表

| 类别 | 常用非离子型表面<br>活性剂 | 特点 |
|---|---|---|
| 聚山梨酯(吐<br>温类) | 聚山梨酯 20、聚山梨<br>酯 40、聚山梨酯 60<br>和聚山梨酯 80 等 | 商品名为吐温(Tween),对热稳定,但在酸、碱和酶作用下也<br>会水解。分子中含大量聚氧乙烯,亲水性强,不溶于油,在<br>水和乙醇及多种有机溶剂中易溶。常用作增溶剂、乳化剂、<br>分散剂和润湿剂 |
| 其他类 | 聚氧乙烯脂肪酸酯 | 商品名为卖泽(Myrij),有较强的水溶性,乳化能力强,为水<br>包油型乳化剂 |
| | 聚氧乙烯脂肪醇醚 | 商品名为苄泽(Brij),常用作乳化剂或增溶剂 |
| | 泊洛沙姆 | 商品名为普朗尼克(Pluronic)。本品随聚氧丙烯比例增加,<br>亲油性增强;随聚氧乙烯比例增加,亲水性增强。具有良好<br>的乳化、润湿、分散、起泡和消泡等性能,但增溶能力较弱 |

(3) 表面活性剂的基本性质:当表面活性剂的正吸附到达饱和后,此时如继续向溶液中加入表面活性剂,其分子将转入溶液内部,形成亲油基团向内、亲水基团向外,大小在胶体粒子范围并在水中稳定分散的胶束。表面活性剂分子缔合形成胶束的最低浓度即为临界胶束浓度(CMC)。当表面活性剂的溶液浓度达到临界胶束浓度时,分散系统变成胶体溶液,溶液的表面张力下降,增溶性、去污性增大,溶液的黏度、密度、导电性、渗透压、光散射等多种物理性质发生突变。

表面活性剂分子中亲水和亲油基团的多少决定了亲水亲油的强弱,对油或水的综合亲和力可以用亲水亲油平衡(HLB)值来表示。根据经验,将表面活性剂的 HLB 值范围限定在 0~40,其中非离子型表面活性剂的 HLB 值范围为 0~20,常用表面活性剂的 HLB 值见表 13-8。HLB 值越高,亲水性越强,反之则亲油性越强。表面活性剂的应用与 HLB 值密切相关,表面活性剂 HLB 值在 3~6 的适合用作油包水型乳化剂,HLB 值在 8~18 的适合用作水包油型乳化剂。HLB 值在 13~18 的可以作为增溶剂,HLB 值在 7~9 的可以作为润湿剂。非离子型表面活性剂的 HLB 值具有加和性,混合非离子型表面活性剂的 HLB 值计算如式 13-1,但混合离子型表面活性剂的 HLB 值不能用该式计算。

$$HLB=\frac{HLB_a \cdot W_a + HLB_b \cdot W_b}{W_a + W_b}$$（式 13-1）

式中,$W_a$、$W_b$ 分别表示 a、b 表面活性剂的质量。

表 13-8　常用表面活性剂的 HLB 值

| 表面活性剂 | HLB 值 | 表面活性剂 | HLB 值 |
|---|---|---|---|
| 阿拉伯胶 | 8.0 | 单硬脂酸甘油酯 | 3.8 |
| 西黄蓍胶 | 13.0 | 二硬脂酸乙二酯 | 1.5 |
| 明胶 | 9.8 | 单油酸二甘酯 | 6.1 |
| 单硬脂酸丙二酯 | 3.4 | 十二烷基硫酸钠 | 40 |

续表

| 表面活性剂 | HLB 值 | 表面活性剂 | HLB 值 |
|---|---|---|---|
| 油酸钾 | 20.0 | 吐温 61 | 9.6 |
| 油酸钠 | 18.0 | 吐温 65 | 10.5 |
| 油酸三乙醇胺 | 12.0 | 吐温 80 | 15.0 |
| 卵磷脂 | 3.0 | 吐温 81 | 10.0 |
| 蔗糖酯 | 5.0~13.0 | 吐温 85 | 11.0 |
| 泊洛沙姆 188 | 16.0 | 卖泽 45 | 11.1 |
| 阿特拉斯 G-263 | 25.0~30.0 | 卖泽 49 | 15.0 |
| 司盘 20 | 8.6 | 卖泽 51 | 16.0 |
| 司盘 40 | 6.7 | 卖泽 52 | 16.9 |
| 司盘 60 | 4.7 | 聚氧乙烯(400)单月桂酸酯 | 13.1 |
| 司盘 65 | 2.1 | 聚氧乙烯(400)单硬脂酸酯 | 11.6 |
| 司盘 80 | 4.3 | 聚氧乙烯(400)单油酸酯 | 11.4 |
| 司盘 83 | 3.7 | 苄泽 35 | 16.9 |
| 司盘 85 | 1.8 | 苄泽 30 | 9.5 |
| 吐温 20 | 16.7 | 聚西托醇 | 16.4 |
| 吐温 21 | 13.3 | 聚氧乙烯氢化蓖麻油 | 12.0~18.0 |
| 吐温 40 | 15.6 | 聚氧乙烯烷基酚 | 12.8 |
| 吐温 60 | 14.9 | 聚氧乙烯壬烷基酚醚 | 15 |

表面活性剂具有一定的毒性，一般而言，表面活性剂毒性顺序为阳离子型＞阴离子型＞非离子型。两性离子型的毒性小于阳离子型。非离子型表面活性剂口服一般认为无毒性。表面活性剂用于静脉给药的毒性大于口服。离子型表面活性剂不仅毒性较大，而且还有较强的溶血作用。非离子型表面活性剂的溶血作用较轻微。

知识拓展：
难溶性药物
的溶解方法

## 二、工艺流程

低分子溶液剂有溶液剂、醑剂、糖浆剂、芳香水剂、甘油剂等，不同的制剂在制备工艺上略有不同，但其主要流程接近，其主要制备工艺流程如图 13-2 所示。

实际操作中，可根据不同的制剂，采用不同的方法完成低分子溶液剂的配制（表 13-9），一般使用配液罐进行配制。

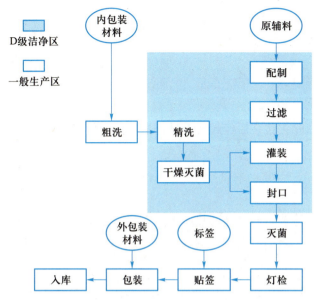

图 13-2  低分子溶液剂的制备工艺流程

表 13-9  低分子溶液剂配制技术与操作过程

| 溶液剂 | 配制技术 | 操作过程 |
|---|---|---|
| 溶液剂 | 溶解法 | 取溶剂总体积 1/2~3/4 的溶剂,加入药物搅拌使其溶解,过滤后定容至全量 |
| | 稀释法 | 先将药物制成高浓度溶液,临用时再用溶剂稀释至所需浓度 |
| | 化学反应法 | 将多种原料药混合在溶剂中反应制成新的药物溶液,过滤后定容至全量 |
| 糖浆剂 | 热溶法 | 将蔗糖溶于沸水中,继续加热使其全部溶解,待降温后加入药物,搅拌使其溶解,过滤后定容至全量 |
| | 冷溶法 | 将蔗糖溶于冷水或含药的溶液中,加入药物搅拌使其溶解,过滤后定容至全量 |
| | 混合法 | 将含药溶液与单糖浆均匀混合制备糖浆剂 |
| 芳香水剂 | 溶解法 | 可直接将药物与溶剂通过强力搅拌混合制得;也可先将药物加入固体分散剂(如滑石粉)中混合均匀增大接触面后,再加溶剂溶解 |
| | 稀释法 | 用一定浓度的乙醇溶剂制成含大量挥发油的浓芳香水剂溶液,再将浓芳香水剂稀释至规定浓度即得 |
| | 水蒸气蒸馏法 | 取含挥发油的植物药材置于蒸馏器中,通入蒸汽蒸馏,得蒸馏液,除去未溶解挥发油,过滤至滤液澄清即得 |

 **任务实施**

### 一、洗瓶

口服液直口瓶除去包装后经超声波洗涤法洗涤后使用。目前常用的洗涤设备为超声波洗瓶机。

### 二、干燥灭菌

口服液直口瓶清洗后通过高速热风干热灭菌。目前常用的干燥灭菌设备为高速热风灭菌柜。

### 三、配制

将药物进行粉碎、过筛、称量。根据制剂需要可加入适宜的辅料,如增溶剂、助溶剂、防腐剂、抗氧化剂、着色剂、矫味剂、pH 调节剂等。

将总体积 1/2~3/4 的溶剂置于配液罐内,加入药物与辅料搅拌混合溶解,溶液经过滤后,定容至规定体积。常用的设备为配液罐。

### 四、过滤

低分子溶液剂的过滤是保证溶液剂澄明的关键,主要靠介质的拦截作用,其过滤方式有表面过滤和深层过滤。在溶液剂的生产过程中,过滤通常采用预滤和精滤相结合的方法。预滤常用钛滤器,精滤常用微孔滤膜滤器。

### 五、灌装封口

将制得的低分子溶液剂进行含量、微生物限度等质量检查,合格后按剂量装入适宜瓶袋中。一般采用口服液灌装机进行灌装封口。

### 六、灭菌检漏

将灌封的口服液在灭菌柜内进行湿热灭菌,常用的热压灭菌条件为 121℃,灭菌 15 min,流通蒸汽灭菌法 100℃,灭菌 30 min。灭菌柜灭菌后进行色水检漏或放电式微孔检漏。

### 七、灯检

检测口服液内可见异物情况,可采用人工灯检或自动灯检。

## 硫酸亚铁糖浆

实例分析

【处方】　硫酸亚铁 150 g,枸橼酸 10 g,纯化水 500 ml,薄荷醑 10 ml,单糖浆加至 5 000 ml。

【制法】　① 将硫酸亚铁和枸橼酸粉碎成细粉,备用。② 将枸橼酸溶于 500 ml 纯化水中,再加入硫酸亚铁搅拌溶解,过滤。③ 滤液与适量单糖浆混匀,再边搅拌边加入薄荷醑混匀,最后加入单糖浆至 5 000 ml 混匀。④ 取样,检查含量、澄明度和微生物限度等。制成的糖浆剂装于棕色塑料或玻璃瓶中,每瓶 100 ml。

【讨论】　1. 处方中各成分的作用分别是什么?

　　　　　2. 制备过程中有什么特别需要注意的地方?

实例分析:
硫酸亚铁
糖浆

## 知识总结

1. 低分子溶液剂是指药物以小分子或离子形式分散于溶剂中制成的均相液体制剂。

2. 低分子溶液剂中药物分散度大,吸收快,作用迅速,疗效高,稳定性好,但药物的化学活性随分散度增大而增高,需注意某些药物的化学稳定性。

3. 常见的低分子溶液剂有溶液剂、醑剂、糖浆剂、芳香水剂、酊剂、甘油剂等。

4. 低分子溶液剂的分散介质应具有以下特点:化学性质稳定,不与药物或附加剂发生反应;对药物具有较好的溶解性和分散性;不影响药效的发挥和含量测定;毒性小,无刺激性,无不适的臭味等。常用分散介质包括极性分散介质、半极性分散介质和非极性分散介质。

5. 低分子溶液剂的附加剂有防腐剂、矫味剂、着色剂、增溶剂、助溶剂、抗氧剂、pH 调节剂等。

6. 表面活性剂是一种具有很强表面活性,能显著降低液体表面(界面)张力的物质,有离子型表面活性剂和非离子型表面活性剂。

7. 低分子溶液剂配制方法有:溶解法、稀释法、化学反应法、热熔法、冷溶法、混合法等方法。

8. 低分子溶液剂的一般工艺流程为:配制、过滤、灌装、封口、灭菌、质量检查、分剂量、包装。

## 在线测试

请扫描二维码完成在线测试。

在线测试:
低分子溶液
剂制备

# 任务 13.2　高分子溶液剂制备

PPT:
高分子溶液
剂制备

授课视频:
高分子溶液
剂制备

　**任务描述**

　　高分子溶液剂是临床常用的液体剂型之一。本任务主要是学习高分子溶液剂的定义、性质和制备方法,按照高分子溶液剂的生产工艺流程,完成高分子溶液剂制备。

　**知识准备**

## 一、基础知识

　　高分子化合物溶解于溶剂中制成的均相液体制剂被称为高分子溶液剂。高分子溶液剂分为以水为溶剂的亲水性高分子溶液剂和以非水溶剂制备的非水性高分子溶液剂。亲水性高分子溶液剂又称胶浆剂,在药剂中多用作黏合剂、助悬剂、乳化剂等。

　　高分子溶液剂属于热力学及动力学稳定系统,具有以下性质:

　　(1) 带电性:很多高分子化合物在溶液中解离而带电。不同种类的高分子化合物使溶液带上不同的正电荷或负电荷,有的高分子化合物所带电荷还会受到溶液 pH 的影响。如含有羧基和氨基的蛋白质,当溶液的 pH 大于等电点时,带负电荷;pH 小于等电点时,带正电;pH 在等电点时,不带电。此时高分子溶液的黏度、渗透压、溶解度、电导等都变为最小值,这种性质在剂型设计中具有重要意义。高分子化合物所带电荷可通过电泳现象测得。

　　(2) 渗透压:亲水性高分子溶液有较高的渗透压,渗透压的大小与浓度有关,浓度越高,渗透压越高。

　　(3) 黏度:高分子溶液为稠性流体,黏度与温度和分子量有关。一般分子量越大越黏稠。温度较低时,可使高分子化合物从链状分散结构转变为网状结构,将溶剂包裹起来,形成不流动半固体状态的凝胶,如明胶或琼脂的水溶液。凝胶失去水分,体积缩小,形成干燥固体干胶,如阿胶、硬胶囊等。

　　(4) 稳定性:高分子化合物含有大量亲水基,能与水形成牢固的水化膜,从而阻止高分子化合物分子之间的相互凝聚,使其处于稳定状态。高分子化合物的水化膜和荷电发生变化时会破坏稳定性,出现凝结沉淀。例如:① 加入大量的电解质,破坏高分子化合物的水化膜,使其凝结而沉淀,这一过程称为盐析;② 加入脱水剂,如乙醇、丙酮等

也能破坏水化膜而发生聚结;③ 高分子溶液在放置过程中自发地聚集而沉淀,称为陈化现象;④ 受光线、空气、盐类、pH、絮凝剂(如枸橼酸钠)、射线等因素的影响发生沉淀称为絮凝现象;⑤ 带相反电荷的两种高分子溶液混合时电荷中和而产生凝结沉淀。

## 二、工艺流程

高分子溶液剂的制备主要是将高分子化合物溶解在溶剂中,溶解过程首先要将高分子化合物充分溶胀。溶胀是指水分子渗入高分子化合物结构的空隙中,与高分子化合物中的亲水基团发生水化作用,使其空隙间充满水分子后体积膨胀,这一过程称为有限溶胀。高分子化合物空隙间存在水分子,从而降低了分子间的作用力(范德华力),溶胀过程继续进行,最后使高分子化合物完全分散在水中形成高分子溶液,这一过程称为无限溶胀。无限溶胀常需搅拌或加热等过程才能完成。高分子溶解形成溶液的过程称为胶溶。高分子化合物的性质及工艺条件决定胶溶过程的快慢,一般制备工艺流程如图 13-3 所示。

图 13-3　高分子溶液剂的制备工艺流程

知识拓展:不同高分子化合物的溶胀方法

## 任务实施

### 一、物料准备

称量药物与辅料,根据制剂需要可加入适宜的辅料,如防腐剂、着色剂、矫味剂等。

### 二、有限溶胀

将块状高分子药物浸泡在溶剂中或将粉末状药物撒在溶剂表面,充分溶胀。常用的设备为配液罐。

### 三、无限溶胀

高分子药物经有限溶胀后,加热(部分药物可不加热)并搅拌,使药物无限溶胀溶于溶剂。

### 四、分剂量与包装

将制得的高分子溶液剂进行含量、微生物限度等质量检查,合格后按剂量装入适

宜瓶袋中。

### 实例分析 胃蛋白酶合剂

实例分析：
胃蛋白酶
合剂

【处方】 胃蛋白酶 2.0 g，单糖浆 10.0 ml，稀盐酸 2.0 ml，羟苯乙酯醇溶液（5%）2.0 ml，橙皮酊 2.0 ml，纯化水加至 100 ml。

【制法】 ① 取约 80 ml 纯化水，加入稀盐酸和单糖浆混匀。② 将胃蛋白酶分次均匀撒在液面上，待其自然膨胀、溶解。③ 缓缓加入橙皮酊、羟苯乙酯醇溶液（5%），边加边搅拌。④ 加适量纯化水使成 100 ml，轻轻混匀，即得。⑤ 取样，检查含量、微生物限度等。制成的合剂装于塑料或玻璃瓶中，每瓶 100 ml。

【讨论】 1. 处方中各成分的作用分别是什么？

2. 制备过程中有什么特别需要注意的地方？

 ## 知识总结

1. 高分子溶液剂是指高分子化合物溶解于溶剂中制成的均相液体制剂。
2. 高分子溶液剂具有带电性、高渗透压、高黏度、稳定性等性质。
3. 高分子溶液剂制备有有限溶胀和无限溶胀两个过程。

在线测试：
高分子溶液
剂制备

 ## 在线测试

请扫描二维码完成在线测试。

## 任务 13.3 溶胶剂制备

PPT：
溶胶剂制备

授课视频：
溶胶剂制备

### 任务描述

溶胶剂是临床常用的液体剂型之一。本任务主要是学习溶胶剂的定义、性质和制备方法，按照溶胶剂的生产工艺流程，完成溶胶剂制备。

## 知识准备

### 一、基础知识

溶胶剂系指固体药物微细粒子分散在水中形成的非均匀状态的液体分散体系,又称疏水胶体溶液。溶胶剂中分散的微细粒子大小在 1 nm 至 100 nm 之间,能透过滤纸,但不能透过半透膜。溶胶剂目前在制剂上使用较少,但其性质对药剂学却十分重要。溶胶剂将药物分散成溶胶态,可改善药物的吸收,增强药效,降低刺激性。

由于分散相为多分子聚集体,因此溶胶剂具有与一般溶液剂不同的性质。

(1) 光学性质:溶胶剂胶粒粒度小于自然光波长引起光散射,故溶胶剂有丁达尔效应,即强光通过溶胶剂时从侧面可见到浑浊发亮的圆锥形光束。溶胶剂的浑浊程度用浊度表示,浊度越大,散射作用越强。

(2) 电学性质:溶胶剂中固体微粒由于本身的解离或吸附溶液中某种离子而带有电荷,带电的固体微粒(胶核)表面因电性作用必然会吸引带相反电荷的离子,这部分带相反电荷的离子称为反离子。部分反离子与带电的胶核紧密吸附构成吸附层,吸附层的反离子随胶核一起运动,形成胶粒。另一部分反离子分散在胶粒周围,扩散到溶液中,形成扩散层。带相反电荷的吸附层和扩散层被称为双电层,结构如图 13-4 所示。双电层之间的电位差称为 ζ 电位,只有在电场的作用下胶粒或分散介质产生移动时才产生 ζ 电位的电位差,这种现象称为界面动电现象。溶胶的电泳现象就是由界面动电现象引起的。

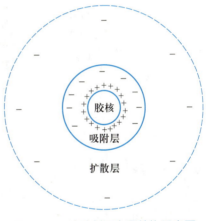

图 13-4　溶胶剂双电层结构示意图

(3) 动力学性质:溶胶剂中的胶粒在分散介质中受溶剂分子不规则地撞击产生布朗运动。布朗运动使胶粒在重力场中不易沉降,但会促使胶粒相互碰撞,增加聚结的机会。溶胶粒子的扩散速度、沉降速度及分散介质的黏度等都与溶胶的动力学性质有关。

(4) 稳定性:溶胶剂属热力学不稳定系统,主要表现为聚结不稳定性和动力不稳定性。但溶胶剂具有双电层形成的 ζ 电位,ζ 电位使胶粒之间产生斥力,阻止胶粒因碰撞产生聚集,ζ 电位越大,斥力越大,溶胶剂越稳定。此外,溶胶剂双电层中的扩散层离子具有水化作用,可以在胶粒外形成水化膜。胶粒的电荷越多,扩散层越厚,水化膜也就越厚,溶胶越稳定。

知识拓展:影响溶胶剂稳定性的因素

### 二、工艺流程

溶胶剂可用分散法和凝聚法来制备,其制备工艺流程如图 13-5 所示。

图 13-5　溶胶剂的制备工艺流程

实际操作中,可根据药物与辅料性质,采用表 13-10 中的技术完成制备操作。

表 13-10　溶胶剂制备技术与操作过程

| 制备方法 | 制备工艺 | 操作过程 |
|---|---|---|
| 分散法 | 机械分散法 | 用机械力将药物粉碎分散制得,常采用胶体磨进行制备。在胶体磨中加入药物、分散介质等原辅料,以 1 000 r/min 的转速将药物粉碎至胶体粒子范围,制成溶胶剂 |
| | 超声分散法 | 用 20 000 Hz 以上超声波所产生的能量使分散粒子分散成溶胶剂 |
| | 溶胶法 | 是将聚集起来的粗粒又重新分散的方法。加入稳定剂,再次分散制成溶胶剂 |
| 凝聚法 | 化学凝聚法 | 在真溶剂中,借助于氧化、还原、水解、复分解等化学反应产生新生态的固体颗粒并均匀分散于水中,从而制备溶胶剂 |
| | 物理凝聚法 | 在真溶液中,改变分散介质的性质使溶解的药物凝聚并均匀分散于水中成为溶胶剂 |

 **任务实施**

## 一、物料准备

称量药物与辅料,根据制剂需要可加入适宜的辅料,如防腐剂、着色剂、矫味剂等。

## 二、分散法

将药物和辅料与溶剂混合,加入胶体磨中,打开胶体磨,将转速调至 1 000 r/min,经反复研磨制得溶胶剂。

## 三、分剂量与包装

将制得的溶胶剂进行含量、粒度等质量检查,合格后按剂量装入适宜瓶袋中。

**实例分析　纳米银溶胶剂**

【处方】　$1 \times 10^{-3}$ mol/L 硝酸银溶液 500 ml,1% 柠檬酸钠溶液 13 ml。

【制法】　① 将硝酸银溶液加热至沸腾。② 将柠檬酸钠溶液加入硝酸银溶液中,搅拌反应60 min。③ 继续搅拌至冷却,制得纳米银溶胶剂,检查含量和粒度等。制成的溶胶剂装于塑料或玻璃瓶中,每瓶 100 ml。

【讨论】　1. 处方中各成分的作用分别是什么?

2. 纳米银溶胶剂制备过程中有什么特别需要注意的地方?

实例分析:
纳米银溶
胶剂

 **知识总结**

1. 溶胶剂系指固体药物微细粒子分散在水中形成的非均匀状态的液体分散体系。
2. 溶胶剂具有丁达尔效应,有双电层结构,胶粒带电,可产生电泳现象,有布朗运动。
3. 溶胶剂常用的制备方法有分散法和凝聚法。

 **在线测试**

请扫描二维码完成在线测试。

在线测试:
溶胶剂制备

# 任务 13.4　乳 剂 制 备

 **任务描述**

乳剂是临床常用的固体剂型之一。本任务主要是学习乳剂的定义、特点、乳化剂、稳定性和制备方法,按照乳剂的生产工艺流程,完成乳剂制备。

PPT:
乳剂制备

 **知识准备**

授课视频:
乳剂制备

## 一、基础知识

1. **乳剂的定义、特点和分类**　乳剂系指互不相溶的两种液体混合,其中一种液体以液滴状态分散于另一种液体中形成的非均相液体分散体系。乳剂中形成液滴的液体称为分散相、内相或非连续相,另一种液体则称为分散介质、外相或连续相。水或水性溶剂称为水相(W),与水不混溶的称为油相(O)。乳剂分散相液滴直径一般在 0.1~100 μm

范围内,属热力学不稳定体系和动力学不稳定体系。

乳剂中液滴的分散度很大,药物吸收和起效很快,生物利用度高;油性药物制成乳剂后分剂量准确,方便使用;水包油型乳剂可掩盖不良臭味,并可加矫味剂;外用乳剂能改善对皮肤、黏膜的渗透性,减少刺激性;静脉注射乳剂在体内分布较快,有靶向性。

根据分散系统的组成可将乳化剂分为单乳和复乳。单乳包括水包油(O/W)型和油包水(W/O)型,复乳可在单乳的基础上进一步乳化形成,如 W/O/W 型或 O/W/O 型。

**2. 乳化剂**　乳化剂是指乳剂制备过程中,除了水相和油相外,还需要加入的能促进分散相乳化并保持稳定的物质,它是乳剂的重要组成部分。常用乳化剂种类和特点见表 13-11。

表 13-11　常用乳化剂种类和特点

| 类别 | 常用乳化剂 | 特点 |
| --- | --- | --- |
| 天然乳化剂 | 阿拉伯胶、西黄蓍胶、明胶、杏树胶、卵黄等 | 为天然高分子材料,亲水性较强,黏度较大,能增加乳剂的稳定性。能制成 O/W 型乳剂,但易霉败,需加入防腐剂 |
| 表面活性剂 | 硬脂酸钠、十二烷基硫酸钠、脂肪酸山梨坦、聚山梨酯等 | 乳化能力强,性质稳定,与其他乳化剂混合使用效果更好 |
| 固体微粒乳化剂 | 氢氧化镁、氢氧化铝、二氧化硅、皂土、氢氧化钙、氢氧化锌等 | 为细微的不溶性固体粉末,可吸附于油水界面形成固体微粒膜而起乳化作用 |
| 辅助乳化剂 | 增加水相黏度的有:甲基纤维素,羧甲纤维素钠、羟丙基纤维素、琼脂、西黄蓍胶、阿拉伯胶等<br>增加油相黏度的有:鲸蜡醇、蜂蜡、单硬脂酸甘油酯、硬脂酸等 | 其乳化能力一般很弱或无乳化能力,但能增加黏度,提高其他乳化剂的乳化能力,故常与其他乳化剂合并使用 |

知识拓展:
乳化剂的
选择

**3. 乳剂的不稳定性**　乳剂属于热力学不稳定的非均相分散体系,在存放过程中常出现分层、絮凝、转相、合并与破裂及酸败等不稳定现象。

(1) 分层:又称乳析,指乳剂出现分散相上浮或下沉的现象,摇匀可恢复。分层主要是分散相和连续相之间的密度差造成的。减小密度差,增加连续相黏度,都可以减慢分层的速度。油、水两相的容积比低于 25% 也容易引起分层。

(2) 絮凝:指乳剂中的分散相发生可逆的聚集现象。因某些因素使乳滴荷电减少,ζ 电位降低,乳滴聚集,但仍保持乳滴及其乳化膜的完整性。电解质和离子型乳化剂是产生絮凝的主要原因,同时絮凝与乳剂的黏度、相容积比等有密切关系。絮凝作用限制了乳滴的移动并产生网状结构,有利于乳剂稳定,但进一步变化会引起乳滴的合并。

(3) 转相:由于某些条件的变化而改变乳剂的类型称为转相。转相主要是由乳化剂的性质改变而引起的。

(4) 合并与破裂:乳剂中的乳滴周围的乳化膜破裂导致乳滴变大,称为合并。合并进一步发展使乳剂分为油、水两相称为破裂,这是一个不可逆的过程。乳滴大小不均一容易引起合并,乳滴越小越稳定。微生物污染、温度过高或过低、乳化剂被破坏等均可引起破裂。

(5)酸败:乳剂受外界因素及微生物的影响,使油相或乳化剂等发生变化而引起变质、发霉的现象称为酸败。通常加入抗氧剂和防腐剂防止氧化或酸败。

## 二、工艺流程

乳剂标志性单元操作为乳剂的制备。影响乳剂制备的因素包括乳化剂的性质与用量、分散介质的黏度、乳化温度与时间、原辅料的加入顺序与方法、搅拌速度等。其制备工艺流程如图 13-6 所示。

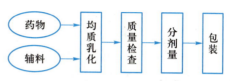

图 13-6　乳剂的制备工艺流程

实际操作中,可根据药物与辅料性质,采用表 13-12 中的技术完成乳剂制备操作。

表 13-12　乳剂制备技术与操作过程

| 制备方法 | 制备工艺 | 操作过程 |
| --- | --- | --- |
| 乳化方法 | 干胶法 | 先将乳化剂(胶)分散于油相中研匀后加水相制备成初乳,然后稀释至全量,混匀,即得 |
| | 湿胶法 | 先将乳化剂分散于水中研匀,再将油加入,用力搅拌使成初乳,加水将初乳稀释至全量,混匀,即得 |
| | 新生皂法 | 是将油、水两相混合时,两相界面上生成的新生皂类产生乳化的方法 |
| | 机械法 | 将油相、水相、乳化剂混合后用乳化机械制备乳剂。机械法制备乳剂时不用考虑混合顺序,借助于机械提供的强大能量,很容易制成乳剂 |
| | 两相交替加入法 | 向乳化剂中每次少量交替地加入水或油,边加边搅拌,即可形成乳剂 |

##  任务实施

### 一、物料准备

称量药物与辅料,根据制剂需要可加入适宜的辅料,如乳化剂、防腐剂、矫味剂等。

### 二、乳化均质

将水相和油相加热,将药物加入水相或油相中溶解,将水相与油相加入均质乳匀机中进行均质乳化,乳化完成后在搅拌下冷却。

## 三、分剂量与包装

将制得的乳剂进行含量、粒度等质量检查,合格后按剂量装入适宜袋中。一般采用自动尾管分装机进行包装。

---

**实例分析**  **鱼肝油乳剂**

实例分析:
鱼肝油乳剂

【处方】 鱼肝油 500 ml,阿拉伯胶细粉 125 g,西黄蓍胶细粉 7 g,糖精钠 0.1 g,挥发杏仁油 1 ml,羟苯乙酯 0.5 g,纯化水加至 1 000 ml。

【制法】 ① 将阿拉伯胶细粉与鱼肝油研匀,一次加入 250 ml 纯化水,用力沿一个方向研磨制成初乳。② 加糖精钠水溶液、挥发杏仁油、羟苯乙酯醇溶液,西黄蓍胶细粉用适量纯化水充分溶胀成胶浆后缓缓加入。③ 加纯化水至全量,搅拌均匀即得。④ 取样检查含量、粒度等。制成的乳剂装于塑料或玻璃瓶中,每瓶 100 ml。

【讨论】 处方中各成分的作用分别是什么?

##  知识总结

1. 乳剂系指互不相溶的两种液体混合,其中一种液体以液滴状态分散于另一种液体中形成的非均相液体分散体系。

2. 乳剂具有药物吸收和起效很快,生物利用度高,分剂量准确,可掩盖不良臭味,改善对皮肤、黏膜的渗透性,减少刺激性,有靶向性等特点。

3. 乳剂在存放过程中常出现分层、絮凝、转相、合并与破裂及酸败等不稳定现象。

4. 乳剂常用的制备方法有干胶法、湿胶法、新生皂法、机械法、两相交替加入法等。

##  在线测试

请扫描二维码完成在线测试。

在线测试:
乳剂制备

# 任务 13.5　混悬剂制备

 **任务描述**

　　混悬剂是临床常用的液体剂型之一。本任务主要是学习混悬剂的定义、特点、稳定性、稳定剂和制备方法,按照混悬剂的生产工艺流程,完成混悬剂制备。

PPT:
混悬剂制备

授课视频:
混悬剂制备

# 知识准备

## 一、基础知识

### 1. 混悬剂的定义与特点

混悬剂系指难溶性固体药物以微粒状态分散于分散介质中形成的非均相液体制剂。混悬剂中分散相微粒一般为 0.5~10 μm,以固体微粒的形式存在,可提高药物的稳定性,产生长效作用,相比于固体制剂更便于服用。混悬剂可以内服、外用、注射、滴眼等。

　　混悬剂适用于难溶性固体药物制成液体制剂,但为了安全起见,毒剧药或剂量小的药物不应制成混悬剂使用。混悬剂微粒应细腻均匀,大小适宜;微粒沉降缓慢,沉降后不结块,轻摇即可迅速均匀分散,标签注明"用时振摇";分散介质黏稠度适宜;贮存期间不得霉败。

### 2. 混悬剂的稳定性

混悬剂属于热力学不稳定和动力学不稳定的粗分散体系,在重力作用下会沉降,其稳定性与以下因素有关:

　　(1) 混悬微粒的沉降:混悬剂中微粒的沉降速度服从 Stokes 定律。

$$V=\frac{2r^2(\rho_1-\rho_2)g}{9\eta}$$

（式 13-2）

式中,$V$ 为沉降速度;$r$ 为微粒半径;$\rho_1$ 和 $\rho_2$ 分别为微粒和介质的密度;$g$ 为重力加速度;$\eta$ 为分散介质的黏度。

　　由 Stokes 定律可见,增加混悬剂稳定性的方法有:① 减小微粒半径;② 增大分散介质的黏度;③ 降低固体微粒与分散介质间的密度差。

　　(2) 混悬微粒的润湿:固体微粒润湿性好,固液界面张力小,则易制成稳定的混悬剂;反之则稳定性差。

　　(3) 混悬微粒的电荷与水化:混悬剂与溶胶剂相似,微粒荷电,具有双电层结构和 ζ

电位,可在微粒周围形成水化膜。ζ电位越高,微粒间产生的排斥力越大,同时水化作用也越强,混悬剂越稳定。

(4) 絮凝与反絮凝:混悬剂中加入电解质可降低ζ电位,ζ电位降低一定程度后出现絮凝,即混悬剂中微粒形成疏松的絮状聚集体,使混悬剂处于稳定状态。加入的电解质称为絮凝剂。向絮凝状态的混悬剂中加入电解质,使絮凝状态变为非絮凝状态,这一过程称为反絮凝。加入的电解质称为反絮凝剂。反絮凝剂所用的电解质与絮凝剂相同。

(5) 微粒的生长与晶型的转变:混悬剂中药物微粒大小不可能完全一致,药物溶解度与微粒大小有关。混悬剂溶液在总体上是饱和溶液,但小微粒因溶解度大、处于不饱和状态而不断地溶解,大微粒因溶解度小、处于过饱和状态而不断地析出,导致增长变大,最终影响混悬剂稳定性。

结晶性药物可能有几种晶型,其中有亚稳定型和稳定型等晶型。稳定型溶解度小;亚稳定型溶解度较大,药物溶出和吸收较快,疗效好,制剂中常选用。但在制备和贮存过程中,亚稳定型必然逐步转化为稳定型而结块,由此影响混悬剂稳定性和疗效。转型速率快的药物在药剂学中没有实际意义。

(6) 分散相的浓度和温度:在同一分散介质中,分散相的浓度增加,微粒碰撞结合概率增大,混悬剂的稳定性降低。温度对混悬剂的影响更大,温度变化不仅改变药物的溶解度和溶解速率,还能改变微粒的沉降速度、絮凝速度、沉降容积,从而改变混悬剂的稳定性。冷冻可破坏混悬剂的网状结构,也使稳定性降低。

### 3. 混悬剂的稳定剂

(1) 助悬剂:助悬剂的主要作用是增加分散介质的黏度;吸附在微粒表面形成机械性或电性保护膜;增加微粒亲水性,延缓结晶转型。常用的助悬剂有:① 低分子助悬剂,如甘油、糖浆等,兼具矫味作用。② 天然的高分子助悬剂,如阿拉伯胶、西黄蓍胶、果胶、海藻酸钠、琼脂、淀粉浆等。合成或半合成高分子助悬剂,如甲基纤维素、羧甲纤维素钠、羟丙纤维素、卡波普、聚维酮、葡聚糖等。③ 触变胶,具有触变性,静置时形成凝胶防止微粒沉降,振摇时变为溶胶有利于倒出。例如:单硬脂酸铝在植物油中可形成典型的触变胶。④ 硅酸类,如硅皂土,能吸收大量的水形成高黏度并具触变性的凝胶。

(2) 润湿剂:吸附于微粒表面,增加亲水性,增强混悬剂稳定性。最常用的润湿剂是HLB值在7~9的表面活性剂,如聚山梨酯类、泊洛沙姆等。甘油、乙醇也有一定的润湿作用,但效果不强。

(3) 絮凝剂与反絮凝剂:一般要求微粒细、分散好的混悬剂中加入反絮凝剂;大多数需要贮存放置的混悬剂选用絮凝剂。同种电解质,对不同药物而言,可以是絮凝剂,也可以是反絮凝剂。同种电解质用于同一药物,也可因用量不同,而分别起絮凝作用和反絮凝作用。

知识拓展:
干混悬剂

## 二、工艺流程

混悬剂的制备方法包括分散法和凝聚法两大类,其制备工艺流程如图13-7所示。

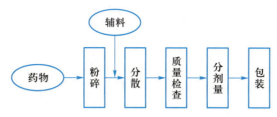

图 13-7  混悬剂的制备工艺流程

实际操作中,可根据药物与辅料性质,采用表 13-13 中的分散技术完成混悬剂制备操作。

表 13-13  混悬剂制备技术与操作过程

| 制备方法 | 分散工艺 | 操作过程 |
|---|---|---|
| 分散法 | 分散法 | 将粗颗粒的药物粉碎成符合混悬剂微粒要求的分散程度,再分散于分散介质中制备混悬剂。一般应先将药物粉碎到一定细度,再加处方中的液体适量,研磨到适宜的分散度,最后加入处方中的剩余液体至全量。疏水性药物必须先加一定量的润湿剂与药物研匀后再加液体研磨混匀 |
| 凝聚法 | 物理凝聚法 | 将分子或离子分散状态分散的药物溶液加入另一分散介质中凝聚成混悬液 |
| | 化学凝聚法 | 用化学反应法使两种药物生成难溶性的药物微粒,再混悬于分散介质中制备混悬剂 |

 **任务实施**

### 一、物料准备

称量药物与辅料,根据制剂需要可加入适宜的辅料,如助悬剂、润湿剂、絮凝剂等。

### 二、分散

将药物粉碎至一定粒度,原辅料与分散溶剂一起加入高压均质乳匀机,经均质后制得混悬剂。

### 三、分剂量与包装

将制得的混悬剂进行含量、粒度等质量检查,合格后按剂量装入适宜瓶袋中。

**布洛芬混悬剂**                                                              实例分析

【处方】 布洛芬(过 200 目筛)20 g,聚山梨酯 80 2 g,甘油 50 g,糖粉 400 g,微晶纤维素 1 g,

枸橼酸 3 g,苯甲酸钠 2.5 g,柠檬黄 0.02 g,甜橙香精 0.1 g,纯化水加至 1 000 ml。

【制法】 ① 将糖粉溶于适量的纯化水中制成单糖浆,备用。② 将微晶纤维素充分溶胀后,与聚山梨酯 80、甘油、苯甲酸钠一起加入单糖浆中,搅拌混合均匀。③ 加入布洛芬混合均匀,再加入枸橼酸、柠檬黄、甜橙香精一起混合均匀。④ 加纯化水至 1 000 ml 定容,将混合溶液加入高压均质乳匀机均质,即得。⑤ 取样检查含量、粒度等。制成的混悬剂装于塑料或玻璃瓶中,每瓶 50 ml。

【讨论】 1. 处方中各成分的作用分别是什么?

2. 为何要将布洛芬制成混悬剂?

 **知识总结**

1. 混悬剂系指难溶性固体药物以微粒状态分散于分散介质中形成的非均相液体制剂。

2. 影响混悬剂稳定性的因素有混悬微粒的沉降、润湿、电荷与水化、絮凝与反絮凝及微粒的生长与晶型的转变等。

3. 混悬剂的稳定剂包括助悬剂、润湿剂、絮凝剂和反絮凝剂等。

4. 混悬剂的制备分为分散法和凝聚法。

 **在线测试**

请扫描二维码完成在线测试。

# 任务 13.6　液体制剂质量检查

PPT:
液体制剂质量检查

授课视频:
液体制剂质量检查

**任务描述**

液体制剂在生产与贮藏期间应符合相关质量要求。本任务主要是学习液体制剂的质量要求,按照《中国药典》(2020 年版)各类液体制剂项下装量、装量差异、干燥失重、沉降体积比、微生物限度等检查法要求完成液体制剂的质量检查,正确评价制剂质量。

**知识准备**

口服溶液剂、口服混悬剂和口服乳剂在生产与贮藏期间应符合下列规定。

1. 口服溶液剂的溶剂、口服混悬剂的分散介质一般用水。

2. 根据需要可加入适宜的附加剂，如抑菌剂、分散剂、助悬剂、增稠剂、助溶剂、润湿剂、缓冲剂、乳化剂、稳定剂、矫味剂及色素等，其品种与用量应符合国家标准的有关规定。

3. 除另有规定外，在制剂确定处方时，如需加入抑菌剂，该处方的抑菌效力应符合抑菌效力检查法（通则 1121）的规定。

4. 口服溶液剂通常采用溶剂法或稀释法制备；口服乳剂通常采用乳化法制备；口服混悬剂通常采用分散法制备。

5. 制剂应稳定、无刺激性，不得有发霉、酸败、变色、异物、产生气体或其他变质现象。

6. 口服乳剂的外观应呈均匀的乳白色，以半径为 10 cm 的离心机 4 000 r/min 的转速（约 $1\,800 \times g$）离心 15 min，不应有分层现象。乳剂可能会出现相分离的现象，但经振摇应易再分散。

7. 口服混悬剂应分散均匀，放置后若有沉淀物，经振摇应易再分散。

8. 除另有规定外，应避光、密封贮存。

9. 口服滴剂包装内一般应附有滴管和吸球或其他量具。

10. 口服混悬剂在标签上应注明"用前摇匀"；以滴计量的滴剂在标签上要标明每毫升或每克液体制剂相当的滴数。

 **任务实施**

### 一、装量检查

除另有规定外，单剂量包装的口服溶液剂、口服混悬剂和口服乳剂的装量，照下述方法检查，应符合规定。

检查法：取供试品 10 袋（支），将内容物分别倒入经标化的量入式量筒内，检视，每支装量与标示装量相比较，均不得少于其标示量。凡规定检查含量均匀度者，一般不再进行装量检查。

多剂量包装的口服溶液剂、口服混悬剂、口服乳剂和干混悬剂照最低装量检查法（通则 0942）检查，应符合规定。

### 二、装量差异检查

除另有规定外，单剂量包装的干混悬剂照下述方法检查，应符合规定。

检查法:取供试品 20 袋(支),分别精密称定内容物,计算平均装量,每袋(支)装量与平均装量相比较,装量差异限度应在平均装量的 ±10% 以内,超出装量差异限度的不得多于 2 袋(支),并不得有 1 袋(支)超出限度 1 倍。凡规定检查含量均匀度者,一般不再进行装量差异检查。

### 三、干燥失重检查

除另有规定外,干混悬剂照干燥失重测定法(通则 0831)检查,减失重量不得过 2.0%。

### 四、沉降体积比检查

口服混悬剂照下述方法检查,沉降体积比应不低于 0.90。

检查法:除另有规定外,用具塞量筒量取供试品 50 ml,密塞,用力振摇 1 min,记下混悬物的开始高度 $H_0$,静置 3 h,记下混悬物的最终高度 $H$,按式 13-3 计算:

$$沉降体积比 = H/H_0 \tag{式 13-3}$$

干混悬剂按各品种项下规定的比例加水振摇,应均匀分散,并照上法检查沉降体积比,应符合规定。

### 五、微生物限度检查

除另有规定外,照非无菌产品微生物限度检查:微生物计数法(通则 1105)和控制菌检查法(通则 1106)及非无菌药品微生物限度标准(通则 1107)检查,应符合规定。

 **知识总结**

1. 口服溶液剂的溶剂、口服混悬剂的分散介质一般用水。

2. 液体制剂根据需要可加入适宜的附加剂。

3. 液体制剂应稳定、无刺激性。

4. 液体制剂除另有规定外,应避光、密封贮存。

5. 除另有规定外,口服溶液剂、口服混悬剂和口服乳剂应检查装量(多剂量包装)、装量差异(单剂量包装)、干燥失重(干混悬剂)、沉降体积比(混悬剂)、微生物限度等,并符合《中国药典》(2020 年版)规定。

 **在线测试**

请扫描二维码完成在线测试。

知识拓展:
糖浆剂生产
与贮藏要求

在线测试:
液体制剂质
量检查

# 项目 14

# 浸出制剂生产

>>>> 学习目标

1. 掌握浸出制剂的概念、特点、浸出方法、浸出液的浓缩与干燥、生产
   工艺及质量检查。
2. 熟悉浸出制剂的分类、质量要求。
3. 了解浸出溶剂和辅助剂、常用的浸出制剂。

>>>> 知识导图

请扫描二维码了解本项目主要内容。

知识导图：
浸出制剂
生产

# 任务 14.1  浸出制剂制备

PPT：
浸出制剂
制备

授课视频：
浸出制剂制
备

 **任务描述**

　　浸出制剂是传统给药的剂型之一，具有悠久的历史，常用的浸出制剂主要有汤剂、合剂与口服液、酒剂、酊剂、流浸膏剂、浸膏剂、煎膏剂等，该类制剂主要供内服应用，起全身治疗作用，也可外用，起局部治疗作用。本任务主要学习浸出制剂的定义、特点、分类、浸出方法，浸出液的浓缩与干燥，常用浸出制剂；按照浸出制剂的生产工艺流程，完成浸出制剂的制备。

## 📁 知识准备

### 一、基础知识

　　**1. 浸出制剂的定义与特点**　　浸出制剂系指采用适宜的浸出溶剂和浸出方法提取药材中有效成分，经适当精制与浓缩得到的可供内服或外用的一类制剂。它们或直接应用于临床，或作为其他中药制剂的原料。

　　浸出制剂的组成比较复杂，成品中除含有效成分、辅助成分外，往往还含有一定量的无效成分，浸出制剂一般具有以下优点：① 具有药材所含各种成分的综合作用，有利于发挥药材成分的多效性。浸出制剂中含有多种成分，因此，浸出制剂与同一药材提取的单体化合物相比，有利于发挥某些成分的多效性，有时还能发挥单一成分起不到的作用。如阿片酊不仅具有镇痛作用，还有止泻功能，但从阿片粉中提取的纯吗啡只有镇痛作用。② 一般药效比较缓和持久，但起效较慢。浸出制剂中共存的辅助成分，常能缓和有效成分的作用或抑制有效成分的分解。如鞣质可缓解生物碱的作用并使药效延长。③ 服用体积减小，方便临床使用。浸出制剂与原药材相比，去除了药材组织物质和无效成分，相应提高了有效成分浓度，从而减少了用量，便于服用。④ 剂型覆盖面大，制剂品种多。中药浸出制剂是传统制剂，在几千年的发展中被开发出成千上万种制剂，随着新剂型的产生，以中药浸出成分为原料的新剂型也不断地被开发和利用。目前我国拥有上万种中药制剂，其给药途径基本上涵盖了人体各部分，给药方法也从对质量有较为严格要求的注射给药到广泛应用的口服、外用等各途径。⑤ 浸出制剂在治疗疑难杂症及滋补强壮等方面有独特优势。

**2. 浸出制剂的分类**　浸出制剂按浸出方法和制成剂型不同,可分为水性浸出制剂、醇性浸出制剂、含糖浸出制剂、精制浸出制剂等(表 14-1)。

表 14-1　浸出制剂的分类

| 分类 | 含义 | 举例 |
|---|---|---|
| 水性浸出制剂 | 在一定加热条件下,用水浸出饮片有效成分制成的制剂 | 如汤剂、中药合剂等 |
| 醇性浸出制剂 | 在一定条件下,用适当浓度的乙醇或酒浸出饮片有效成分制成的制剂 | 如酊剂、酒剂和流浸膏剂等 |
| 含糖浸出制剂 | 在水浸出制剂的基础上,经浓缩处理,加入适量糖或蜂蜜制成的制剂 | 如煎膏剂(膏滋)、糖浆剂等 |
| 精制浸出制剂 | 采用适当溶剂浸出后,浸出液加入其他辅料制成的制剂 | 如片剂、滴丸剂、气雾剂和中药注射剂等 |

**3. 浸出溶剂与浸出辅助剂**　浸出溶剂是指能够浸出饮片中有效成分的液体。优良的溶剂应能最大限度地溶解和浸出有效成分。最常用的浸出溶剂为水、乙醇(表 14-2)。实际工作中,除首选水、乙醇外,还常采用混合溶剂。

表 14-2　常用的浸出溶剂

| 名称 | 性质 | 溶解范围 | 特点 |
|---|---|---|---|
| 水 | 极性溶剂 | 药材中的生物碱盐类、苷类、有机酸盐、鞣质、蛋白质、糖、树胶、色素、多糖类(果胶、黏液质、菊糖、淀粉等),以及酶和少量的挥发油能被水浸出 | 浸出范围广,选择性差;易促进浸出成分水解、氧化;易霉变、不易贮存 |
| 乙醇 | 半极性溶剂 | 乙醇含量在 90% 以上时,适于浸出挥发油、有机酸、内酯、树脂等。乙醇含量在 50%~70% 时,适于浸出生物碱、苷类等。乙醇含量在 50% 以下时,适于浸出蒽醌类化合物等 | 乙醇含量达 40% 时,能延缓某些苷、酯的水解作用,增加制剂的稳定性。乙醇含量在 20% 以上时,浸出液具有防腐作用 |

在浸出过程中,为了有助于有效成分的溶出、提高其溶解度、减少无效成分或杂质的浸出,常常加入一些浸出辅助剂。常用的浸出辅助剂有酸、碱、表面活性剂等(表 14-3)。

表 14-3　常用的浸出辅助剂

| 名称 | 作用 | 常用浸出辅助剂 |
|---|---|---|
| 酸 | 酸可与生物碱类成分成盐,从而有利于浸出,或提高部分生物碱的稳定性;酸可使有机酸类成分游离,便于用有机溶剂浸出;酸还可以沉淀一些酸不溶性杂质 | 常用的酸为盐酸、乙酸、硫酸、酒石酸、枸橼酸等 |
| 碱 | 增加酸性有效成分的溶出和稳定性,同时可以沉淀一些碱不溶性杂质。碱的应用不如酸普遍 | 常用的碱为氨水、碳酸钠、饱和石灰水等 |
| 表面活性剂 | 通过降低药材与溶剂间的界面张力,促进药材表面的润湿,从而提高浸出效果,但用量不宜过多 | 常用的表面活性剂为聚山梨酯 80、聚山梨酯 20 等非离子型表面活性剂 |

**4. 浸出方法** 中药浸出要根据处方中药材的性质、浸出溶剂的性质、所制成剂型的要求和生产规模，来选择合适的浸出方法。常用的浸出方法包括煎煮法、浸渍法、渗漉法、回流法、水蒸气蒸馏法等（表14-4）。

表14-4 常用的浸出方法

| 浸出方法 | 含义 | 特点 |
| --- | --- | --- |
| 煎煮法 | 以水为溶剂，通过加热煮沸来提取饮片中有效成分的一种方法 | 操作简单易行，能浸出大部分有效成分，且溶剂价廉易得，符合中医传统用药习惯，是目前应用最广泛的浸出方法。此法浸出杂质多，易霉败、变质。煎煮过程中挥发性成分和不耐热成分易逸散和破坏，只适用于对湿、热较稳定的药材成分的提取 |
| 浸渍法 | 在常温或温热条件下，用适宜的溶剂将饮片浸泡一定的时间以浸出有效成分的一种方法 | 简单易行，尤其适用于遇热易破坏或含挥发性成分的药材、黏性药材、无组织结构的药材、新鲜及易膨胀的药材、一般的芳香性药材。所需时间较长，浸出成分不完全；不宜用水作溶剂，通常用不同浓度的乙醇或白酒作溶剂，用量大；不适用于贵重药材、毒性药材及需要制成高浓度的制剂 |
| 渗漉法 | 将饮片粗粉置渗漉筒内，连续地从渗漉筒的上部加入浸出溶剂，渗漉液不断地从其下部流出，从而浸出药材有效成分的一种动态浸出方法 | 适用于含有遇热易破坏或挥发性成分的药材、贵重细料药材、毒性药材、需要制成高浓度的制剂和有效成分含量较低药材的提取；而新鲜药材、易膨胀药材、树脂及树胶等无组织结构的药材不适合用此法提取；此种方法通常用不同浓度的乙醇作溶剂，用量一般较大 |
| 回流法 | 采用乙醇等有机溶剂提取药材中的有效成分，溶剂由于加热蒸馏而挥发，经过冷凝器时冷凝而流回提取器中，如此反复直至有效成分提取完全为止的提取方法 | 回流法可以节省溶剂的使用量，但由于连续加热，故不适用于受热易破坏的药材成分浸出 |
| 水蒸气蒸馏法 | 将含有挥发性成分的药材与水或水蒸气共同蒸馏，药材的挥发性成分随着水蒸气一起蒸发，经冷凝后分离出挥发性成分的浸出方法 | 适用于具有挥发性成分，能随水蒸气蒸馏但不被破坏，与水不发生反应，又不溶于水的有效成分的提取和分离 |

知识拓展：
超临界流体
萃取法

**5. 蒸发与浓缩** 药材经过浸出后常得到浓度较低的浸出液，不能直接应用于临床或制成其他中药制剂，因此需要通过浓缩与干燥过程来获得更小体积的浓缩液或固体产物。

　　浓缩是采用适当的方法除去提取液中的部分溶剂，以提高其浓度的操作。由于溶剂中的溶质通常是不挥发的，所以浓缩是一种挥发性溶剂与不挥发性溶质分离的过程。浓缩药液可采用蒸发、蒸馏、反渗透、超滤、大孔吸附树脂分离技术等方法。蒸发是目前中药浓缩的最主要方法。蒸发方式分为自然蒸发和沸腾蒸发两种，蒸发过程进行的必要条件是不断地向溶液供给热能和不断地去除所产生的溶剂蒸气。影响蒸发的因素主要有液体蒸发面积、液面上蒸气浓度、液体表面的压力、传热温度差、传热系数（$K$）等（表 14–5）。

表 14–5　影响蒸发的因素

| 影响蒸发的因素 | 作用 |
| --- | --- |
| 液体蒸发面积 | 在一定温度下，蒸发面积越大，单位时间内液体的蒸发量就越大，随着蒸发时间延长，液体表面容易出现结膜现象，所以应加强搅拌防止结膜 |
| 液面上蒸气浓度 | 当液面上蒸气饱和时，冷凝和蒸发达到动态平衡。通常采用排风扇或减压设备减小其浓度 |
| 液体表面的压力 | 液体表面压力越大，液体的蒸发量就越小，可以通过减压蒸发，此种方法可降低溶剂沸点，从而防止有效成分因温度过高而受到破坏 |
| 传热温度差 | 传热温度差系加热蒸气的温度与溶液的沸点之差。在蒸发过程中必须不断地向溶液供给热能，良好的传热必须具备一定的传热温度差。提高加热蒸气的压力，是提高传热温度差的方法之一，但蒸气压力的提高不利于热敏性成分的浓缩，也是不经济的。为了节约能量，可将蒸发器中产生的水蒸气通入另一蒸发器中，也可借助减压方法适当地降低蒸发室的压力，降低溶液的沸点，从而提高传热温度差，有利于蒸发过程的顺利进行 |
| 传热系数（$K$） | 提高 $K$ 值是提高蒸发器效率的主要手段。由传热原理可知，增大 $K$ 值的主要途径是减少各部分的热阻。在许多情况下，锅（管）内壁的垢层热阻是影响 $K$ 值的重要因素。在处理容易结垢或结晶的物料时，除了加强搅拌和定期清洗污垢外，还可从设备结构上进行改进 |

**6. 干燥**　干燥是利用热能使湿物料中的湿分（水分或其他溶剂）汽化除去，从而获得干燥物品的工艺操作。物料中的湿分多数为水，带走湿分的气流一般为空气。干燥的目的是除去溶剂，继而提高物品的稳定性，使成品或半成品具有一定规格标准，保证药品质量，同时为进一步加工、运输、贮存和使用奠定基础。在制剂生产中需要干燥的物料多数为湿法制粒物料和中药浸膏等。影响蒸发的因素主要有物料的性质、干燥介质温度、干燥介质的湿度与流速、干燥速率、干燥方式、干燥压力等（表 14–6）。

表 14–6　影响干燥的因素

| 影响干燥因素 | 作用 |
| --- | --- |
| 物料的性质 | 是决定干燥速率的主要因素，包括物料本身结构、形状大小、料层厚薄及水分存在方式等。如一般呈结晶状、颗粒状、料层薄的物料较粉末状及膏状、料层厚的物料干燥速率快，故实际生产中应将物料摊平、摊薄。存在于物料表面及粗大毛细管的非结合水分较易干燥，而存在于物料细胞内的水分较难干燥 |
| 干燥介质温度 | 升高干燥介质的温度，会加大与湿料间温度差，创造良好的传热动力，加快干燥的进行。但应根据物料的性质选择适宜的干燥温度，以防止热敏性成分被破坏或因温度过高使物料表面水分蒸发过快造成假干现象。静态干燥时干燥温度宜由低至高缓缓升温，动态干燥时则需以较高温度达到迅速干燥的目的 |

| 影响干燥因素 | 作用 |
|---|---|
| 干燥介质的湿度与流速 | 干燥介质的相对湿度越低,传质动力越大,干燥速率越快。在生产中,为降低干燥空间的相对湿度,提高干燥效率,可采用除湿机除湿或采用生石灰、硅胶等吸湿剂吸除空间水蒸气。干燥介质流速提高,可降低水气化时气膜的厚度,减小物料表面水气化的阻力,从而提高干燥效率。生产中常采用排风、鼓风装置等加快空气流动与更新,加快干燥进程,但空气流速对物料内部水分的扩散影响极小 |
| 干燥速率 | 干燥速率系指在单位时间、单位面积的被干燥物料所能汽化的水分量。干燥过程是物料中水分不断从内部向物料表面扩散和物料表面水分不断汽化的过程。如果干燥速率过快,物料表面水分迅速蒸发,内部水分未能及时扩散至物料表面,就会形成外干内湿的状态,待物料放置一段时间后,水分又传导到粉粒表面,致使表面粉粒彼此黏结形成假干燥现象 |
| 干燥方式 | 静态干燥(如使用烘箱、烘柜、烘房等)时,气流掠过物料层表面,干燥面积暴露少,干燥效率低。动态干燥(如沸腾干燥、喷雾干燥等)时,物料处于跳动状况或悬浮于气流中,粉粒彼此分开,大大增加了暴露面积,干燥效率高 |
| 干燥压力 | 干燥压力与蒸发速率成反比,因而,减压能促进水分蒸发,加快干燥,同时可使物料在较低温度下干燥,避免热敏性成分的破坏 |

**7. 常见浸出制剂** 常见的浸出制剂主要有汤剂、合剂与口服液、酒剂、酊剂、流浸膏剂、浸膏剂、煎膏剂等。

(1)汤剂:汤剂是指将中药饮片或粗颗粒加水煎煮或用沸水浸泡后,去渣取汁制成的液体制剂。汤剂是我国应用最早、最多的一种剂型,目前中医临床仍在广泛使用。汤剂主要供内服,也可以供洗浴、熏蒸、含漱等外用。汤剂按制备方法分类,分为煮剂、煎剂、煮散、沸水泡药(表14-7)。

表14-7 汤剂按制备方法分类

| 类别 | 含义 |
|---|---|
| 煮剂 | 是指将饮片加水煎煮一定时间后,去渣取汁制得的液体制剂 |
| 煎剂 | 是指将饮片的水煎液再经过适当的浓缩所制得的液体制剂 |
| 煮散 | 是指将药材粗颗粒与水共煮,再去渣取汁制成的液体制剂 |
| 沸水泡药 | 是指以沸水浸泡中药饮片或粗颗粒后去渣取汁制成的液体制剂。沸水泡药由于不定时饮用,对服用剂量与时间无一定要求,故又俗称饮剂 |

汤剂的主要优点有:① 适应中医的辨证论治原则,处方的组成及剂量可随症加减,灵活应用;② 多为复方,有利于发挥药材中多种有效成分的综合作用;③ 制法简单易行;④ 属于液体制剂,吸收快,能迅速发挥药效。

但汤剂也存在一些缺点:① 体积大,味苦,服用、携带不便;② 不宜大量制备,不宜久贮,不利于及时抢救危重患者;③ 有些成分被药渣再吸附,挥发性成分容易逸散,有些成分可能会分解,有些成分会沉淀损失。

为尽量保存汤剂优点和克服缺点,在汤剂的基础上发展了多种中药的其他剂型,

知识拓展:
汤剂制备时
药材的特殊
处理方法

如中药合剂、口服液、颗粒剂、胶囊剂、片剂等。

(2)合剂与口服液：合剂系指饮片用水或其他溶剂，采用适宜的方法提取制成的口服液体制剂，单剂量灌装者又称口服液。

中药合剂与口服液是在汤剂基础上改进和发展而来的剂型，比汤剂浓缩程度高，而且根据有效成分的性质，采取不同的浸出方法浸提饮片中的多种有效成分，因此服用剂量小，疗效好。中药合剂与口服液可以批量生产，加入适量抑菌剂，经灭菌后质量更加稳定。但中药合剂与口服液不能随症加减，还不能完全代替汤剂。

(3)酒剂：又称药酒，系指饮片用蒸馏酒提取制成的澄清液体制剂。药酒为了矫味或着色可酌加适量糖或蜂蜜。酒剂多供内服，少数外用，也有内外兼用者。酒剂在我国应用已有数千年历史，酒有行血、易于发散和助长药效等特性，酒剂吸收迅速、剂量较小、组方灵活、制备简单、易于保存。但小儿、孕妇、高血压和心脏病患者不宜使用酒剂。

(4)酊剂：是指将原料药物用规定浓度的乙醇提取或溶解而制成的澄清液体制剂，也可用流浸膏稀释制成。酊剂供口服或外用，不加糖或蜂蜜矫味。

酊剂的溶剂为一定浓度的乙醇，由于不同浓度的乙醇对饮片中各成分的溶解性能有所不同，故酊剂中的杂质较少，有效成分含量高，剂量小，服用方便，且不易生霉。但乙醇有一定的生理活性，故酊剂的临床应用受到一定的限制。

(5)流浸膏剂：系指饮片用适宜的溶剂提取，蒸去部分溶剂，调整至规定浓度而成的制剂。流浸膏剂除少数品种可直接供临床应用外，大多作为配制酊剂、合剂、糖浆剂、颗粒剂等剂型的原料。

流浸膏剂多以不同浓度的乙醇为溶剂，少数以水为溶剂，但后者成品中应酌加乙醇作防腐剂。流浸膏剂的有效成分含量比酊剂高，因此其服用量较酊剂减少。流浸膏剂在蒸发除去部分溶剂时，对热不稳定的有效成分可能受到破坏，故有效成分对热不稳定的药材不宜制成流浸膏剂。流浸膏剂久置发生沉淀时，在乙醇量和有效成分含量符合规定时，可滤除沉淀。

(6)浸膏剂：系指饮片用适宜的溶剂提取，蒸去全部溶剂，调整至规定浓度而成的制剂。浸膏剂除少数品种直接用于临床外，大多作为配制流浸膏剂、丸剂、片剂、散剂、软膏剂、胶囊剂、颗粒剂等剂型的原料。

浸膏剂按其干燥程度不同分为稠浸膏剂和干浸膏剂两种。稠浸膏剂为半固体，具黏性，含水量为 15%~20%，可不加赋形剂制备丸剂或软膏剂。干浸膏为干燥粉末，含水量约为 5%，其中含有稀释剂或不含稀释剂。

浸膏剂不含溶剂或含极少量溶剂，有效成分含量高，体积小，疗效确切。但浸膏剂在制备过程中有效成分需长时间受热，受热破坏或挥发损失的可能性较流浸膏剂大，但溶剂的副作用较流浸膏剂小。因干浸膏易吸湿结块及受热软化，稠浸膏易失水硬化，故浸膏剂应置遮光容器中密封贮存。

(7)煎膏剂：又称膏滋，系指饮片用水煎煮，取煎煮液浓缩，加炼蜜或糖(或转化糖)制成的半流体制剂。煎膏剂以滋补为主，兼有缓慢的治疗作用。由于煎膏剂经浓缩并含较

多的炼蜜或糖,故具有药物浓度高,体积小,味甜可口,服用方便,稳定性好,易于贮存等优点。煎膏剂多用于慢性疾病或体质虚弱患者的治疗,也适于小儿用药。但由于煎膏剂需经过较长时间的加热浓缩,故凡受热易变质及含挥发性有效成分的中药材,皆不宜制成煎膏剂。中医临床上常将止咳、活血通经、滋补性及抗衰老方剂制成煎膏剂应用。

## 二、工艺流程

常用浸出制剂种类较多,运用现代提取分离技术、浓缩干燥技术与先进的成型工艺,以药材提取物为原料制备的剂型已广泛应用于临床,目前应用较多的是合剂及口服液,其制备工艺流程如图 14-1 所示。

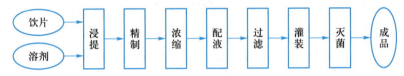

图 14-1　合剂(口服液)的制备工艺流程

除合剂(口服液)外,其他常用浸出制剂的制备方法各有不同,可根据药物的性质和不同的剂型进行制备(表 14-8)。

表 14-8　常用浸出制剂的制备方法

| 常用浸出制剂 | 制备方法 | 操作过程 |
| --- | --- | --- |
| 汤剂 | 煎煮法 | 一般先将中药饮片或粗颗粒加适量水浸泡适当时间,再加热至沸腾并维持微沸一定时间,滤取煎煮液,药渣再加水适量煎煮 1~2 次,合并各次煎滤液或进一步调整药液体积至规定量即得 |
| 酒剂 | 浸渍法、渗漉法或其他适宜方法 | 药材应加工成片、段、块或粗粉,所用的酒应符合蒸馏酒质量标准的规定。蒸馏酒的浓度及用量、浸渍温度和时间、渗漉速度,均应符合各品种制法项下的要求。配制后的酒剂须静置澄清,过滤后分装于洁净的容器中 |
| 酊剂 | 化学药物及中药有效部位或提纯品酊剂采用溶解法 | 溶解法或稀释法:取药物粉末或流浸膏,加适量规定浓度的乙醇溶解或稀释至规定体积,静置,必要时过滤 |
| | 以药物流浸膏或浸膏为原料制备酊剂可采用稀释法或溶解法 | 浸渍法:取适当粉碎的饮片,置有盖容器中,加入适量溶剂,密盖,搅拌或振摇,浸渍 3~5 天或规定的时间,倾取上清液,再加入适量溶剂,依法浸渍至有效成分充分浸出,合并浸出液,加溶剂至规定量后,静置,过滤 |
| | 以饮片为原料制备酊剂主要采用浸渍法、渗漉法 | 渗漉法:毒性药材、贵重药材及不易引起渗漉障碍的药材制备酊剂时多采用渗漉法,收集渗漉液至规定体积后,静置,过滤,即得。若为毒性药材,收集渗漉液后应测定其指标成分的含量,再加乙醇调整至规定标准 |

续表

| 常用<br>浸出制剂 | 制备方法 | 操作过程 |
|---|---|---|
| 流浸膏剂 | 渗漉法或用浸膏剂稀释 | 饮片适当粉碎后,加规定的溶剂均匀润湿后装入渗漉器内,饮片装入渗漉器时应均匀、松紧一致,加入溶剂时应尽量排除饮片间隙中的空气,溶剂应高出药面,浸渍适当时间后进行渗漉。渗漉速度应符合各品种项下的规定。收集 85% 饮片量的初漉液另器保存,续漉液经低温浓缩后与初漉液合并,调整至规定量,静置,取上清液分装 |
| 浸膏剂 | 煎煮法、回流法、渗漉法 | 全部煎煮液、回流液或渗漉液应低温浓缩至稠膏状,加入适当的稀释剂或继续浓缩至规定标准 |
| 煎膏剂 | 煎煮法 | 药材应加工成片或段,加水浸泡片刻,再煎煮 2~3 次,每次 1~3 h,滤取煎液,静置,取上清液,将滤液浓缩至规定的相对密度,即得清膏。清膏中加规定量的糖或蜜小火炼制,不断搅拌和捞取液面上的泡沫,即可,除另有规定外,糖和蜜的用量一般为清膏量的 1~3 倍。制成的煎膏应充分冷却后分装 |

 **任务实施**

## 一、药材的预处理

对药材品种进行鉴定后,进行药材检查,包括有效成分或总浸出物的测定、含水量测定等内容,以保证制剂的稳定性。

根据药材自身性质,以及调剂、制剂和临床应用的需要进行药材炮制。药材经过炮制可起到增效、减毒或改变药性等作用。

药材的粒度是影响有效成分浸出的一个重要因素,药材在使用前要粉碎成适宜的粒度,以满足不同药材的浸出要求。

## 二、浸提

合剂(口服液)通常采用煎煮法操作,一般每次煎煮 1~2 h,共煎 2~3 次。含有芳香挥发性成分的药材如薄荷、荆芥、菊花、柴胡等,先用水蒸气蒸馏法提取挥发性成分,药渣再与处方中其他药材一起加水煎煮。将每次煎液合并、过滤,即得提取液。此外,亦可根据药材有效成分的特点,选用不同浓度的乙醇或其他溶剂,采用渗漉法、回流提取法等方法制得药材提取液。

### 三、精制

药材提取液经初滤后,放置一定时间还会产生大量沉淀,可采用沉降分离法或高速离心分离法除去固体杂质,以供浓缩配液使用。如果药材水煎液中还存在大量不易滤除的杂质,如淀粉、黏液质、蛋白质、果胶等,他们的存在会大大降低合剂的稳定性,对合剂的澄清度带来很大的影响,故需进一步精制处理,可采用水提醇沉法、吸附澄清法等。

### 四、浓缩

纯化后的提取液应根据所含有效成分的热稳定性选用适宜的方法浓缩,常用多效减压浓缩法,经乙醇纯化处理的提取液应先回收乙醇再浓缩。浓缩程度一般以每次服用量在 10~20 ml 为宜。

### 五、配液

药材中提取的挥发油通常在配液时加入。处方中含酊剂、醑剂、流浸膏时,应以细流状将其缓缓加入并随加随搅拌,以使析出物细腻,分散均匀。

合剂应有良好的口感和稳定性,药液浓缩至规定要求后,配液时可酌情加入适当的附加剂,如抑菌剂、抗氧剂、芳香矫味剂等,并充分混合均匀。

### 六、灌装

合剂应在清洁避菌的环境中配制,及时灌装于无菌的洁净干燥容器中,并立即封口。

灌装药液时,要求不沾瓶颈,剂量准确。合剂在制备过程中应减少污染,尽量在短期内完成。

### 七、灭菌

灭菌应在封口后立即进行。小包装可采用流通蒸汽法灭菌,大包装要用热压灭菌法灭菌,以保证灭菌效果,有利于较长时间贮藏。如果是在无菌条件下配制、分装的,并添加了抑菌剂,且药瓶是无菌干燥的,则不必灭菌。

**实例分析　四物合剂**

【处方】　当归 250 g,川芎 250 g,白芍 250 g,熟地黄 250 g。

【制法】　以上四味,当归和川芎冷浸 0.5 h,用水蒸气蒸馏,收集蒸馏液约 250 ml,蒸馏后的水溶液另器保存,药渣与白芍、熟地黄加水煎煮 3 次,第一次 1 h,第二、三次各 1.5 h,合并煎液,过滤,滤液与上述水溶液合并,浓缩成相对密度为 1.18~1.22(65℃)的清膏,加入乙醇,使含醇量达 55%,静置 24 h,过滤,回收乙醇,浓缩成相对密度为 1.26~1.30(60℃)的稠膏,加入上述蒸馏液、苯甲酸钠 3 g 及蔗糖 35 g,加水至 1 000 ml,过滤,灌封,灭菌,即得。

【用法与用量】　口服。一次 10~15 ml,一日 3 次。

【规格】　① 每支装 10 ml;② 每瓶装 100 ml。

【讨论】　1. 本品中当归和川芎为什么使用水蒸气蒸馏?

　　　　　2. 浓缩后为什么加入乙醇?

　　　　　3. 在规格处,为什么使用了不同的量词"支""瓶"?

 ## 知识总结

1. 浸出制剂系指采用适宜的浸出溶剂和浸出方法提取药材中有效成分,经适当精制与浓缩得到的可供内服或外用的一类制剂。

2. 浸出制剂具有药材所含各种成分的综合作用,有利于发挥药材成分的多效性。

3. 浸出制剂按浸出方法和制成剂型不同,可分为水性浸出制剂、醇性浸出制剂、含糖浸出制剂、精制浸出制剂等。

4. 常用的浸出方法包括煎煮法、浸渍法、渗漉法、回流法、水蒸气蒸馏法等。

5. 常用的浸出制剂主要有汤剂、合剂与口服液、酒剂、酊剂、流浸膏剂、浸膏剂、煎膏剂等。

6. 合剂制备的一般工艺流程为:浸提、精制、浓缩、配液、过滤、灌装、灭菌。

 ## 在线测试

请扫描二维码完成在线测试。

# 任务 14.2　浸出制剂质量检查

 **任务描述**

浸出制剂在生产与贮藏期间应符合相关质量要求。本任务主要是学习浸出制剂的质量要求,按照《中国药典》(2020 年版)中各常用浸出制剂如合剂、酊剂、酒剂、流浸膏剂与浸膏剂、煎膏剂(膏滋)项下各检查项目进行制剂质量检查,正确评价制剂质量。

## 知识准备

### 1. 合剂在生产与贮藏期间应符合下列规定

（1）饮片应按各品种项下规定的方法提取、纯化、浓缩制成口服液体制剂。

（2）根据需要可加入适宜的附加剂。除另有规定外，在制剂确定处方时，如需加入抑菌剂，该处方的抑菌效力应符合抑菌效力检查法（通则 1121）的规定。山梨酸和苯甲酸的用量不得超过 0.3%（其钾盐、钠盐的用量分别按酸计），羟苯酯类的用量不得超过0.05%，如加入其他附加剂，其品种与用量应符合国家标准的有关规定，不影响成品的稳定性，并应避免对检验产生干扰。必要时可加入适量的乙醇。

（3）合剂若加蔗糖，除另有规定外，含蔗糖量一般不高于 20%（g/ml）。

（4）除另有规定外，合剂应澄清。在贮存期间不得有发霉、酸败、异物、变色、产生气体或其他变质现象，允许有少量摇之易散的沉淀。

（5）一般应检查相对密度、pH 等。

（6）除另有规定外，合剂应密封，置阴凉处贮存。

除另有规定外，合剂应进行装量、微生物限度检查，应符合规定。

### 2. 酊剂在生产与贮藏期间应符合下列规定

（1）除另有规定外，每 100 ml 相当于原饮片 20 g。含有毒剧药品的中药酊剂，每100 ml 应相当于原饮片 10 g，其有效成分明确者，应根据其半成品的含量加以调整，使符合各酊剂项下的规定。

（2）酊剂可用溶解法、稀释法、浸渍法或渗漉法等方法制备。① 溶解法或稀释法：取原料药物的粉末或流浸膏，加规定浓度的乙醇适量，溶解或稀释，静置，必要时过滤，即得。② 浸渍法：取适当粉碎的饮片，置有盖容器中，加入溶剂适量，密盖，搅拌或振摇，浸渍 3~5 日或规定的时间，倾取上清液，再加入溶剂适量，依法浸渍至有效成分充分浸出，合并浸出液，加溶剂至规定量后，静置，过滤，即得。③ 渗漉法：照流浸膏剂项下的方法（通则 0189），用溶剂适量渗漉，至流出液达到规定量后，静置，过滤，即得。

（3）除另有规定外，酊剂应澄清。酊剂在组分无显著变化的前提下，久置允许有少量摇之易散的沉淀。

（4）除另有规定外，酊剂应遮光，密封，置阴凉处贮存。

除另有规定外，酊剂应进行乙醇量、甲醇量、装量、微生物限度检查，应符合规定。

### 3. 酒剂在生产与贮藏期间应符合下列规定

（1）酒剂可用浸渍法、渗漉法、热回流法等方法制备。

（2）生产酒剂所用的饮片，一般应适当粉碎。

（3）生产内服酒剂应以谷类酒为原料。

（4）蒸馏酒的浓度及用量、浸渍温度和时间、渗漉速度，均应符合各品种制法项下的要求。

（5）可加入适量的糖或蜂蜜调味。

（6）配制后的酒剂须静置澄清，过滤后分装于洁净的容器中，在贮存期间允许有少量摇之易散的沉淀。

（7）除另有规定外，酒剂应密封，置阴凉处贮存。

除另有规定外，酒剂应进行总固体、乙醇量、甲醇量、装量、微生物限度检查，应符合规定。

### 4. 流浸膏剂、浸膏剂在生产与贮藏期间应符合下列规定

（1）除另有规定外，流浸膏剂系指每 1 ml 相当于饮片 1 g；浸膏剂分为稠膏和干膏两种，每 1 g 相当于饮片 2~5 g。

（2）除另有规定外，流浸膏剂用渗漉法制备，也可用浸膏剂稀释制成；浸膏剂用煎煮法、回流法或渗漉法制备，全部提取液应低温浓缩至稠膏状，加稀释剂或继续浓缩至规定的量。

（3）流浸膏剂久置若产生沉淀，在乙醇和有效成分含量符合各品种项下规定的情况下，可过滤除去沉淀。

（4）除另有规定外，应置遮光容器内密封，流浸膏剂应置阴凉处贮存。

除另有规定外，流浸膏剂、浸膏剂应进行乙醇量、甲醇量、装量、微生物限度检查，应符合规定。

### 5. 煎膏剂在生产与贮藏期间应符合下列规定

（1）饮片按各品种项下规定的方法煎煮，过滤，滤液浓缩至规定的相对密度，即得清膏。

（2）如需加入饮片原粉，除另有规定外，一般应加入细粉。

（3）清膏按规定量加入炼蜜或糖（或转化糖）收膏；若需加饮片细粉，待冷却后加入，搅拌混匀。除另有规定外，加炼蜜或糖（或转化糖）的量，一般不超过清膏量的 3 倍。

（4）煎膏剂应无焦臭、异味，无糖的结晶析出。

（5）除另有规定外，煎膏剂应密封，置阴凉处贮存。

除另有规定外，煎膏剂应进行相对密度、不溶物、装量、微生物限度检查，应符合规定。

 **任务实施**

### 一、pH 检查

合剂需检查 pH，照 pH 值测定法（通则 0631）进行检查，应符合各品种项下的有关规定。

### 二、装量检查

单剂量灌装的合剂，照下述方法检查，应符合规定。检查法：取供试品 5 支，将内容物分别倒入经标化的量入式量筒内，在室温下检视，每支装量与标示装量相比较，少于标示装量的不得多于 1 支，并不得少于标示装量的 95%。

多剂量灌装的合剂、酊剂、酒剂、流浸膏剂、浸膏剂、煎膏剂照最低装量检查法(通则0942)检查,应符合规定。

## 三、相对密度检查

合剂、煎膏剂需检查相对密度。

合剂照相对密度测定法(通则0601)进行检查,应符合各品种项下的有关规定。

煎膏剂相对密度检查法:除另有规定外,取供试品适量,精密称定,加水约2倍,精密称定,混匀,作为供试品溶液。照相对密度测定法(通则0601)测定,按下式计算,应符合各品种项下的有关规定。

$$供试品相对密度 = \frac{W_1 - W_1 \times f}{W_2 - W_1 \times f} \qquad (式14-1)$$

式中,$W_1$为比重瓶内供试品溶液的重量,g;$W_2$为比重瓶内水的重量,g。

$$f = \frac{加入供试品中的水重量}{供试品重量 + 加入供试品中的水重量} \qquad (式14-2)$$

凡加饮片细粉的煎膏剂,不检查相对密度。

## 四、不溶物检查

煎膏剂需检查不溶物。检查法:取供试品5 g,加热水200 ml,搅拌使溶化,放置3 min后观察,不得有焦屑等异物。

加饮片细粉的煎膏剂,应在未加入细粉前检查,符合规定后方可加入细粉。加入药粉后不再检查不溶物。

## 五、总固体检查

酒剂需检查总固体。检查法:含糖、蜂蜜的酒剂照第一法检查,不含糖、蜂蜜的酒剂照第二法检查,应符合规定。

第一法:精密量取供试品上清液50 ml,置蒸发皿中,水浴上蒸至稠膏状,除另有规定外,加无水乙醇搅拌提取4次,每次10 ml,过滤,合并滤液,置已干燥至恒重的蒸发皿中,蒸至近干,精密加入硅藻土1 g(经105℃干燥3 h,移置干燥器中冷却30 min),搅匀,在105℃干燥3 h,移置干燥器中冷却30 min,迅速精密称定重量,扣除加入的硅藻土量,遗留残渣应符合各品种项下的有关规定。

第二法:精密量取供试品上清液50 ml,置已干燥至恒重的蒸发皿中,水浴上蒸干,在105℃干燥3 h,移置干燥器中冷却30 min,迅速精密称定重量,遗留残渣应符合各品种项下的有关规定。

## 六、乙醇量检查

酊剂、酒剂、流浸膏剂、浸膏剂需检查乙醇量,照乙醇量测定法(通则0711)测定,应符合各品种项下的规定。

## 七、甲醇量检查

酊剂、酒剂、流浸膏剂、浸膏剂需检查甲醇量,照甲醇量检查法(通则 0871)检查,应符合规定。

## 八、微生物限度检查

合剂、酊剂、酒剂、流浸膏剂、浸膏剂、煎膏剂需检查微生物限度,除另有规定外,照非无菌产品微生物限度检查:微生物计数法(通则 1105)和控制菌检查法(通则 1106)及非无菌药品微生物限度标准(通则 1107)检查,应符合规定。

 **知识总结**

1. 酊剂除另有规定外,每 100 ml 相当于原饮片 20 g。含有毒剧药品的中药酊剂,每 100 ml 应相当于原饮片 10 g,其有效成分明确者,应根据其半成品的含量加以调整,使符合各酊剂项下的规定。

2. 除另有规定外,流浸膏剂每 1 ml 相当于饮片 1 g;浸膏剂分为稠膏和干膏两种,每 1 g 相当于饮片 2~5 g。

3. 合剂可根据需要加入适宜的附加剂。

4. 酒剂可加入适量的糖或蜂蜜调味。

5. 合剂、酒剂、酊剂在贮存期间允许有少量摇之易散的沉淀。

6. 除另有规定外,浸出制剂应检查 pH(合剂)、装量(多剂量灌装的合剂、酊剂、酒剂、流浸膏剂、浸膏剂、煎膏剂)、相对密度(合剂、煎膏剂)、不溶物(煎膏剂)、总固体(酒剂)、乙醇量(酊剂、酒剂、流浸膏剂、浸膏剂)、甲醇量(酊剂、酒剂、流浸膏剂、浸膏剂)、微生物限度(合剂、酊剂、酒剂、流浸膏剂、浸膏剂、煎膏剂),并符合《中国药典》(2020 年版)规定。

 **在线测试**

请扫描二维码完成在线测试。

在线测试:
浸出制剂质
量检查

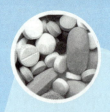

# 项目 15

# 气雾剂生产

>>>> 学习目标

1. 掌握气雾剂的定义、特点、处方组成、制备方法及生产工艺。
2. 熟悉气体制剂的分类,除气雾剂以外的其他气体制剂的定义及特点,气雾剂的质量检查项目。
3. 了解气雾剂的包装与贮存。

>>>> 知识导图

请扫描二维码了解本项目主要内容。

知识导图:
气雾剂生产

# 任务 15.1  气雾剂制备

**任务描述**

　　本任务主要学习气体制剂的定义、分类、作用特点,以及典型的气体制剂气雾剂的处方组成、制备方法,并按照气雾剂的生产工艺流程,完成气雾剂制备。

PPT:
气雾剂制备

## 知识准备

授课视频:
气雾剂制备

### 一、基础知识

　　气体制剂用药途径有吸入、非吸入和外用,其中临床比较常见的是气雾剂和喷雾剂,另外还有粉雾剂。

　　**1. 气雾剂**　气雾剂系指原料药物或原料药物和附加剂与适宜的抛射剂共同装封于具有特制阀门系统的耐压容器中,使用时借助抛射剂的压力将内容物呈雾状物喷至腔道黏膜、皮肤或由肺部吸入的制剂,发挥全身或局部治疗作用。药物喷出多呈细雾状气溶胶,若内容物喷出后呈泡沫状或半固体状,则称之为泡沫剂或凝胶剂、乳膏剂。

　　气雾剂的分类:按给药途径分为吸入气雾剂、非吸入喷雾剂(皮肤、黏膜、空间消毒)。按处方组成可分为二相气雾剂和三相气雾剂。二相指气相和液相,主要指溶液型气雾剂,气相为抛射剂产生的蒸气,液相为药物与抛射剂所形成的均相溶液;三相指气 – 液 – 固三相(混悬型气雾剂)或气 – 液 – 液三相(乳剂型气雾剂)。气雾剂按给药定量与否可分为定量气雾剂和非定量气雾剂;按微生物要求分为无菌制剂和非无菌制剂。

　　气雾剂的特点:包括以下几方面。① 具有速效和定位作用:通过特殊装置和气流作用使药物直接到达作用部位或吸收部位,起效快。② 药物生物利用度高:药物不经过胃肠道吸收,不受胃肠道因素的影响,无胃肠道的刺激性,无肝首过效应。尤其适用于易被胃肠道消化酶降解的药物、对酸不稳定的药物、胃肠道吸收差或难以吸收的水溶性大的药物、首过效应强的药物。③ 可增加药物的稳定性:药物灌装于密闭的装置中,避免了光线、空气、微生物等外界因素的影响,增加了药物的稳定性。④ 给药剂量准确:吸入气雾剂通过装置的定量阀控制给药剂量。⑤ 患者依从性好:携带、运输、使用方便。⑥ 对创面机械刺激性小:药物通过气流作用到达作用部位,可减少对创面的机械刺激。但是，气雾剂的生产需要耐压容器、阀门系统和特殊的生产设备，所以生产成本高。另外，气雾剂含有低沸点的抛射剂，遇热或受到撞击容易爆炸；抛射剂在皮肤黏膜上挥发，具有致冷作用，可能引起患者不适；抛射剂渗漏会导致药物制剂失效。并且，吸入气雾剂给药时需要患者呼吸配合，吸收干扰因素多，不适用于婴幼儿和昏迷患者。

2. **喷雾剂**　喷雾剂系指原料药物或与适宜辅料填充于特制的装置中，使用时借助手动泵的压力、高压气体、超声振动或其他方法将内容物呈雾状物释出，直接喷至腔道黏膜、皮肤或由肺部吸入的制剂，发挥局部或全身治疗作用。

喷雾剂中的药物配制成液体药剂，其特点包括：① 一般不含抛射剂，不需要加压包装，对大气环境无污染，可作为非吸入气雾剂的替代品。② 生产工艺简单，成本低，使用方便。③ 采用新型喷雾装置制备的喷雾剂，其使用与患者的呼吸能力无关，适用于肺功能损伤的患者和儿童，也可用于定量吸入气雾剂或吸入粉雾剂无法递送的药物的递送及大剂量药物的递送。但是，喷雾剂雾滴粒径较大，一般以局部用药为主，也可通过肺部或鼻黏膜用药起全身作用。

3. **粉雾剂**　粉雾剂系指固体原料药物单独或与合适的附加剂混合制成的粉末，常用的有鼻用粉雾剂和吸入粉雾剂，以特制的装置喷入鼻腔或吸入肺部。

鼻用粉雾剂粉末粒径一般应为 30~1 500 μm，吸入粉雾剂的药物粒径通常应控制在 10 μm 以下，其中大多数应在 5 μm 以下。制备时，为改善粉末的流动性，可加入适宜的载体和润滑剂。

吸入粉雾剂的优点：① 无抛射剂，对大气无污染。② 药物呈干粉状，稳定性好，尤其适用于多肽和蛋白质类药物。③ 药物以胶囊、泡囊形式给药，给药剂量准确。但吸入粉雾剂因需采用特殊的吸入装置，并且要求药物微粉化，所以一般生产成本较高；使用时患者要注意掌握专用吸入装置的正确使用方法；因需患者主动吸入药粉，故婴幼儿或呼吸功能很差的患者不方便使用。

## 二、工艺流程

气雾剂的制备，按工艺和处方要求准备好药物和附加剂、抛射剂、耐压容器、阀门系统后，一般工艺流程如下。

1. **压罐法**　压罐法制备气雾剂工艺流程如图 15-1 所示。

图 15-1　压罐法制备气雾剂工艺流程

2. **冷罐法**　冷罐法制备气雾剂工艺流程如图 15-2 所示。

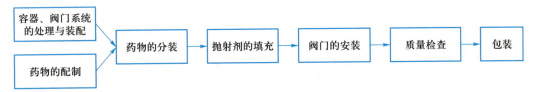

图 15-2　冷罐法制备气雾剂工艺流程

 **任务实施**

## 一、物料准备

**1. 抛射剂**　抛射剂是药物喷射的动力,有时兼具药物溶剂的作用,多为液化气体,在常温常压下呈气态,沸点低于室温,需装入耐压容器内,由阀门系统控制。制备气雾剂时根据用药目的和要求选择合适的抛射剂,常用抛射剂见表 15-1。

表 15-1　常用抛射剂

| 类别 | 常用 | 特点 | 使用情况 |
|---|---|---|---|
| 氢氟烷烃类（HFA） | 四氟乙烷（HFA-134a）七氟丙烷（HFA-227） | HFA 为饱和烷烃,极性小,不溶于水,可作脂溶性药物的溶剂;化学性质稳定;毒性小,刺激性小;常温下是无色、无味、无臭的气体,具有较高的蒸气压,不易燃易爆,室温及正常压力下可与空气按任意比例混合;因其化学结构中不含氯原子,故不会破坏大气臭氧层,可减少环境污染 | 《中国药典》（2020 年版）收载 HFA,供外用气雾剂用,HFA 作为新型的抛射剂,成为氟氯烷烃类（CFCs）的主要替代品 |
| 二甲醚（DME） | 二甲醚（$C_2H_6O$） | 常温常压下为惰性的无色气体或压缩液体,化学性质稳定,具有轻微醚味,沸点约 24.9 ℃,无腐蚀性、无致癌性,对大气臭氧层无破坏。对极性和非极性物质均有良好的溶解性能,但由于其易燃易爆性、致冷所产生的刺激性等缺点,其应用受到一定限制 | 《中国药典》（2020 年版）收载二甲醚,在气雾剂处方中兼具推进剂和溶剂的作用。因此,国际上将二甲醚作为一类新型的 CFCs 替代品。美国已将其用作两个抗真菌气雾剂的抛射剂,我国已生产以二甲醚为抛射剂的利多卡因气雾剂 |
| 碳氢化合物 | 丙烷丁烷异丁烷 | 无色气体,密度低、沸点低,易燃、易爆 | 《中国药典》（2020 年版）收载丁烷,此类不宜单独应用,常与其他类抛射剂合用 |

续表

| 类别 | 常用 | 特点 | 使用情况 |
|------|------|------|---------|
| 压缩气体 | 二氧化碳<br>氮气<br>一氧化氮 | 化学性质稳定,惰性,不与药物发生反应,不易燃烧,安全性好。但液化后沸点较低,对容器耐压性能要求高。若在常温下充填入该类非液化压缩气体,使用时压力容易迅速降低,达不到持久喷射效果 | 《中国药典》(2020 年版)收载二氧化碳,此类在气雾剂中较少使用,主要用于喷雾剂 |

**2. 药物与附加剂** 液体药物、固体药物均可制备气雾剂,目前应用较多的有呼吸系统用药、心血管系统用药、解痉药及烧伤用药等。近年来,多肽类药物的气雾剂给药系统的研究越来越多。为保证气雾剂的安全性、有效性和稳定性,常需在制剂处方中加入溶剂、助溶剂、抗氧剂、抑菌剂、表面活性剂、助悬剂、乳化剂等附加剂。

**3. 耐压容器** 气雾剂的容器,应能耐受气雾剂所需压力,不得与药物和附加剂发生理化作用,其尺寸精度与溶胀性符合要求,价廉、轻便。目前常用的耐压容器材质主要有金属、玻璃、塑料等,应根据药物的性能进行选择。

**4. 阀门系统** 阀门系统控制药物的喷出,也是气雾剂的重要组成部分,分为定量阀门系统和非定量阀门系统,供吸入用的定量阀门系统可精确控制给药剂量。阀门系统坚固、耐用和结构稳定与否,直接影响到制剂的质量,加工应精密。一般定量吸入气雾剂阀门系统的结构与组成部件有封帽、阀门杆、橡胶封圈、弹簧、定量室、浸入管、推动钮。

## 二、容器、阀门系统的处理与装配

以玻璃容器为例,将玻璃瓶搪塑,玻璃瓶洗净烘干、预热至 120~130℃,趁热浸入塑料黏浆中,使瓶颈以下黏附一层塑料液,倒置,在 150~170℃烘干 15 min,备用。

阀门系统的处理与装配:① 橡胶制品在 75% 乙醇中浸泡 24 h,干燥备用。② 塑料、尼龙零件洗净后用 95% 乙醇浸泡备用。③ 不锈钢弹簧用 1%~3% 碱液煮沸 10~30 min,用水洗涤数次,用蒸馏水洗至无油腻,浸泡在 95% 乙醇中备用。④ 上述已处理好的零件,按照阀门系统结构装配。

## 三、药物的配制与分装

根据气雾剂类型及处方组成进行配制。溶液型气雾剂应配制成澄清溶液;混悬型气雾剂药物应微粉化,粒度符合要求,且在溶剂或抛射剂中分散均匀,稳定性好;乳剂型气雾剂应乳化完全,乳滴细小。将上述配制好的药液抽样检查,合格后定量分装在已准备好的容器内,安装阀门,轧紧封帽。

## 四、抛射剂的填充

抛射剂的填充有压灌法和冷灌法两种方法。

1. **压灌法**　将配制好的药液在室温下灌入耐压容器内,安装阀门并轧紧,然后通过压装机压入定量过滤后的抛射剂。

2. **冷灌法**　将配制好的药液放置在冷却装置中冷却至 −20℃左右,抛射剂冷却至沸点以下至少 5℃。然后将冷却的药液灌入耐压容器中,随后加入已冷却的抛射剂(也可两者同时装入),立即将阀门装上并轧紧。操作必须迅速完成,以减少抛射剂损失。

冷灌法速度快,对阀门无影响,成品压力比较稳。但需要制冷设备和低温操作,抛射剂损失较多,此法不适合含水处方。

## 沙丁胺醇吸入气雾剂

实例分析

【处方】　沙丁胺醇 1.31 g,卵磷脂 0.37 g,卖泽 52(Myrij-52)0.26 g,四氟乙烷(HFA-134a)998.06 g,共制 1 000 g。

【制法】　将沙丁胺醇、卵磷脂、卖泽 52 与溶剂混合后进行超声粉碎,使其粒子径达到 0.1~5 μm。然后采用合适的干燥方法得到干燥粉末,灌装轧阀,用压灌法将抛射剂 HFA-134a 加压充填入密闭容器中,经质检合格后包装,14 g/瓶。

【分析】　处方中各成分的作用分别是什么?

实例分析:
沙丁胺醇吸入气雾剂

 **知识总结**

1. 气体制剂一般是指气雾剂、喷雾剂和吸入粉雾剂,该类制剂以特殊装置给药,凭借气体的推动力使药物到达机体,发挥局部或全身治疗作用。

2. 气雾剂是具有特制阀门系统,使用时借助抛射剂的压力将内容物呈雾状物喷至腔道黏膜、皮肤或由肺部吸入的制剂。

3. 气雾剂按给药途径分为吸入气雾剂、非吸入喷雾剂;按处方组成分为二相气雾剂和三相气雾剂;按给药定量与否分为定量气雾剂和非定量气雾剂;按微生物要求分为无菌制剂和非无菌制剂。

4. 气雾剂的特点:① 具有速效和定位作用;② 药物生物利用度高;③ 可增加药物的稳定性;④ 给药剂量准确;⑤ 患者依从性好;⑥ 对创面机械刺激性小。气雾剂的缺点:① 耐压容器的生产成本高;② 低沸点的抛射剂遇热或受到撞击容易爆炸。

5. 喷雾剂借助手动泵的压力等方法将内容物呈雾状物释出,分为吸入用喷雾剂、鼻用喷雾剂、非吸入用喷雾剂。

6. 吸入粉雾剂采用特制的干粉吸入装置,由患者吸入雾化药物至肺部发挥治疗作用。吸入粉雾剂具有无抛射剂、药物稳定性好、剂量准确等优点,药物粒度大小通常应控制在 10 μm 以下,其中大多数应在 5 μm 以下。

7. 气雾剂的组成包括抛射剂、药物与附加剂、耐压容器和阀门系统。

8. 气雾剂的制备工艺流程包括:容器、阀门系统的处理与装配,药物的配制与分装,抛射剂的填充,质量检查,包装。根据气雾剂所需压力,可将两种或几种抛射剂以适宜比例混合使用。

## 在线测试

请扫描二维码完成在线测试。

在线测试:
气雾剂制备

# 任务 15.2　气雾剂质量检查

PPT:
气雾剂质量
检查

授课视频:
气雾剂质量
检查

## 任务描述

　　气雾剂在生产与贮藏期间应符合相关质量要求。本任务主要是学习气雾剂的一般质量要求,以及按照《中国药典》(2020 年版)相关规定,规范进行定量气雾剂和非定量气雾剂的质量检查。

## 知识准备

气雾剂在生产与贮藏期间应符合下列规定。

1. 根据制备需要可加入溶剂、助溶剂、抗氧剂、抑菌剂、表面活性剂等附加剂,除另有规定外,在制剂确定处方时,该处方的抑菌效力应符合抑菌效力检查法(通则 1121)的规定。气雾剂中所有附加剂均应对皮肤或黏膜无刺激性。

2. 二相气雾剂应按处方制得澄清的溶液后,按规定量分装。三相气雾剂应将微粉化(或乳化)原料药物和附加剂充分混合制得混悬液或乳状液,如有必要,抽样检查,符合要求后分装。在制备过程中,必要时应严格控制水分,防止水分混入。吸入气雾剂的雾滴(粒)控制在 10 μm 以下,其中大多数应为 5 μm 以下,一般不使用饮片细粉。

3. 气雾剂常用的抛射剂为适宜的低沸点液体,根据气雾剂所需压力,可将两种或几种抛射剂以适宜比例混合使用。

4. 气雾剂的容器,应能耐受气雾剂所需的压力,各组成部件均不得与原料药物或附加剂发生理化作用,其尺寸精度与溶胀性必须符合要求。

5. 定量气雾剂释出的主药含量应准确、均一,喷出的雾滴(粒)应均匀。

6. 制成的气雾剂应进行泄漏检查,确保质量和使用安全。

7. 气雾剂应置凉暗处贮存,并避免曝晒、受热、敲打、撞击。

8. 定量气雾剂应标明:① 每罐总揿次;② 每揿主药含量或递送剂量。

9. 气雾剂用于烧伤治疗如为非无菌制剂的,应在标签上标明"非无菌制剂";产品说明书中应注明"本品为非无菌制剂",同时在适应证下应明确"用于程度较轻的烧伤(Ⅰ°或浅Ⅱ°)";注意事项下规定"应遵医嘱使用"。

 **任务实施**

### 一、每罐总揿次检查

定量气雾剂检查该项目,按照吸入制剂(通则 0111)相关项下方法检查,应符合规定。

检查法:取供试品 1 罐,揿压阀门,释放内容物到废弃池中,每次揿压间隔不少于 5 s。每罐总揿次应不少于标示总揿次(此检查可与递送剂量均一性测定结合)。

### 二、递送剂量均一性检查

必要时,定量气雾剂按规定检查该项目。递送剂量均一性是指多次测定的递送剂量与平均值的差异程度,包括罐内递送剂量均一性和罐间递送剂量均一性。按照吸入制剂(通则 0111)相关项下方法检查,应符合规定。

1. **测定装置**　按照《中国药典》(2020 年版)规定,测定装置包括带有不锈钢筛网用以放置滤纸的基座和配有两个密封端盖的样品收集管及吸嘴适配器,以确保样品收集管与吸嘴间的密封性。

采用合适的吸嘴适配器确保气雾剂吸嘴端口与样品收集管口或 2.5 mm 的缩肩平齐。在基座内放入直径为 25 mm 的圆形滤纸,固定于样品收集管的一端。基座端口连接真空泵、流量计。连接测定装置和待测气雾剂,调节真空泵使其能够以 28.3 L/min(±5%)的流速从整套装置(包括滤纸和待测气雾剂)抽气。空气应持续性从装置抽出,避免活性物质损失进入空气。组装后装置各部件之间的连接应具有气密性,从样品收集管中抽出的所有空气仅经过待测吸入气雾剂。

2. **罐内递送剂量均一性测定法**　取供试品 1 罐,振摇 5 s,按产品说明书规定,弃去若干揿次,将吸入装置插入吸嘴适配器内,揿射 1 次,抽气 5 s,取下吸入装置。重复上述过程收集产品说明书中的临床最小推荐剂量。用适当溶剂清洗滤纸和收集管内部,合并清洗液并稀释至一定体积。

分别测定标示总揿次前(初始 3 个剂量)、中($n/2$ 揿起 4 个剂量,$n$ 为标示总揿次)、后(最后 3 个剂量),共 10 个递送剂量。

采用各品种项下规定的分析方法,测定各溶液中的药物含量。

对于含多个活性成分的吸入剂,各活性成分均应进行递送剂量均一性测定。

结果判定:除另有规定外,符合下述条件之一者,可判为符合规定。

(1) 10 个测定结果中,至少 9 个测定值在平均值的 75%~125%,且全部在平均值的 65%~135%。

(2) 10 个测定结果中,若 2~3 个测定值超出 75%~125%,另取 2 罐供试品测定。30 个测定结果中,超出 75%~125% 的测定值不多于 3 个,且全部在平均值的 65%~135%。

除另有规定外,平均值应在递送剂量标示量的 80%~120%。

**3. 罐间递送剂量均一性测定法**　取供试品 1 罐,采用上述测定装置收集产品说明书中的临床最小推荐剂量,重复测定 10 罐供试品。其中 3 罐测定说明书规定的首揿,4 罐测定中间($n/2$)揿次,3 罐测定末揿。

结果判定:除另有规定外,符合下述条件之一者,可判为符合规定。

(1) 10 个测定结果中,至少 9 个测定值在平均值的 75%~125%,且全部在平均值的 65%~135%。

(2) 10 个测定结果中,若 2~3 个测定值超出 75%~125%,但全部在平均值的 65%~135%,另取 20 罐供试品测定。30 个剂量中,超出 75%~125% 的测定值不多于 3 个,且全部在平均值的 65%~135%。

除另有规定外,平均值应在递送剂量标示量的 80%~120%。

**4. 递送剂量**　除另有规定外,递送剂量为罐内和罐间平均递送剂量的均值。

## 三、每揿主药含量检查

定量气雾剂照下述方法检查,每揿主药含量应符合规定。

检查法:取供试品 1 罐,充分振摇,除去帽盖,按产品说明书规定,弃去若干揿次,用溶剂洗净套口,充分干燥后,倒置于已加入一定量吸收液的适宜烧杯中,将套口浸入吸收液液面下(至少 25 mm),喷射 10 次或 20 次(注意每次喷射间隔 5 s 并缓缓振摇),取出供试品,用吸收液洗净套口内外,合并吸收液,转移至适宜量瓶中并稀释至刻度后,按各品种含量测定项下的方法测定,所得结果除以取样喷射次数,即为平均每揿主药含量。每揿主药含量应为每揿主药含量标示量的 80%~120%。

凡规定测定递送剂量均一性的气雾剂,一般不再进行每揿主药含量的测定。

## 四、每揿喷量检查

定量气雾剂照下述方法检查,应符合规定。

检查法:取供试品 1 罐,振摇 5 s,按产品说明书规定,弃去若干揿次,擦净,精密称定,揿压阀门喷射 1 次,擦净,再精密称定。前后两次重量之差为 1 个喷量。按上法连续测定 3 个喷量;揿压阀门连续喷射,每次间隔 5 s,弃去,至 $n/2$ 次;再按上法连续测定 4 个喷量;继续揿压阀门连续喷射,弃去,再按上法测定最后 3 个喷量。计算每罐 10 个喷量的平均值。再重复测定 3 罐。除另有规定外,均应为标示喷量的 80%~120%。

凡进行每揿递送剂量均一性检查的气雾剂,不再进行每揿喷量检查。

## 五、喷射速率检查

非定量气雾剂照下述方法检查,喷射速率应符合规定。

检查法:取供试品 4 罐,除去帽盖,分别喷射数秒后,擦净,精密称定,将其浸入恒温水浴(25℃±1℃)中 30 min,取出,擦干,除另有规定外,连续喷射 5 s,擦净,分别精密称重,然后放入恒温水浴(25℃±1℃)中,按上法重复操作 3 次,计算每罐的平均喷射速率(g/s),均应符合各品种项下的规定。

## 六、喷出总量检查

非定量气雾剂照下述方法检查,喷出总量应符合规定。

检查法:取供试品 4 罐,除去帽盖,精密称定,在通风橱内,分别连续喷射于已加入适量吸收液的容器中,直至喷尽为止,擦净,分别精密称定,每罐喷出量均不得少于标示装量的 85%。

## 七、装量检查

非定量气雾剂照最低装量检查法(通则 0942)检查,应符合规定。最低装量检查法包括重量法和容量法两种方法。

1. **重量法**　重量法适用于标示装量以重量计的制剂。除另有规定外,取供试品 5 个(50 g 以上者 3 个),除去外盖和标签,容器外壁用适宜的方法清洁并干燥,分别精密称定重量,除去内容物,容器用适宜的溶剂洗净并干燥,再分别精密称定空容器的重量,求出每个容器内容物的装量与平均装量,均应符合表 15–2 中的有关规定。如有 1 个容器装量不符合规定,则另取 5 个(50 g 以上者 3 个)复试,应全部符合规定。

2. **容量法**　容量法适用于标示装量以容量计的制剂。除另有规定外,取供试品 5 个(50 ml 以上者 3 个),开启时注意避免损失,将内容物转移至预经标化的干燥量入式量筒中(量具的大小应使待测体积至少占其额定体积的 40%),黏稠液体倾出后,除另有规定外,将容器倒置 15 min,尽量倾净。2 ml 及以下者用预经标化的干燥量入式注射器抽尽。读出每个容器内容物的装量,并求其平均装量,均应符合表 15–2 中的有关规定。如有 1 个容器装量不符合规定,则另取 5 个(50 ml 以上者 3 个)复试,应全部符合规定。

平均装量与每个容器装量(按标示装量计算百分率),取三位有效数字进行结果判断。

表 15–2　非定量气雾剂最低装量差异标准

| 标示装量 | 平均装量 | 每个容器装量 |
| --- | --- | --- |
| 20 g(ml)以下 | 不少于标示装量 | 不少于标示装量的 93% |
| 20 g(ml)至 50 g(ml) | 不少于标示装量 | 不少于标示装量的 95% |
| 50 g(ml)以上 | 不少于标示装量 | 不少于标示装量的 97% |

### 八、粒度检查

除另有规定外,混悬型气雾剂应做粒度检查。

检查法:取供试品 1 罐,充分振摇,除去帽盖,试喷数次,擦干,取清洁干燥的载玻片一块,置距喷嘴垂直方向 5 cm 处喷射 1 次,用约 2 ml 四氯化碳或其他适宜溶剂小心冲洗载玻片上的喷射物,吸干多余的四氯化碳,待干燥,盖上盖玻片,移置具有测微尺的 400 倍或以上倍数显微镜下检视,上下左右移动,检查 25 个视野,计数,应符合各品种项下规定。

### 九、无菌检查

除另有规定外,用于烧伤[除程度较轻的烧伤(Ⅰ°或浅Ⅱ°)外]、严重创伤或临床必须无菌的气雾剂,照无菌检查法(通则 1101)检查,应符合规定。

### 十、微生物限度检查

除另有规定外,照非无菌产品微生物限度检查:微生物计数法(通则 1105)和控制菌检查法(通则 1106)及非无菌药品微生物限度标准(通则 1107)检查,应符合规定。

知识拓展:
鼻用气体
制剂

## 知识总结

1. 气雾剂制备时,根据需要可加入助溶剂、抗氧剂、抑菌剂、乳化剂等。

2. 吸入气雾剂的雾滴(粒)控制在 10 μm 以下,其中大多数应为 5 μm 以下,一般不使用饮片细粉。

3. 气雾剂的容器,应能耐受气雾剂所需的压力,各组成部件均不得与原料药物或附加剂发生理化作用,其尺寸精度与溶胀性必须符合要求。

4. 气雾剂应进行泄漏检查,确保质量和使用安全。

5. 气雾剂应置凉暗处贮存,并避免曝晒、受热、敲打、撞击。

6. 定量气雾剂应标明每罐总揿次、每揿主药含量或递送剂量。释出的主药含量应准确、均一,喷出的雾滴(粒)应均匀,必要时进行递送剂量均一性的检查。非定量气雾剂应进行喷射速率、喷出总量、装量的检查,用于烧伤治疗的气雾剂如为非无菌制剂的,应在标签上标明"非无菌制剂";产品说明书中应注明"本品为非无菌制剂",同时在适应证下应明确"用于程度较轻的烧伤(Ⅰ°或浅Ⅱ°)";注意事项下规定"应遵医嘱使用"。

## 在线测试

请扫描二维码完成在线测试。

在线测试:
气雾剂质量
检查

# 项目 16
# 软膏剂生产

>>>>> 学习目标

1. 掌握软膏剂的定义、特点、基质及附加剂、制备方法、生产工艺及质量要求。
2. 熟悉软膏剂的分类及质量检查。
3. 了解软膏剂的包装与贮存；其他半固体制剂的定义、特点等。

>>>>> 知识导图

请扫描二维码了解本项目主要内容。

知识导图：
软膏剂生产

# 任务 16.1　软膏剂制备

PPT：
软膏剂制备

授课视频：
软膏剂制备

 **任务描述**

　　半固体制剂是临床常用的外用剂型，主要包括软膏剂、凝胶剂、眼膏剂、糊剂等。本任务主要是学习软膏剂的定义、特点、分类、处方组成和制备方法，按照软膏剂的生产工艺流程，完成软膏剂制备。

 **知识准备**

## 一、基础知识

　　**1. 软膏剂的定义**　软膏剂系指药物与适宜基质均匀混合制成的具有一定稠度的均匀半固体外用制剂。常用基质分为油脂性基质、水溶性基质和乳剂型基质，其中用乳剂型基质制成的易于涂布的软膏剂称乳膏剂。

知识拓展：
凝胶剂

　　**2. 软膏剂的特点**　软膏剂多应用于慢性皮肤病，对皮肤、黏膜或创面起到保护、润滑和局部治疗作用，如消炎、杀菌、防腐、收敛等。软膏剂中的药物亦可通过透皮吸收进入体循环，产生全身治疗作用。但急性损伤的皮肤不能使用软膏剂。

　　**3. 软膏剂的分类**

　　（1）根据基质的不同，可分为以下三类。

　　油膏剂：以油脂性基质如凡士林、羊毛脂等制备的软膏剂。

知识拓展：
眼膏剂

　　乳膏剂：以乳剂型基质制成的易于涂布的软膏剂，因基质不同，可分为水包油（O/W）型和油包水（W/O）型乳膏剂。

　　凝胶剂：药物与能形成凝胶的辅料制成的软膏剂。

　　（2）根据药物在基质中的分散状态不同，可分为以下三类。

　　溶液型：为药物溶解（或共熔）于基质或基质组分中制成的软膏剂。

　　混悬型：为药物细粉均匀分散于基质中制成的软膏剂。

知识拓展：
乳膏剂的使
用方法和注
意事项

　　乳剂型：即乳膏剂。

　　**4. 软膏剂的基质**　常用的软膏剂基质根据其组成可分为三类：油脂性基质、水溶性基质和乳剂型基质。但目前还没有哪种单一基质能完全满足要求，实际应用时，应根据各基质的特点、药物的性质、制剂的疗效和产品的稳定性等具体分析，合理选用不同

类型基质。

（1）油脂性基质：油脂性基质主要包括烃类、类脂类、硅酮类和动、植物油脂等疏水性物质。此类基质涂于皮肤能形成封闭性油膜，促进皮肤水合作用，对表皮增厚、角化、皲裂有软化保护作用，但释药性差，不易洗除，主要用于遇水不稳定的药物制备软膏剂。软膏剂常用的油脂性基质如表 16-1 所示。

表 16-1　软膏剂常用的油脂性基质

| 分类 | | 性状 | 应用 |
|---|---|---|---|
| 烃类 | 凡士林 | 分黄、白两种。黄凡士林为淡黄色或黄色均匀的软膏状半固体；白凡士林无臭或几乎无臭，与皮肤接触有滑腻感，具有拉丝性，熔点为 45~60℃ | 化学性质稳定，无刺激性，能与多数药物配伍，特别适用于遇水不稳定的药物。不适用于有大量渗出液的病灶部位，一般需加入适量的羊毛脂、胆固醇或表面活性剂等物质提高其吸水性能。凡士林是最为常用的烃类基质 |
| | 液状石蜡 | 又称石蜡油，为无色澄清的油状液体，无臭无味 | 常用于调节软膏剂基质的稠度和硬度或用于药物粉末的加液研磨，以利于药物与基质的混合均匀 |
| | 石蜡 | 无色或白色半透明的块状物，无臭无味，手指接触有滑腻感，熔点为 50~65℃ | 与其他原料熔合后不容易单独析出，故优于蜂蜡。主要用于调节软膏剂的稠度和硬度 |
| 类脂类 | 羊毛脂 | 淡黄色或棕黄色的蜡状物，臭微弱而特异，有黏性而滑腻，熔点为 36~42℃ | 一般不宜单独使用，通常与凡士林合用，以改善凡士林的吸水性和促进药物透皮吸收的性能。羊毛脂具有良好的吸水性及弱的 W/O 型乳化性能。含水羊毛脂是指无水羊毛脂吸收约 30% 的水分后得到的产品，可以改善羊毛脂的黏稠度，便于应用 |
| | 蜂蜡、鲸蜡 | 蜂蜡又称川蜡，有黄、白之分，白蜂蜡系由蜂蜡经氧化漂白精制而得。蜂蜡无光泽，无结晶，无味，具特异性气味，熔点为 62~67℃。鲸蜡为白色、无臭、有光泽的固体蜡 | 两者均具有一定的表面活性作用，属较弱的 W/O 型乳化剂，在 O/W 型乳剂型基质中起稳定作用。两者均不易酸败，常用于取代乳剂型基质中的部分脂肪性物质，以调节基质的稠度或增加其稳定性 |
| | 胆固醇 | 为白色片状结晶，无臭，熔点为 147~150℃ | 一般与脂肪醇及羊毛脂等配伍，其效果比单独使用好。胆固醇用作乳膏剂的基质、乳化剂，加入油脂性基质、乳剂型基质中，增加其稳定性和吸水能力 |
| 油脂类 | 植物油、动物油 | 透皮性能较烃类好，但贮存过程中易分解、氧化和酸败 | 将植物油催化加氢制得的饱和或近饱和的氢化植物油稳定性好，不易酸败，亦可用作软膏剂基质，如氢化蓖麻油 |
| 二甲硅油 | 简称硅油或硅酮 | 无色或淡黄色的透明油状液体，无臭，无味，黏度随分子量的增加而增大 | 化学性质稳定，具有优良的疏水性，润滑作用好，对皮肤无刺激性，易清洗。常与其他油脂性基质合用制成防护性软膏，也可用于乳膏剂中，起润滑作用。但本品对眼有刺激性，不宜在眼膏剂基质中使用 |

（2）水溶性基质：水溶性基质能与水溶液和组织渗出液混合，释药速率快，无油腻性，易涂布，易洗除，多用于润湿糜烂病灶部位，有利于分泌物的排出，也常用于腔道、黏膜等部位。但其润滑作用差，不稳定，易生霉，同时水分易蒸发，久用会引起皮肤干燥，常需加入防腐剂和保湿剂。软膏剂常用的水溶性基质如表16-2所示。

表16-2　软膏剂常用的水溶性基质

| 分类 | | 性状 | 应用 |
|---|---|---|---|
| 聚乙二醇（PEG）类 | PEG 400 | 无色或几乎无色的黏稠液体 | 通常按适当比例配合使用。有较强的吸水性，久用可引起皮肤脱水干燥，不宜用于含遇水不稳定的药物的软膏剂。可与苯甲酸、鞣酸、水杨酸、苯酚等络合，并能降低酚类防腐剂的活性 |
| | PEG 600、PEG 1000 | 无色或几乎无色的黏稠液体，或呈半透明的蜡状软物 | |
| | PEG 1500、PEG 4000、PEG 6000 | 为白色蜡状固体薄片或颗粒状粉末 | |
| 纤维素衍生物类 | 甲基纤维素（MC） | 能与冷水形成复合物而胶溶 | O/W型乳化剂，是非常好的增稠剂 |
| | 羧甲纤维素钠（CMC-Na） | 在冷、热水中均溶解，浓度较高时呈凝胶状 | 阴离子型化合物，与多价金属离子和阳离子型药物均可产生沉淀，应予避免 |
| 甘油明胶 | | 由1%~3%的明胶、10%~30%的甘油与水混合加热制成 | 凡与蛋白质能产生配伍变化的药物，如鞣酸、重金属盐等均不能用甘油明胶作基质 |

（3）乳剂型基质：乳剂型基质由油相、水相和乳化剂组成，分为O/W型和W/O型两种类型。W/O型乳剂型基质较不含水的油脂性基质易于涂布，油腻性小，释药性也较油脂性基质强，但不如O/W型乳剂型基质。O/W型乳剂型基质外相含水量多，在贮存过程中易霉变，易蒸发失水使乳膏剂变硬，故常需加入防腐剂和保湿剂。保湿剂常用甘油、丙二醇、山梨醇等，用量为5%~20%。值得注意的是，O/W型乳剂型基质制成的乳膏剂在用于分泌物较多的病灶部位（如湿疹）时，其吸收的分泌物可重新透入皮肤（反向吸收）而使炎症恶化。乳剂型基质中药物的释放和透皮吸收较快，对皮肤的正常功能影响比较小，对皮肤表面分泌物的分泌和水分蒸发也无较大影响，但遇水不稳定的药物不宜制备乳膏剂。

乳剂型基质的油相多数为固体和半固体成分，主要有硬脂酸、石蜡、蜂蜡、高级醇（如十八醇）等物质，有时为调节稠度也常加入液状石蜡、凡士林或羊毛脂等成分。乳化剂对形成乳剂型基质的类型起重要作用，乳剂型基质常用的乳化剂如表16-3所示。

表 16-3　乳剂型基质常用的乳化剂

| 分类 | | 应用 |
|---|---|---|
| 阴离子型表面活性剂 | 一价皂 | O/W 型乳化剂,如硬脂酸钠、硬脂酸钾、硬脂酸锌等。通常以钠皂为乳化剂制成的乳剂型基质较硬,以钾皂为乳化剂制成的乳剂型基质较软,故钾皂也称软肥皂 |
| | 有机胺皂 | O/W 型乳化剂,较为常用的有机胺皂是三乙醇胺皂 |
| | 多价皂 | W/O 型乳化剂,由于其油相比例大,黏度比水相高,所以用多价皂制成的乳剂型基质比一价皂作为乳化剂制成的乳剂型基质的稳定性要高 |
| | 十二烷基硫酸钠 | 优良的 O/W 型乳化剂,用于配制 O/W 型乳剂型基质。本品常与其他 W/O 型乳化剂(如十六醇、十八醇、硬脂酸甘油酯等)合用调整乳化剂的 HLB 值,以达到油相乳化所需的范围,常用量为 0.5%~2% |
| 非离子型表面活性剂 | 聚山梨酯类 | 除脂肪酸山梨坦类为 W/O 型乳化剂外,其他均为 O/W 型乳化剂,此类表面活性剂可单独使用,也可与其他乳化剂合用调节基质所需的 HLB 值。能与酸性盐、电解质配伍,但应注意聚山梨酯类能抑制羟苯酯类、苯甲酸类防腐剂的防腐作用,可以选用山梨酸等作防腐剂 |
| | 脂肪酸山梨坦类 | |
| | 平平加 O | |
| | OP(烷基酚聚氧乙烯醚) | |
| 其他类 | 十六醇、十八醇 | 两者又分别被称为鲸蜡醇、硬脂醇,均属弱的 W/O 型乳化剂,起辅助乳化和稳定作用 |
| | 硬脂酸酯类 | 硬脂酸甘油酯为弱的 W/O 型乳化剂,与乳化能力较强的 O/W 型乳化剂(如有机胺皂)合用时,可使制得的乳剂基质更稳定,且产品细腻润滑,用量为 15% 左右。硬脂酸聚烃氧(40)酯为 O/W 型乳化剂,可用作软膏剂的基质和乳化剂,使软膏剂外观更加细腻、洁白,乳化均匀 |

**5. 软膏剂的附加剂**　软膏剂基质应均匀、细腻,涂于皮肤或黏膜上应无刺激性。在实际应用时,还应根据半固体外用膏剂的类型特点和作用要求,通过添加适宜的附加剂等方法来保证制剂的质量,适应临床用药要求。软膏剂根据需要可加入抗氧剂、防腐剂、表面活性剂、透皮促进剂等附加剂。软膏剂常用的附加剂如表 16-4 所示。

表 16-4　软膏剂常用的附加剂

| 分类 | 常用物质 | 应用 |
|---|---|---|
| 抗氧剂 | 没食子酸烷酯、维生素 E、维生素 C、亚硫酸盐等 | 软膏剂中的某些活性成分、油脂类基质易氧化酸败,为增加稳定性,可在软膏剂中添加抗氧剂。为了加强抗氧剂的作用,也可酌情加入抗氧剂的辅助剂,通常是一些螯合剂,如枸橼酸、酒石酸、依地酸二钠盐等 |
| 防腐剂 | 三氯叔丁醇、苯甲酸、乙酸苯汞、对羟基苯甲酸酯类(尼泊金酯)等 | 乳剂型基质、水溶性基质易受微生物的污染,局部应用的软膏制剂,尤其是用于破损及炎症皮肤者应不含微生物。防腐剂应有较强的杀菌或抑菌能力 |

续表

| 分类 | 常用物质 | 应用 |
|------|----------|------|
| 表面活性剂 | 非离子型表面活性剂、阴离子型表面活性剂 | 在软膏剂基质中添加表面活性剂，可增加基质的吸水性、可洗性，还对药物有促渗的效果。常用非离子型表面活性剂，刺激性较小，一般以加入 1%~2% 为宜 |
| 透皮促进剂 | 二甲基亚砜 | 本品具有强吸湿性，可提高角质层的水合作用，是应用比较广泛的透皮促进剂。缺点是有异臭，使用浓度较高时，可能引起皮肤发红、瘙痒、脱屑、过敏等 |
| | 氮酮 | 又称月桂氮䓬酮，是一种新型的高效低毒透皮促进剂。本品为无色、无味的液体，不溶于水，有润滑性，对人的皮肤、黏膜无刺激、毒性小。但是，某些辅料能影响氮酮的活性，如少量凡士林会消除氮酮的作用。氮酮对低浓度药物的作用较强，药物浓度升高，作用减弱 |

**6. 软膏剂的包装**　软膏剂大量生产时应用较多的是软膏管包装，根据软膏管的材质不同，目前多采用印字的铝质涂膜软膏管和高分子复合材料软膏管（又称复合软膏管）。铝质涂膜软膏管内壁涂层能有效隔离药物与铝的直接接触。复合软膏管主要分为铝塑复合软膏管和全塑复合软膏管，这类软膏管性质稳定，柔软，耐折，阻湿性、气体阻隔性均较好。而较早应用的塑料软膏管由于回弹力太强、本身隔阻性较差等缺点，极易造成软膏变硬、变质、油水分离等现象，现已趋于淘汰。

## 二、工艺流程

软膏剂的制备一般采用研合法、熔合法和乳化法。制备方法的选择需根据药物与基质的性质、用量及设备条件而定。通常溶液型、混悬型多采用研合法和熔合法，乳剂型常采用乳化法。

软膏剂的制备工艺流程如图 16-1 所示。

**1. 基质预处理**　基质预处理主要针对油脂性基质，当基质纯净度差、混有机械性异物或工厂大量生产时，都要进行加热过滤及灭菌处理。具体方法是将基质加热熔融，用不小于 120 目的不锈钢筛网趁热过滤，继续加热至 150℃约 1 h，进行灭菌。

**2. 药物的加入方法**　药物在基质中的分布应均匀、细腻，以保证药物制剂的含量均匀与药效稳定，这与膏体制备方法的选择，特别是药物加入方法的正确与否关系密切。软膏剂中药物的加入方法见表 16-5。

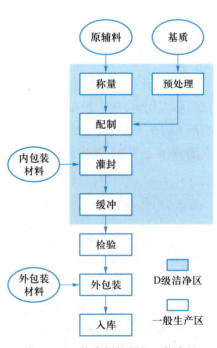

图 16-1　软膏剂的制备工艺流程

表 16-5　软膏剂中药物的加入方法

| 药物性质或情况 | 操作方法 |
|---|---|
| 软膏剂中的不溶性原料药物 | 应预先用适宜的方法制成细粉,确保粒度符合规定;如用研磨法配制膏体,可先与适量的液体成分如液状石蜡、甘油研成糊状,再与其他基质混合 |
| 油溶性药物 | 可将其直接溶于熔化的油脂性基质中;或先溶于少量液体油性成分中,再与其他油脂性基质混匀制成油脂性溶液型软膏 |
| 水溶性药物 | 可将其溶于少量水中,再与水溶性基质混匀制备水溶性溶液型软膏。如果需要将少量水溶性药物加入油脂性基质中,可先将水溶性药物溶于少量水中,然后用羊毛脂或其他吸水性较强的基质组分吸收,再加入油脂性基质中制成油脂性软膏 |
| 制备乳膏剂 | 在不影响乳化的条件下,一般将油溶性药物溶于油相,水溶性药物溶于水相,再分别加热、混合乳化。如药物为不溶性固体粉末,则应将药物粉碎成细粉,在乳状液型基质形成后加入,搅拌混合使分散均匀 |
| 共熔性组分(如樟脑、薄荷脑等) | 在共熔后不降低药物原有疗效的前提下,可先共熔再与其他基质混合 |
| 受热易破坏或挥发性成分 | 应将基质冷却至40℃以下再加入 |
| 半固体黏稠性药物(如鱼石脂或煤焦油等) | 可先与少量羊毛脂或聚山梨酯类混合,再与凡士林等油脂性基质混合 |
| 中药浸出液(如流浸膏剂) | 可先浓缩至稠膏状再加入基质中;固体浸膏可加少量水或稀醇研成糊状,再与其他基质混合 |

**3. 软膏剂的制备方法**　实际操作中,可根据药物与基质性质,采用表 16-6 中的方法完成软膏剂的制备操作。

表 16-6　软膏剂常用的制备方法

| 制备方法 | 适用情况 | 操作过程 |
|---|---|---|
| 研合法 | 基质各组分及药物在常温下能均匀混合时可采用此法。此法适用的基质大多为半固体油脂性基质,也适用于主药对热不稳定或不溶于基质的药物 | 小剂量制备时可用软膏板、软膏刀调制,也可利用乳钵研磨制备。操作时先取少量的基质与药物粉末研磨成糊状,再按等量递加的原则与其余基质混匀<br><br>大量生产时用研磨机或制膏机混合 |
| 熔合法 | 适用于在常温下不能与药物均匀混合的基质,特别是基质组分中含固体成分,或所含基质组分的熔点各不相同者,如既含有固体类基质,又含有半固体和液体类基质的情况 | 制备时应先熔化熔点高的基质,再将其余基质依熔点高低顺序依次加入熔化,最后加液体成分。全部基质熔化后,再加入药物细粉,搅拌直至冷凝成膏状<br><br>大量制备时,通常在附有加热装置(水浴或蒸汽夹层锅)并装有电动搅拌器的器械中进行,通过齿轮泵循环数次混匀<br><br>采用熔合法制备软膏剂时应注意:①冷却速率不能过快,以防止基质中的高熔点组分呈块状析出。②冷凝成膏状后应停止搅拌,以免带入过多气泡。③如含有不溶性药物,必须先研成细粉,搅拌混合均匀,若不够细腻,则需通过机械进一步滚研混合,使之无颗粒感。④挥发性成分应在基质冷却至近室温时再加入 |

续表

| 制备方法 | 适用情况 | 操作过程 |
|---|---|---|
| 乳化法 | 适用于乳膏剂的制备 | 制备时将处方中的油溶性成分在水浴或夹层锅中加热至70~80℃使成油溶液(油相),另将水溶性成分溶于水后一起加热至70~80℃使成水溶液(水相),水相的温度略高于油相的温度,然后将两相混合,搅拌至冷凝,最后加入油、水两相均不溶解的药物成分(需预先粉碎成细粉),搅拌研磨,混合分散均匀即得 |

乳化法制备乳膏剂时的注意事项见表16-7。

表16-7　乳化法制备乳膏剂时的注意事项

| 注意事项 | 操作要点 |
|---|---|
| 控制好加热温度 | 尤其是以新生皂为乳化剂的乳膏剂,温度过高,制成的乳膏剂较粗糙不细腻;温度过低,反应不完全,所得的乳膏剂不稳定。另外,应注意水相的温度应略高于油相的温度,防止两相混合时油相中的组分过早析出或凝结 |
| 油、水两相的混合方法 | ① 分散相逐渐加入连续相中,适用于含少量分散相的乳剂系统。② 连续相逐渐加到分散相中,适用于多数乳剂系统。此种混合方法的最大特点是混合过程中乳剂会发生转型,从而使分散相粒子分散得更细微。③ 两相同时混合,适用于连续或大批量生产,需要一定的设备,如输送泵、连续混合装置等 |
| 应用适宜的制剂设备 | 大量生产时,由于油相的温度不易控制均匀冷却或两相搅拌不匀,导致基质不够细腻,可在30℃左右再通过胶体磨等机械设备处理,使产品更加细腻均匀;也可采用真空设备,如真空均质制膏机,可防止搅拌时混入空气,避免乳膏剂在贮存时发生油水分离、酸败等问题 |

 任务实施

#### ▶▶▶ 乳化法制备软膏剂

#### 一、原辅料准备

1. 领料　根据生产指令填写领料单,领取原、辅料,并核对名称、代码、批号、规格、质量、数量是否相符。

2. 基质预处理　参见上文工艺流程相关内容。

#### 二、配制

1. 配制油相　将油脂性基质和油溶性物质置于水浴或夹层锅中,调节温度至70~80℃加热熔化,保温备用。

2. 配制水相　将水溶性物质(含防腐剂、保湿剂等)投入处方量的纯化水中,加热至略高于油相温度,搅拌使溶解完全,保温备用。

**3. 乳化**　将油、水两相加入乳化锅中,边加边搅拌,使其发生乳化,待乳化完全后,降温并搅拌至冷凝,真空静置。

**4. 加药**　根据药物的性质,可在配制水相或油相时加入药物并搅拌均匀。

**5. 静置**　将软膏静置 24 h 后(缓冲),称重,送至灌封工序。

**6. 配制注意事项**

(1) 油相、水相的加热温度和时间应严格控制,水相温度比油相温度高 5℃左右。

(2) 乳化完全后,温度不宜骤降,需缓慢降温并搅拌至冷凝,以免影响产品外观。

(3) 外观应均匀、细腻、润滑,涂于皮肤上无粗糙感。

(4) 混悬型软膏剂必须控制粒度在规定范围内。

(5) 黏稠度适宜,应易涂布于皮肤或黏膜上,不融化。

## 三、灌封

**1. 加料**　将料液加满贮料罐,盖上盖子,生产中当贮料罐内料液不足贮料罐总容积的 1/3 时,必须进行加料。

**2. 灌封**　开启灌封设备,试运行抽样检查是否有空管,检查装量合格并确认设备无异常后,开机进行灌封。

## 四、检验

每隔 10 min 检查一次密封口、密封合格率应达到 100%。同时灌封过程中要注意铝管上光标位置准确,批号正确、完整、清晰,文字对称美观,尾部折叠严密、整齐,无变形。

## 五、包装

按产品包装规格要求包装,按包装指令规定的包装规格进行装箱。

**实例分析**

### 水杨酸乳膏

【处方】　水杨酸 50 g,硬脂酸甘油酯 70 g,硬脂酸 100 g,凡士林 120 g,液状石蜡 100 g,甘油 120 g,羟苯乙酯 1 g,十二烷基硫酸钠 10 g,蒸馏水 480 ml。

【制法】　将水杨酸研细后过 60 目筛,备用。取硬脂酸甘油酯、硬脂酸、凡士林及液状石蜡加热熔化为油相,80℃保温备用。另将甘油及蒸馏水加热至 90℃,再加入十二烷基硫酸钠及羟苯乙酯溶解为水相。然后将水相缓缓倒入油相中,边搅边倒,直至冷凝,即得乳剂型基质。将过筛的水杨酸加入上述基质中,搅拌均匀即得。

【讨论】　1. 处方中各成分的作用分别是什么?

2. 加入水杨酸时,基质温度宜低还是高,为什么?

3. 本品为哪种类型的乳膏剂?

实例分析:
水杨酸乳膏

### 知识总结

1. 软膏剂系指药物与适宜基质均匀混合制成的具有一定稠度的均匀半固体外用制剂。常用基质分为油脂性基质、水溶性基质和乳剂型基质，其中用乳剂型基质制成的易于涂布的软膏剂称乳膏剂。

2. 软膏剂多应用于慢性皮肤病，对皮肤、黏膜或创面起到保护、润滑和局部治疗作用，如消炎、杀菌、防腐、收敛等。

3. 根据基质的不同，软膏剂可分为油膏剂、乳膏剂和凝胶剂；根据药物在基质中的分散状态不同，软膏剂可分为溶液型、混悬型和乳剂型。

4. 软膏剂基质：油脂性基质常用的有凡士林、石蜡、液状石蜡、硅油、蜂蜡、硬脂酸、羊毛脂等；水溶性基质主要有聚乙二醇；乳剂型基质可分为 O/W 型和 W/O 型。O/W 型乳化剂有钠皂、三乙醇胺皂类、脂肪醇硫酸（酯）钠类和聚山梨酯类等；W/O 型乳化剂有钙皂、羊毛脂、单硬脂酸甘油酯、脂肪醇等。

5. 软膏剂常用制备方法有研合法、熔合法和乳化法，油脂性基质的软膏剂制备常采用研合法和熔合法，水溶性基质的软膏剂制备主要采用熔合法，乳膏剂制备主要使用乳化法。

6. 软膏剂的一般制备工艺流程为：配料、配制、灌封、检验和包装。

### 在线测试

请扫描二维码完成在线测试。

在线测试：
软膏剂制备

## 任务 16.2　软膏剂质量检查

PPT：
软膏剂质量
检查

授课视频：
软膏剂质量
检查

### 任务描述

软膏剂在生产与贮藏期间应符合相关质量要求。本任务主要是学习软膏剂的质量要求，按照《中国药典》(2020 年版)软膏剂项下粒度、装量、无菌和微生物限度等检查法要求完成软膏剂的质量检查，正确评价制剂质量。

**知识准备**

《中国药典》(2020 年版)规定,软膏剂应做粒度、装量、无菌和微生物限度等项目检查。另外,软膏剂的质量评价还包括药物含量测定及物理性质、刺激性、稳定性检测,以及软膏剂中药物的释放、穿透及吸收等项目的评定。

软膏剂在生产与贮藏期间应符合下列规定。

1. 软膏剂选用的基质应考虑各剂型特点、原料药物的性质,以及产品的疗效、稳定性及安全性。基质也可由不同类型基质混合组成。软膏剂根据需要可加入保湿剂、抑菌剂、增稠剂、抗氧剂及透皮促进剂等。

2. 除另有规定外,加入抑菌剂的软膏剂在制剂确定处方时,该处方的抑菌效力应符合抑菌效力检查法(通则 1121)的规定。

3. 软膏剂基质应均匀、细腻,涂于皮肤或黏膜上应无刺激性。软膏剂中不溶性原料药物应预先用适宜的方法制成细粉,确保粒度符合规定。

4. 软膏剂应具有适当的黏稠度,应易涂布于皮肤或黏膜上,不融化,黏稠度随季节变化应很小。

5. 软膏剂应无酸败、异臭、变色、变硬等变质现象。乳膏剂不得有油水分离及胀气现象。

6. 除另有规定外,软膏剂应避光密封贮存。乳膏剂应避光密封,置 25℃以下贮存,不得冷冻。

7. 软膏剂所用内包装材料,不应与原料药物或基质发生物理化学反应,无菌产品的内包装材料应无菌。

8. 软膏剂用于烧伤治疗如为非无菌制剂的,应在标签上标明"非无菌制剂";产品说明书中应注明"本品为非无菌制剂",同时在适应证下应明确"用于程度较轻的烧伤( I°或浅 II°)";注意事项下规定"应遵医嘱使用"。

知识拓展:
影响软膏剂
吸收的因素

 **任务实施**

### 一、粒度检查

除另有规定外,混悬型软膏剂、含饮片细粉的软膏剂照下述方法检查,应符合规定。

检查法:取适量供试品,涂成薄层,薄层面积相当于盖玻片面积,共涂 3 片,照粒度和粒度分布测定法(通则 0982 第一法)检查,均不得检出大于 180 μm 的粒子。

## 二、装量检查

照《中国药典》(2020 年版)最低装量检查法(通则 0942)检查,应符合规定。取供试品 5 个(50 g 以上者 3 个),均应符合表 16-8 中的规定,如有 1 个容器装量不符合规定,则另取 5 个(50 g 以上者 3 个)复试,应全部符合规定。

表 16-8　软膏剂最低装量要求

| 标示装量 | 平均装量 | 每个容器装量 |
|---|---|---|
| 20 g(ml)以下 | 不少于标示装量 | 不少于标示装量的 93% |
| 20 g(ml)至 50 g(ml) | 不少于标示装量 | 不少于标示装量的 95% |
| 50 g(ml)以上 | 不少于标示装量 | 不少于标示装量的 97% |

## 三、无菌检查

用于烧伤[除程度较轻的烧伤(Ⅰ°或浅Ⅱ°)外]、严重创伤或临床必须无菌的软膏剂,照无菌检查法(通则 1101)检查,应符合规定。

## 四、微生物限度检查

除另有规定外,照非无菌产品微生物限度检查:微生物计数法(通则 1105)和控制菌检查法(通则 1106)及非无菌药品微生物限度标准(通则 1107)检查,应符合规定。

 **知识总结**

1. 软膏剂基质应均匀、细腻,涂于皮肤或黏膜上应无刺激性。软膏剂中不溶性原料药物应预先用适宜的方法制成细粉,确保粒度符合规定。

2. 软膏剂应具有适当的黏稠度,应易涂布于皮肤或黏膜上,不融化,黏稠度随季节变化应很小。

3. 除另有规定外,加入抑菌剂的软膏剂在制剂确定处方时,该处方的抑菌效力应符合抑菌效力检查法(通则 1121)的规定。

4. 软膏剂应无酸败、异臭、变色、变硬等变质现象。乳膏剂不得有油水分离及胀气现象。

5. 除另有规定外,软膏剂应避光密封贮存。乳膏剂应避光密封,置 25℃以下贮存,不得冷冻。

6. 用于烧伤[除程度较轻的烧伤(Ⅰ°或浅Ⅱ°)外]、严重创伤或临床必须无菌的软膏剂,照无菌检查法(通则 1101)检查,应符合规定。

7. 除另有规定外,照非无菌产品微生物限度检查:微生物计数法(通则 1105)和

控制菌检查法（通则 1106）及非无菌药品微生物限度标准（通则 1107）检查，应符合规定。

 ## 在线测试

请扫描二维码完成在线测试。

在线测试：
软膏剂质量
检查

# 项目 17
## 注射剂生产

# 任务 17.1 小容量注射剂生产

PPT：
小容量注射
剂生产

授课视频：
小容量注射
剂生产

小容量注射剂是无菌制剂,本任务主要是学习小容量注射剂的定义、特点、分类、溶剂与附加剂、热原、容器、质量要求,按照其生产工艺流程,完成小容量注射剂制备。

 知识准备

## 一、基础知识

**1. 小容量注射剂的定义、特点与质量要求**　小容量注射剂指装量小于 50 ml 的注射剂,系指原料药物或与适宜的辅料制成的供注入体内的无菌制剂。小容量注射剂是临床应用广泛的一种剂型,尤其适用于急救。

注射剂在临床应用时均以液体状态直接注射入人体组织、血管或器官内,剂量准确,药效迅速,作用可靠;对于昏迷、抽搐、惊厥等状态或消化系统障碍不宜口服给药的患者,注射是有效的给药途径;不宜口服的药物,宜制成注射剂;注射剂还可以发挥局部定位作用。但是,注射给药不方便,且注射时有疼痛感。由于注射剂属于高风险的剂型,使用不当易发生危险,故应根据医嘱由技术熟练的人进行注射,以保证安全。此外,注射剂的质量要求比其他剂型更严格,而且制造过程复杂,生产成本与价格较高。注射剂的质量要求见表 17-1。

表 17-1　注射剂的质量要求

| 项目 | 内容 |
|------|------|
| 无菌 | 注射剂成品中不得含有任何活的微生物 |
| 无热原 | 无热原是注射剂的重要质量指标,特别是供静脉及脊椎注射的制剂 |
| 可见异物 | 不得有肉眼可见的浑浊或异物 |
| 安全性 | 注射剂不能引起组织刺激性或发生毒性反应,特别是一些非水溶剂及一些附加剂,必须经过必要的动物实验,以确保安全 |
| 渗透压 | 注射剂的渗透压要求与血浆的渗透压相等或接近。供静脉注射的大剂量注射剂还要求具有等张性 |

续表

| 项目 | 内容 |
|------|------|
| pH | 要求与血液相等或接近(血液 pH 约为 7.4),一般控制在 pH 4~9 范围内 |
| 稳定性 | 注射剂多为水溶液,故要求注射剂具有必要的物理和化学稳定性,以确保产品在贮存期内安全有效 |
| 降压物质 | 有些注射液如复方氨基酸注射液,其降压物质必须符合规定,确保安全 |

**2. 注射剂的分类**　注射剂按分散系统分为四种类型,见表 17-2。

表 17-2　注射剂按分散系统分类

| 类型 | 要求 | 应用 |
|------|------|------|
| 溶液型注射剂 | 溶液型注射剂应澄清 | 对于易溶于水且在水溶液中稳定的药物,可制成水溶液型注射剂,如氯化钠注射液、葡萄糖注射液等<br><br>有些在水溶液中不稳定的药物,若溶于油,可制成油溶液型注射剂,如黄体酮注射液 |
| 乳剂型注射剂 | 乳剂型注射剂不得有相分离现象,不得用于椎管注射;静脉用乳状液型注射剂中 90% 的乳滴粒径应在 1 μm 以下,不得有大于 5 μm 的乳滴 | 水不溶性液体药物或油性液体药物,根据医疗需要可以制成乳剂型注射剂,例如静脉注射脂肪乳等 |
| 混悬型注射剂 | 混悬型注射剂中原料药物粒径应控制在 15 μm 以下,含 15~20 μm 者不应超过 10%,若有可见沉淀,振摇时应容易分散均匀。混悬型注射剂不得用于静脉注射或椎管内注射 | 水难溶性药物或注射后要求延长药效的药物,可制成水或油混悬液,如醋酸可的松注射液 |
| 注射用无菌粉末 | 供注射用的无菌粉末状药物装入安瓿或其他适宜容器中,临用前加入适当的溶剂(通常为灭菌注射用水)溶解或混悬而成 | 遇水不稳定的药物可制成注射用无菌粉末,如青霉素粉针剂 |

**3. 注射剂的溶剂**　注射剂所用溶剂应安全无害,并与其他药用成分兼容性良好,不得影响活性成分的疗效和质量。一般分为水性溶剂和非水性溶剂。水性溶剂最常用的为注射用水,也可用 0.9% 氯化钠溶液或其他适宜的水溶液。非水性溶剂常用植物油,主要为供注射用的大豆油,其他还有乙醇、丙二醇和聚乙二醇(PEG)等。供注射用的非水性溶剂,应严格限制其用量,并应进行各品种项下相应的检查。常用注射用溶剂见表 17-3。

**4. 注射剂的附加剂**　配制注射剂时,可根据需要加入适宜的附加剂。所用附加剂应不影响药物疗效,避免对检验产生干扰,使用浓度不得引起毒性或明显的刺激性。注射剂常用附加剂见表 17-4。

表 17-3 常用注射用溶剂

| 种类 | | 应用 |
|---|---|---|
| 注射用水 | 注射用水 | 注射用水为纯化水经蒸馏所得的水,应符合细菌内毒素试验要求,必须在防止细菌内毒素产生的设计条件下生产、贮藏及分装,可作为配制注射剂、滴眼剂等的溶剂或稀释剂及用于容器的精洗<br><br>注射用水的贮存方式和静态贮存期限应经过验证,确保水质符合质量要求,如可在 80℃以上保温或 70℃以上保温循环或 4℃以下的状态下存放 |
| | 灭菌注射用水 | 灭菌注射用水为注射用水按照注射剂生产工艺制备所得,不含任何添加剂,主要用作注射用灭菌粉末的溶剂或注射剂的稀释剂 |
| 注射用油 | 植物油 | 常用的注射用油为麻油、花生油、玉米油、豆油、蓖麻油及桃仁油等。注射用油的质量要求为:无异臭,无酸败味;色泽不得深于黄色 6 号标准比色液;在 10℃时应保持澄明;碘值为 79~128;皂化值为 185~200;酸值不得大于 0.56 |
| | 油酸乙酯 | 浅黄色油状液体,能与脂肪油混溶,性质与脂肪油相似而黏度较小。但贮藏会变色,故常加抗氧剂,可于 150℃灭菌 1 h |
| | 苯甲酸苄酯 | 无色油状或结晶,能与乙醇、脂肪油混溶 |
| 其他注射用非水溶剂 | 乙醇 | 本品与水、甘油、挥发油等可任意混溶,可供静脉或肌内注射 |
| | 丙二醇 | 本品与水、乙醇、甘油可混溶,能溶解多种挥发油。用作注射溶剂,供静脉注射或肌内注射,如苯妥英钠注射液中含 40% 丙二醇 |
| | 聚乙二醇 | 本品与水、乙醇相混合,化学性质稳定,PEG 300、PEG 400 均可用作注射溶剂,如塞替派注射液以 PEG 400 为注射溶剂 |
| | 甘油 | 本品与水或醇可任意混合,但在挥发油和脂肪油中不溶。由于黏度和刺激性较大,故常与乙醇、丙二醇、水等组成复合溶剂,如普鲁卡因注射液的溶剂为 95% 乙醇(20%)、甘油(20%)与注射用水(60%) |
| | 二甲基乙酰胺 | 本品与水、乙醇可任意混合,对药物的溶解范围大,为澄明中性溶液,常用浓度为 0.01% |

表 17-4 注射剂常用附加剂

| 分类 | 应用 |
|---|---|
| 助溶剂 | 苯甲酸钠咖啡因注射液(苯甲酸钠增加咖啡因的溶解度);利尿素(水杨酸钠增加咖啡碱的溶解度) |
| 增溶剂 | 维生素 $K_1$ 或 $K_2$ 注射液用中性植物油与聚山梨酯 80(吐温 80)增溶 |
| 助悬剂 | 羧甲纤维素钠、聚乙烯吡咯烷酮、甲基纤维素 |
| 乳化剂 | 泊洛沙姆、聚山梨酯 80、油酸山梨坦(司盘 80)、卵磷脂 |
| 抗氧剂 | 包括水溶性抗氧剂、油溶性抗氧剂、金属络合剂(EDTA-2Na)。常用的水溶性抗氧剂有亚硫酸钠(适于偏碱性药液)、亚硫酸氢钠(适于偏酸性药液)、焦亚硫酸钠(适于偏酸性药液)、硫代硫酸钠(适于偏碱性药液)等;油溶性抗氧剂有维生素 E、焦性没食子酸酯等。一般浓度为 0.1%~0.2% |

续表

| 分类 | 应用 |
|---|---|
| 惰性气体 | 可填充氮气或二氧化碳置换注射液及安瓿中的空气(氧)。一般情况应首选氮气,因二氧化碳能改变有些药液的 pH,且易使安瓿破裂 |
| 抑菌剂 | 多剂量包装的注射液可加适宜的抑菌剂,抑菌剂的用量应能抑制注射液中微生物的生长。静脉给药与脑池内、硬膜外、椎管内用的注射液均不得加抑菌剂。常用的抑菌剂为 0.5% 苯酚、0.3% 甲酚、0.5% 三氯叔丁醇、0.01% 硫柳汞等 |
| pH 调节剂 | 小容量注射剂:pH 调至 4~9;大容量注射剂:pH 应调至近中性,避免引起酸、碱中毒;常用酸碱调节剂或缓冲剂:磷酸氢二钠和磷酸二氢钠、枸橼酸和枸橼酸钠 |
| 渗透压调节剂 | 主要有氯化钠、氯化钾、葡萄糖等 |
| 减轻疼痛的附加剂 | 苯甲醇、盐酸普鲁卡因、三氯叔丁醇 |

**5. 热原** 注射后能引起人体特殊致热反应的物质,称为热原(pyrogen)。热原是微生物的一种内毒素,是由磷脂、脂多糖和蛋白质所组成的复合物,其中脂多糖是内毒素的主要成分,具有特别强的致热活性。

热原除具有致热性以外,溶于水,不具有挥发性,在通常的热压灭菌条件下不易被破坏;体积小,普通的滤器均可过滤,但可被活性炭吸附。另外,强酸、强碱、强氧化剂、超声波能使热原失活。

注射剂生产和使用过程都可能导致热原的污染。如注射用水、原辅料、容器、用具、管道与设备等会有热原引入;生产、贮存运输、使用过程不符合要求,也会导致热原污染。其中溶剂是热原污染的主要途径。

在注意避免热原污染的同时,可以采用高温法、酸碱法处理生产中所用的容器、用具及注射时注射器上的热原;用活性炭吸附或超滤除去药液中的热原;利用蒸馏、葡聚糖凝胶过滤、离子交换、反渗透制备除去注射用水中的热原。

热原的检查方法有家兔法和细菌内毒素检查法。由于家兔对热原的反应与人基本相似,目前家兔法仍为各国药典规定的检查热原的法定方法。《中国药典》(2020 年版)规定热原检查采用家兔法,细菌内毒素检查采用鲎试剂法。

知识拓展:
注射剂的
容器

## 二、工艺流程

小容量注射剂为无菌制剂,不仅要按照生产工艺流程进行生产,还要严格按照GMP 进行生产管理,以保证注射剂的质量和用药安全。液体安瓿剂的制备工艺流程如图 17-1 所示。

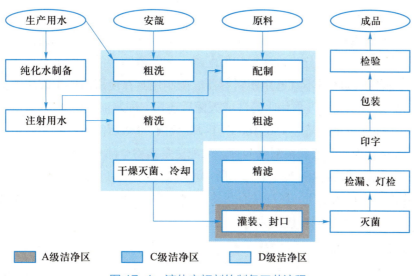

A级洁净区　　C级洁净区　　D级洁净区

图 17-1　液体安瓿剂的制备工艺流程

## 任务实施

### 一、洗瓶

安瓿除去包装后经洗涤后使用,洗涤用水应是新配制的注射用水。目前常用的洗涤方法为超声波洗涤法。

超声波洗涤法为 GMP 要求的最佳方法,清洗洁净度高、速率快。其在超声波发生器作用下,使浸没在清洗液中的安瓿与液体的接触面处于剧烈的超声震动状态时将安瓿内外表面的污垢冲去,将安瓿清洗干净。

### 二、安瓿干燥与灭菌

安瓿经淋洗只能去除稍大的菌体、尘埃及杂质粒子,还需通过干燥灭菌去除生物粒子的活性,达到杀灭细菌和热原的目的。安瓿洗涤后,一般置于 120~140℃烘箱内干燥。需无菌操作或低温灭菌的安瓿在 180℃干热灭菌 1.5 h。

安瓿在干燥灭菌过程中的灭菌按照 D 级洁净度要求。最终灭菌注射剂灭菌后的安瓿在 C 级洁净度下于密闭容器中保存,非最终灭菌注射剂灭菌后的安瓿在 B 级洁净度下于密闭容器中保存,安瓿存放时间不超过 24 h。

### 三、配液

注射剂生产所用原料必须达到注射用规格,符合《中国药典》(2020 年版)及国家有关对注射剂原料质量标准的要求。辅料也应符合《中国药典》(2020 年版)或国家其他有关质量标准,若有注射用规格,应选用注射用规格。

配制药物溶液的容器称为配液罐,常带有搅拌器和夹层,以便药液加热或冷却,顶部一般装有喷淋装置便于配液罐的清洗。配制用具的材料有玻璃、耐酸碱搪瓷、不锈钢、聚乙烯等。配液罐又分为浓配罐和稀配罐。配制浓的盐溶液时不宜选用不锈钢容器,配制需加热的药液时不宜选用塑料容器。配制用具在使用前要用硫酸清洁液或其他洗涤剂洗净,并用新鲜注射用水荡洗或灭菌后备用。配制油性注射液时,其器具必须干燥,注射用油在应用前需经 150~160℃、1~2 h 灭菌,冷却后使用。

配制方法分为浓配法和稀配法两种。浓配法是指将全部药物加入部分溶剂中配成浓溶液,加热或冷藏后过滤,然后稀释至所需浓度。易产生可见异物问题的原料可用此法,以滤除溶解度小的杂质。稀配法是指将全部药物加入全部溶剂中,一次配成所需浓度,再过滤后灌装,通常用于优质原料。

## 四、过滤

注射剂的过滤是保证注射剂澄明的关键,主要靠介质的拦截作用,其过滤方式有表面过滤和深层过滤。注射剂的生产过程中,过滤通常采用预滤和精滤相结合。预滤常用钛滤器,精滤常用微孔滤膜滤器。

常用的注射剂过滤装置见表 17-5。

表 17-5  常用的注射剂过滤装置

| 类型 | 应用 |
| --- | --- |
| 垂熔玻璃滤器 | 用于注射剂的精滤或膜滤前的预滤。特点是性质稳定,除强酸与氢氟酸外,一般不受药液影响,不改变药液的 pH;过滤时不掉渣,吸附性低;滤器可热压灭菌和用于加压过滤;但价格贵,质脆易破碎,滤后处理也较麻烦 |
| 砂滤棒 | 棒身具有许多细微孔,是过滤器发挥过滤作用的主体部分,通过砂滤棒的过滤来提高液体和水的澄明度 |
| 钛滤器 | 耐高温;化学稳定性好,能耐酸碱;精度高,机械强度大;分离效率高;易再生 |
| 微孔滤膜过滤器 | 一种高分子滤膜材料,主要由不锈钢过滤系统、真空系统、机箱和电气等部分组成,其过滤机制主要是物理过筛作用。其优点是:① 过滤速度快;② 吸附作用小;③ 孔隙率高;④ 不影响药物含量,不滞留药液。缺点是耐酸耐碱能力差 |

## 五、灌封

灌封即灌注药液和熔封,这是注射剂生产中非常关键的操作。药品生产企业多采用全自动灌封机。安瓿熔封方法分为拉封和顶封两种,由于拉封封口严密,颈端圆整光滑,所以目前规定必须用拉封方式封口,即拉丝封口。

灌装药液时应注意剂量准确,药液不沾瓶、不溅瓶颈。目前注射剂生产将安瓿洗涤、灭菌及药液灌封等多道工序连接起来组成联动机,各部分装上单向层流装置,实现了自动化生产,利于提高产品质量。

## 六、灭菌与检漏

除采用无菌操作生产的注射剂外,一般注射液在灌封后必须尽快进行灭菌,从配液到灭菌一般须在 12 h 内完成,保证产品的无菌。目前主要采用湿热灭菌法。常用的灭菌条件为 121℃、15 min。要求按灭菌效果 $F_0$ 大于 8 进行验证。1~5 ml 安瓿采用流通蒸汽灭菌法,100℃灭菌 30 min。对热不稳定的药物可以适当缩短灭菌时间;以油为溶剂的注射剂,通常用干热灭菌。

灭菌后的安瓿应立即进行漏气检查,以保证用药安全。若安瓿未严密熔合,有毛细孔或微小裂缝存在,则药液易被微生物与污物污染或药物泄漏,污损包装,应检查剔除。

## 七、质量检查

**1. 装量检查**　检查法:供试品标示装量不大于 2 ml 者,取供试品 5 支(瓶),2 ml 以上至 50 ml 者取 3 支(瓶),将内容物分别用相应体积的干燥注射器及注射针头抽尽,然后缓慢连续地注入经标化的量入式量筒内(量筒的大小应使待测体积至少占其额定体积的 40%,不排尽针头中的液体),在室温下检视,每支(瓶)的装量均不得少于其标示装量。

测定油溶液、乳状液或混悬液时,应先加温(如有必要)摇匀,再同前法操作,放冷(加热时),检视。

**2. 可见异物检查**　除另有规定外,照可见异物检查法(通则 0904)检查,应符合规定。

可见异物检查法有灯检法和光散射法。一般常用灯检法,灯检法不适用的品种,如有色透明容器包装或液体色泽较深的品种应选用光散射法。光散射法:当一束单色激光照射溶液时,溶液中存在的不溶性物质使入射光发生散射,散射的能量与不溶性物质的大小有关。光散射法通过对溶液中不溶性物质引起的光散射能量进行测量,并与规定的阈值比较,来检查可见性异物。

**3. 无菌检查**　任何注射剂在灭菌操作完成后,必须抽出一定数量的样品进行无菌检查,以确保制品的灭菌质量。采用无菌生产工艺制备的注射剂更应注意无菌检查的结果。照无菌检查法(通则 1101)检查,应符合规定。

**4. 细菌内毒素或热原检查**　除另有规定外,静脉用注射剂按各品种项下的规定,照细菌内毒素检查法(通则 1143)或热原检查法(通则 1142)检查,应符合规定。

**5. 中药注射剂有关物质检查**　按各品种项下规定,照注射剂有关物质检查法(通则 2400)检查,应符合有关规定。

**6. 重金属及有害元素残留量检查**　除另有规定外,中药注射剂照铅、镉、砷、汞、铜测定法(通则 2321)测定,按各品种项下每日最大使用量计算,铅不得超过 12 μg,镉不得超过 3 μg,砷不得超过 6 μg,汞不得超过 2 μg,铜不得超过 150 μg。

**7. 其他检查**　如注射用浓溶液应进行不溶性微粒检查,椎管注射用注射剂进行渗透压摩尔浓度测定,某些注射剂如生物制品要求检查降压物质,此外,鉴别、含量测定、pH 测定、毒性试验、刺激性试验等按具体品种项下规定进行检查。

---

**实例分析**　维生素 C 注射液

【处方】　维生素 C 104 g,碳酸氢钠 49 g,依地酸二钠 0.05 g,亚硫酸氢钠 2 g,注射用水加至 1 000 ml。

【制法】　在配制容器中,加处方量 80% 的注射用水,通二氧化碳至饱和,加维生素 C 溶解后,分次缓缓加入碳酸氢钠,搅拌使完全溶解,加入预先配制好的依地酸二钠和亚硫酸氢钠溶液,搅拌均匀,调节药液 pH 至 6.0~6.2,添加已用二氧化碳饱和的注射用水至足量,用垂熔玻璃滤器与膜滤器过滤,溶液中通二氧化碳,并在二氧化碳气流下灌封,最后于 100℃流通蒸汽灭菌 15 min。

实例分析:
维生素 C
注射液

【讨论】　1. 处方中各成分的作用分别是什么?

　　　　　2. 为何选择 100℃流通蒸汽灭菌 15 min?

 **知识总结**

1. 小容量注射剂指装量小于 50 ml 的注射剂。

2. 小容量注射剂药效迅速、剂量准确、作用可靠;适用于不宜口服的药物;适用于不能口服给药的患者;可产生局部定位作用。

3. 小容量注射剂包括溶液型、乳剂型、混悬型。

4. 注射剂的溶剂包括注射用水、注射用油、其他注射用非水溶剂。

5. 注射剂的附加剂包括助溶剂、增溶剂、助悬剂、乳化剂、抗氧剂、惰性气体、抑菌剂、pH 调节剂、渗透压调节剂、减轻疼痛的附加剂。

6. 注射后能引起人体特殊致热反应的物质,称为热原。热原是微生物的一种内毒素,是由磷脂、脂多糖和蛋白质所组成的复合物。热原具有致热性,耐热性,可滤过性,水溶性和不挥发性,强酸、强碱、强氧化剂、超声波能使热原失活。

7. 小容量注射剂制备工艺流程:洗瓶→干燥、灭菌→配液→过滤→灌封→灭菌→检漏→质量检查→包装。

 **在线测试**

请扫描二维码完成在线测试。

在线测试:
小容量注射
剂生产

# 任务 17.2　大容量注射剂生产

 **任务描述**

大容量注射剂在临床应用广泛,本任务主要是学习大容量注射剂的定义、特点、分类、质量要求及制备方法,按照其生产工艺流程,完成大容量注射剂制备。

PPT:
大容量注射剂生产

授课视频:
大容量注射剂生产

 **知识准备**

## 一、基础知识

**1. 大容量注射剂的定义、特点与质量要求**　大容量注射剂(large volume injections, LVI)又称输液(infusion solution),系指由静脉滴注输入体内的大剂量(除另有规定外,一般不小于 100 ml,生物制品一般不少于 50 ml)注射液。大容量注射剂通常包装在玻璃输液瓶或塑料瓶或输液袋中,不含抑菌剂或防腐剂。

与小容量注射剂相比,大容量注射剂剂量通常在 100 ml 以上,最大者有 1 000 ml,一般为 500 ml;在临床上常用于急救、补充体液和营养,而且直接进入血液,故质量要求更加严格。并且 pH 力求接近体液,避免过酸或过碱而引起酸碱中毒。渗透压应尽可能与血液等渗。在制备工艺要求方面,一般小容量注射剂从配制到灭菌应控制在 12 h内完成,而大容量注射剂从配制到灭菌应控制在 4 h 以内完成。大容量注射剂不得含有引起过敏反应的异性蛋白及降压物质,输入人体后不会引起血象的异常变化,不损害肝、肾等;不得添加任何抑菌剂,在贮存过程中应质量稳定。

**2. 大容量注射剂的分类**　大容量注射剂的分类见表 17-6。

表 17-6　大容量注射剂的分类

| 类型 | 应用 | 举例 |
|------|------|------|
| 电解质输液 | 补充体内水分、电解质,纠正体内酸碱平衡等 | 氯化钠注射液、复方氯化钠注射液、乳酸钠注射液 |
| 营养输液 | 糖类输液用于供给机体热量和补充体液 | 葡萄糖注射液、转化糖注射液 |
|  | 多元醇类输液用于脑水肿降低颅内压及用于烧伤后产生的水肿 | 山梨醇注射液、甘露醇注射液 |

续表

| 类型 | 应用 | 举例 |
|---|---|---|
| 营养输液 | 氨基酸类输液用于危重患者和不能口服进食的患者补充营养 | 凡命（Vamin，含 17 种氨基酸）、复合氨基酸（9R）注射液 |
| | 脂肪乳剂输液用于不能口服进食、严重缺乏营养的患者，必须单独输入 | TPN 主要由复方氨基酸注射液、糖类与脂肪乳剂组成 |
| 胶体输液 | 调节体内渗透压 | 右旋糖酐、淀粉衍生物、明胶、聚乙烯吡咯烷酮（PVP） |
| 含药输液 | 临床治疗 | 替硝唑、苦参碱 |

## 二、工艺流程

　　大容量注射剂的生产过程一般包括原辅料的准备、浓配、稀配、包材处理、灌封、灭菌、灯检、包装等工序。大容量注射剂的包装容器有玻璃容器与塑料容器，但其制备工艺流程大致相同。玻璃瓶、塑料瓶及塑料软袋包装的大容量注射剂制备工艺流程分别见图 17-2、图 17-3 和图 17-4。

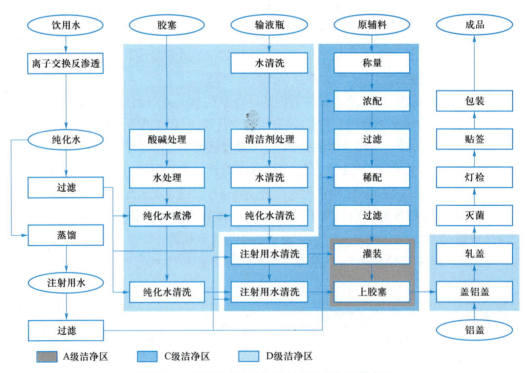

图 17-2　玻璃瓶装大容量注射剂的制备工艺流程

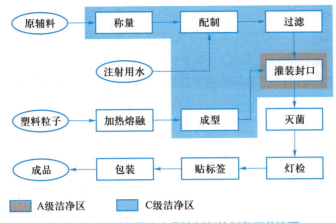

图 17-3　塑料瓶装大容量注射剂的制备工艺流程

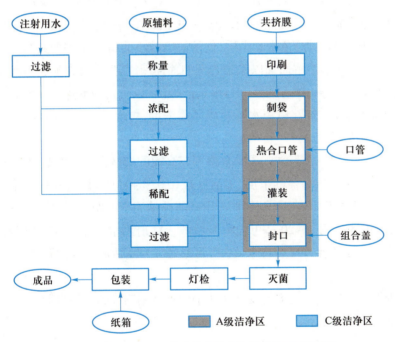

图 17-4　塑料软袋装大容量注射剂的制备工艺流程

 **任务实施**

▶▶▶ **塑料软袋装大容量注射剂制备**

## 一、制袋

输液用袋目前常采用塑料袋和非 PVC 多层共挤膜输液袋。塑料袋由无毒聚氯乙烯制成,有重量轻、运输方便、不易破损、耐压等优点,但湿气和空气可透过塑料袋,影响贮存期的质量,同时其透明性和耐热性也较差,强烈振荡可产生轻度乳光,逐渐淘汰。非 PVC 多层共挤膜输液袋(以下简称软袋)是由生物惰性好、水汽透过率低的材料多层交联挤出的筒式薄膜在 A 级环境下热合制成,每层由不同比率的 PP 和 SEBS 组成,具有透明性好,抗低温性能强,韧性好,可热压消毒(耐 120℃高温灭菌),输液时软袋自动回缩能消除输液过程中的二次污染,无增塑剂、不污染环境,易回收处理等优点,是目前广受欢迎的大容量注射剂包装材料。

## 二、配液

大容量注射剂的配液方法一般有两种。

1. 浓配法　原料质量虽符合《中国药典》规定标准,但其溶液有时澄明度较差者可采用此法,为大容量注射剂配制的常用方法。具体操作是将原料溶于新鲜的注射用水中配成浓溶液,加活性炭加热处理,过滤后再稀释至所需浓度。经活性炭加热处理,可吸附除去原料中的热原、色素和杂质,使溶解度较小的(在《中国药典》限度范围以内的)杂质在高浓度时不溶解而加以除去。例如葡萄糖注射液,可先配成 50%~70% 的浓溶液,加活性炭(0.3%~0.5%),调整 pH,用蒸汽加热(以防葡萄糖焦化),冷至 50℃,用布氏漏斗或砂滤棒抽滤,加注射用水稀释成所需浓度,再通过适宜的垂熔漏斗及微孔薄膜滤器精滤合格后灌装。

2. 稀配法　原料质量较好、成品合格率较高而配液量大时可用此法。即将原料直接加新鲜注射用水配成所需的浓度,加活性炭(0.02%~0.1%),调整 pH,搅拌,放置约 20 min 后(必要时可适当加热以加速吸附),用砂滤棒抽滤至澄明(砂滤棒可预先用活性炭打底助滤,每根滤棒用 10~20 g,可先将炭粉放入注射用水中,经离心泵打入密闭砂棒滤器中使之吸附于滤棒外层后将水放去),再通过 3 号垂熔滤球及微孔薄膜滤器精滤后灌装。

国内外制备大容量注射剂的设备往往采用不锈钢制成的大型容器。配液器内装有搅拌桨、加热管和液位管。

## 三、过滤

大容量注射剂的过滤方法与过滤装置与小容量注射剂基本上相同。过滤方法有减压过滤和加压过滤等,不论采用何种方法,均应在密闭连通管道中进行,这样可避免药液与外界空气接触而减少污染机会。目前生产大容量注射剂大多采用玻璃泵或不锈钢加压泵加压过滤。

生产时常用加压过滤装置。一般先粗滤,然后再精滤。过滤操作应注意以下几点。

1. 高浓度的药液可采用保温过滤,以提高过滤效率。如葡萄糖浓配液在 40~50℃时粗滤,右旋糖酐浓配液需在 70~80℃时粗滤。

2. 初滤液可见异物检查不符合要求时,可进行回滤。

3. 药液脱炭过滤用钛滤器效果好,但成本较高。

4. 精滤常采用圆盘式或筒式微孔滤膜过滤器,以减少输液中的微粒数,保证过滤质量。

5. 精滤后进行半成品的质量检查,合格后方可开始灌装。

## 四、灌封

药液过滤至澄明度合格后即可分装于输液袋中。塑料输液袋灌封时,将袋内最后一次洗涤水倒空,用常压过滤密封式灌装法进行灌装,灌装至需要量时立即用金属夹夹紧袋口,已装满的液袋要逐个检查,排尽袋内空气,以电热熔合封口,留有约 4 cm 塑料管供输液时直接插管用。

## 五、灭菌

灌封后应立即灭菌,从配液到灭菌,以不超过 4 h 为宜。一般应采用热压灭菌,115 ℃、68.7 kPa(0.7kg/cm$^2$)、30 min。塑料袋装大容量注射剂的灭菌条件为 109 ℃、45 min 或 111 ℃、30 min。灭菌开始应逐渐升温,一般预热 20~30 min,若骤然升温,会引起输液瓶爆破,待达到灭菌温度和时间后必须等锅内压力下降至零,放出锅内蒸汽,使压力与大气相等后,再缓慢打开灭菌器门,切不可带压操作,否则将产生严重的人身安全事故。塑料袋装大容量注射剂灭菌时应有加压措施防止其膨胀破裂。灭菌条件应进行验证,$F_0$ 值应不低于 8 min。

## 六、质量检查

大容量注射剂的质量检查项目与一般注射剂基本相同,其含量、pH、可见异物、无菌检查及各产品的特殊检查项目,均应符合药品标准,并应进行以下检查。

1. 细菌内毒素或热原检查　《中国药典》(2020 年版)规定,除另有规定外,静脉用注射剂按各品种项下的规定,照细菌内毒素检查法(通则 1143)或热原检查法(通则 1142)检查,应符合规定。

2. 不溶性微粒检查　除另有规定外,溶液型静脉用注射剂、注射用无菌粉末及注射用浓溶液照不溶性微粒检查法(通则 0903)检查,应符合规定。标示装量 100 ml 或 100 ml 以上的静脉用注射剂,除另有规定外,每 1 ml 中含有 10 μm 及 10 μm 以上的微粒不得超过 12 粒,含 25 μm 以上的微粒不得超过 2 粒;100 ml 以下的静脉用注射剂、注射用无菌粉末及注射用浓溶液,除另有规定外,每个供试品容器中含有 10 μm 以上的微粒不得超过 3 000 粒,含 25 μm 以上的微粒不得超过 300 粒。

在可见异物检查过程中,同时挑出崩盖、歪盖、松盖、漏气的产品。

大容量注射剂经质量检查合格后贴上标签,标签上须注明品名、规格、含量、用法与用量、注意事项、批号、生产单位等,贴好标签后即可进行包装。

**实例分析　5% 葡萄糖注射液**

【处方】　葡萄糖 50 g，1% 盐酸适量，注射用水加至 1 000 ml。

【制法】　取注射用水适量，加热煮沸，加入葡萄糖搅拌溶解，使成 50%~60% 的浓溶液；加 1% 盐酸调节 pH 为 3.8~4.0；加入浓配量 0.1%~1%（g/ml）的活性炭，搅匀，加热煮沸约 30 min，于 45~50℃过滤脱炭；滤液加注射用水稀释至全量，测定 pH 及含量，合格后精滤至澄明，灌封。115.5℃热压灭菌 30 min，即得。

【讨论】　1. 为什么先配制 50%~60% 葡萄糖浓溶液？
　　　　　2. 制备过程中加入活性炭的目的是什么？

实例分析：
5% 葡萄糖
注射液

 **知识总结**

1. 大容量注射剂又称输液，系指由静脉滴注输入体内的大剂量（除另有规定外，一般不小于 100 ml，生物制品一般不少于 50 ml）注射液。

2. 与小容量注射剂相比，大容量注射剂用量大且直接进入血液，故对其质量要求更加严格。

3. 大容量注射剂分为电解质输液、营养输液、胶体输液、含药输液。

4. 软袋装大容量注射剂的生产工艺流程：制袋→配液→过滤→灌封→灭菌→质量检查。

 **在线测试**

请扫描二维码完成在线测试。

在线测试：
大容量注射
剂生产

# 任务 17.3　注射用无菌粉末生产

 **任务描述**

注射用无菌粉末亦称粉针剂，本任务主要是学习注射用无菌粉末的定义、特点、分类、质量要求及制备方法，按照生产工艺流程完成注射用无菌粉末制备。

PPT：
注射用无菌
粉末生产

 **知识准备**

授课视频:
注射用无菌
粉末生产

## 一、基础知识

注射用无菌粉末系指原料药物或与适宜辅料制成的供临用前用无菌溶液配制成注射液的无菌粉末或无菌块状物,一般采用无菌分装或冷冻干燥法制得,可用适宜的注射用溶剂配制后注射,也可用静脉输液配制后静脉滴注。注射用无菌粉末在标签中应标明所用溶剂。

注射用无菌粉末适用于在水中不稳定的药物,特别是对湿、热敏感的抗生素及生物制品。用一般药剂学稳定化技术尚难得到满意的注射剂产品时,也可制成注射用无菌粉末。根据生产工艺条件和药物性质不同,注射用无菌粉末分为两种:一种是用适宜方法制得的粉末无菌分装制得,呈粉末状,称为注射用无菌分装制品;另一种是用冷冻干燥工艺制得,呈块状,称为注射用冷冻干燥制品(简称冻干粉针)。

注射用无菌粉末是非最终灭菌药品,其生产必须采用高洁净度控制技术工艺。注射用无菌粉末的质量应按照《中国药典》(2020 年版)的规定,进行装量差异、不溶性微粒、无菌、含量均匀度等项目检查,并符合规定。

## 二、工艺流程

注射用无菌分装制品是将符合注射用要求的药物粉末,在高洁净度控制技术工艺条件下直接分装于洁净灭菌的西林小瓶中,密封制成的粉针剂。药物若能耐受一定的温度,则可进行补充灭菌。注射用无菌分装制品制备工艺流程如图 17-5 所示。

图 17-5　注射用无菌分装制品制备工艺流程

注射用冷冻干燥制品是将药物制成无菌水溶液,进行无菌灌装,再经冷冻干燥,在无菌生产工艺条件下封口制成的粉针剂。如蛋白质、酶等生物制品,对热敏感或在水中不稳定的药物均适于制成冷冻干燥制品,其制备工艺流程如图 17-6 所示。

图 17-6　注射用冷冻干燥制品制备工艺流程

## 任务实施

### ▶▶▶ 注射用冷冻干燥制品制备

#### 一、测定产品低共熔点

低共熔点是指在水溶液冷却过程中,冰和溶质同时析出结晶混合物(低共溶混合物)时的温度。通常在对新产品进行冻干之前,应先测出其低共熔点,以便控制冷冻温度在低共熔点以下,保证冷冻干燥的顺利进行。测定低共熔点的方法有电阻法和热分析法。

#### 二、冻干前原辅料的处理

冻干前的原辅料、西林小瓶需按适宜的方法处理,然后进行配液、无菌过滤和分装。

#### 三、配液、无菌过滤和分装

配液、无菌过滤和分装,应在 A 级洁净度条件下操作。当药物剂量和体积较小时,需加适宜稀释剂(甘露醇、乳糖、山梨醇、右旋糖酐、牛白蛋白、明胶、氯化钠和磷酸钠等)以增加容积。溶液经无菌过滤(0.22 μm 微孔滤膜)后分装在灭菌西林瓶内,容器的余留空间应较水性注射液大,一般分装容器的液面深度为 1~2 cm,最深不超过容器深度的 1/2。

#### 四、冷冻干燥

**1. 预冻**　预冻是恒压降温过程,随着温度下降药液形成固体,一般应将温度降至低于共熔点 10~20℃,以保证冷冻彻底,无液体存在。主要的控制参数是冻结温度及冷冻速率,由于不同的物料其冻结点不同,因此冷冻速率的快慢直接关系到物料中冰晶颗粒的大小,冰晶颗粒的大小与固态物料的结构及升华速率具有直接关联。若预冻不完全,在减压过程中可能产生沸腾冲瓶的现象,导致制品表面不平整。预冻方法包括速冻法和慢冻法。

**2. 升华干燥**　冷冻干燥的主要过程是升华干燥,在此过程中不允许冰出现融化,否则便是冻干失败。升华阶段的时间,根据不同产品而不同。升华干燥法又分为两种,一种是一次升华法,适用于共熔点为 –20~–10℃、溶液黏度不大的制品。另一种是反复冷冻升华法,通过反复升温降温处理,制品晶体的结构被改变,常用于结构较复杂、稠度大及熔点较低的制品。

**3. 再干燥**　升华完成后使体系温度提高,具体温度根据制品的性质确定,如 0℃

或 25℃,保持一定时间,使残留的水分与水蒸气被进一步抽尽。通过再干燥保证冻干制品含水量 <1%,并有防止回潮作用。

## 五、加塞、封口

冷冻干燥后,从机器中取出分装瓶,加塞、封口。

## 六、质量检查

**1. 装量差异检查**　除另有规定外,注射用无菌粉末照下述方法检查,应符合规定。

检查法:取供试品 5 瓶(支),除去标签、铝盖,容器外壁用乙醇擦净,干燥,开启时注意避免玻璃屑等异物落入容器中,分别迅速精密称定;容器为玻璃瓶的注射用无菌粉末,首先小心开启内塞,使容器内外气压平衡,盖紧后精密称定。然后倾出内容物,容器用水或乙醇洗净,在适宜条件下干燥后,再分别精密称定每一容器的重量,求出每瓶(支)的装量与平均装量。每瓶(支)装量与平均装量相比较(如有标示装量,则与标示装量相比较),应符合表 17-7 中的相关规定,如有 1 瓶(支)不符合规定,应另取 10 瓶(支)复试,应符合规定。

表 17-7　装量差异规定

| 平均装量或标示装量 | 装量差异限度 |
|---|---|
| 0.05 g 及 0.05 g 以下 | ±15% |
| 0.05 g 以上至 0.15 g | ±10% |
| 0.15 g 以上至 0.50 g | ±7% |
| 0.50 g 以上 | ±5% |

凡规定检查含量均匀度的注射用无菌粉末,一般不再进行装量差异检查。

**2. 不溶性微粒检查**　注射用无菌粉末及注射用浓溶液照不溶性微粒检查法(通则 0903)检查,均应符合规定。

**3. 无菌检查**　按照无菌检查法(通则 1101)检查,应符合规定。

### 注射用辅酶 A 的无菌冻干制剂

实例分析

【处方】　辅酶 A 56.1 单位,水解明胶 5 mg,甘露醇 10 mg,葡萄糖酸钙 1 mg,半胱氨酸 0.5 mg。

【制法】　将上述各成分用适量注射用水溶解后,无菌过滤,分装于安瓿中,每支 0.5 ml,冷冻干燥后封口,经漏气检查合格,即得。

【讨论】　处方中各成分的作用分别是什么?

实例分析:
注射用辅酶
A 的无菌冻
干制剂

 **知识总结**

1. 注射用无菌粉末又称粉针剂,系指原料药物或与适宜辅料制成的供临用前用无菌溶液配制成注射液的无菌粉末或无菌块状物。

2. 注射用无菌粉末分为注射用无菌分装制品、注射用冷冻干燥制品。

3. 注射用无菌粉末是非最终灭菌药品。

4. 注射用冷冻干燥制品制备工艺流程:测定产品低共熔点→原辅料、容器的处理→配液、无菌过滤和分装→预冻→升华干燥→再干燥→加塞、封口→质量检查。

 **在线测试**

在线测试:
注射用无菌
粉末生产

请扫描二维码完成在线测试。

# 项目 18
## 缓控释制剂生产

PPT:
缓控释制剂
制备

授课视频:
缓控释制剂
制备

# 任务 18.1　缓控释制剂制备

 **任务描述**

　　药物制剂新技术和新剂型的发展,既有利于提高药物治疗效果,改善药物性质,又可减轻药物不良反应,是当前药物制剂发展的主流方向之一。本任务重点介绍缓控释制剂的基础知识,并以包合物、脂质体和微球三种新技术为例,分析制备工艺流程。

 **知识准备**

## 一、缓控释制剂基础知识

### 1. 缓控释制剂的概念

　　(1) 缓释制剂:系指在规定的释放介质中,按要求缓慢地非恒速释放药物,与相应的普通制剂比较,给药频率减少一半或有所减少,且能显著增加患者用药依从性的制剂。

　　(2) 控释制剂:系指在规定的释放介质中,按要求缓慢地恒速释放药物,与相应的普通制剂比较,给药频率减少一半或有所减少,血药浓度比缓释制剂更加平稳,且能显著增加患者用药依从性的制剂。

　　(3) 迟释制剂:系指在给药后不立即释放药物的制剂,包括肠溶制剂、结肠定位制剂和脉冲制剂等。肠溶制剂,系指在规定的酸性介质(pH 1.0~3.0)中不释放或几乎不释放药物,而在要求的时间内,于 pH 6.8 磷酸盐缓冲液中大部分或全部释放药物的制剂。结肠定位制剂,系指在胃肠道上部基本不释放、在结肠内大部分或全部释放药物的制剂,即一定时间内在规定的酸性介质与 pH 6.8 磷酸盐缓冲液中不释放或几乎不释放药物,而在要求的时间内,于 pH 7.5~8.0 磷酸盐缓冲液中大部分或全部释放药物的制剂。脉冲制剂,系指不立即释放药物,而在某种条件下(如在体液中经过一定时间或在一定 pH 或某些酶作用下)一次或多次突然释放药物的制剂。

　　(4) 微粒制剂:也称微粒给药系统(microparticle drug delivery system, MDDS),系指药物或与适宜载体(一般为生物可降解材料),经过一定的分散包埋技术制得具有一定粒径(微米级或纳米级)的微粒组成的固态、液态、半固态或气态药物制剂。

（5）靶向制剂：系指采用载体将药物通过循环系统浓集于或接近靶器官、靶组织、靶细胞和细胞内特定结构的一类新制剂，可提高疗效和 / 或降低对其他组织、器官及全身的毒副作用。靶向制剂可分为三类：① 一级靶向制剂，系指药物进入特定组织或器官；② 二级靶向制剂，系指药物进入靶部位的特殊细胞（如肿瘤细胞）释药；③ 三级靶向制剂，系指药物作用于细胞内的特定部位。

随着现代制剂技术的发展，缓控释制剂已逐渐用于临床，其给药途径包括外用、口服与注射等。外用缓控释制剂一般能够促进药物对皮肤、黏膜等生物膜的渗透性；口服缓控释制剂一般采用溶出、扩散、溶蚀及渗透泵等原理，制成骨架型、膜控型和渗透泵型等类型；注射用制剂一般采用新型分散技术（如包合物、脂质体、微球、纳米粒等），制成具有缓释、控释或靶向作用的制剂。

### 2. 缓控释制剂常用载体辅料

（1）口服固体缓释、控释制剂：常利用高分子化合物作为阻滞剂控制药物的释放速率，可分为骨架型和包衣膜型。

① 骨架型缓释材料：可分为亲水凝胶骨架材料、不溶性骨架材料和生物溶蚀性骨架材料。亲水凝胶骨架材料系指遇水膨胀后形成凝胶屏障控制药物释放，如羧甲纤维素钠（CMC–Na）、甲基纤维素（MC）、羟丙甲纤维素（HPMC）、聚维酮（PVP）、卡波姆、海藻酸盐、壳聚糖等。不溶性骨架材料指不溶于水或水溶性极小的高分子聚合物、无毒塑料等，如聚甲基丙烯酸酯、乙基纤维素（EC）、聚乙烯等。生物溶蚀性骨架材料常用的有动物脂肪、蜂蜡、巴西棕榈蜡、氢化植物油、硬脂醇、单硬脂酸甘油酯等。

② 包衣膜型缓释材料：可分为不溶性和肠溶性高分子材料。前者主要是指不溶性附加材料 EC 等。后者系指不溶于胃液而溶于肠液的薄膜包衣材料，如丙烯酸树脂 L 和 S 型、醋酸纤维素酞酸酯、醋酸羟丙甲纤维素琥珀酸酯和羟丙甲纤维素酞酸酯等。

（2）微粒给药系统：主要包括微囊、微球、脂质体、纳米粒、亚微乳、聚合物胶束等。常用的载体材料根据来源可分为天然材料、半合成材料和合成材料三类。

① 天然材料：在体内生物相容和可生物降解的天然材料包括明胶、蛋白质（如白蛋白）、淀粉、壳聚糖、海藻酸盐、磷脂、胆固醇、脂肪油、植物油等。天然来源的成分需关注动物蛋白、病毒、热原和细菌内毒素等带来的安全风险。

② 半合成材料：可分为在体内可生物降解与不可生物降解两类。在体内可生物降解的有氢化大豆磷脂、聚乙二醇 – 二硬脂酰磷脂酰乙醇胺等；不可生物降解的有甲基纤维素、乙基纤维素、羧甲纤维素盐、羟丙甲纤维素、邻苯二甲酸乙酸纤维素等。

③ 合成材料：可分为在体内可生物降解与不可生物降解两类。可生物降解材料应用较广的有聚乳酸、聚氨基酸、聚羟基丁酸酯、乙交酯 – 丙交酯共聚物等；不可生物降解的材料有聚酰胺、聚乙烯醇、丙烯酸树脂、硅橡胶等。

此外，在制备缓控释微粒制剂时，可加入适宜的润湿剂、乳化剂、抗氧剂或表面活性剂等。所有用到的辅料均需要严格控制质量，如脂质体制剂中用到的磷脂，无论是天然、半合成或合成的，都应明确游离脂肪酸、过氧化物、溶血磷脂等关键质量属性。

## 二、缓控释制剂的设计

缓释、控释和迟释制剂研发应结合临床需求与药物特性进行可行性评价,并非所有的口服药物都适合制成缓控释制剂。设计缓释、控释和迟释制剂时应考虑药物的理化性质、生物药剂学性质、药物动力学性质、药效学性质及临床需求等因素。

缓释、控释和迟释制剂的设计要依据药物的溶解性、pH 对溶解度的影响、稳定性、吸收部位、吸收速率、首过效应、消除半衰期、最小有效浓度、最佳治疗浓度、最低毒性浓度及个体差异等,根据临床需要及预期制剂的体内性能进行可行性评估及处方设计。药物在胃肠道不同部位的吸收特性及制剂在肠道的滞留时间是影响口服吸收的重要因素。胃肠道不同部位的 pH、表面积、膜通透性、分泌物、酶、水量等不同,在药物吸收过程中所起的作用可能有显著差异,因此,在研发前需充分了解药物在胃肠道的吸收部位或吸收窗,并在处方设计时考虑如何减小可能的个体差异。

口服缓释、控释和迟释制剂最常采用的剂型为片剂和胶囊(填充缓释小丸或颗粒),其他剂型有缓释颗粒、缓释混悬剂等;常用的调释技术包括膜包衣技术、骨架技术、渗透泵技术、胃内滞留技术、生物黏附技术、离子交换技术等。应根据药物性质、临床用药特点、辅料、工艺设备等情况确定具体剂型,选择合适的调释技术和体外评价方法,进行处方与工艺的筛选与优化。在处方工艺设计和研究中,需要充分了解原料药与所用辅料的性质及彼此的相容性。由于缓释、控释和迟释制剂的制备较普通制剂更加复杂,故需对制备工艺中可能影响产品质量的环节和工艺参数进行详细的考察,确定影响制剂质量的关键工艺因素及关键工艺参数的范围。在小试和中试生产的过程中,根据各个环节对考察参数与质量的分析结果,进一步评价缓释、控释和迟释制剂的处方工艺是否适合大生产。对多批的小试、中试和工业生产规模的产品进行质量对比研究,验证工艺的可行性与合理性,保证在设定的条件下批间差异的可控。

缓释、控释和迟释制剂的释放行为应在一定 pH 条件下保持稳定,符合临床需求,且不受或少受生理、饮食等因素及产品运输贮存条件(温度、湿度)等各个环节的影响。良好的处方工艺及其制备过程应能保证产品的重现性和稳定性,可以通过严格的操作规程和中间控制手段,有效地解决大生产中批次间的重现性及体内生物等效性等问题。

## 任务实施

### 一、包合物制备

包合物系指一种分子(药物,客分子)被全部或部分包藏于另一种分子(环糊精及其衍生物,主分子)的空穴结构内形成的特殊复合物。主分子具有较大的空穴结构,足以将客分子容纳在内,形成分子囊。药物经包合后,溶解度增大,稳定性提高,可实现液体药物固体化、防止挥发性成分挥发、掩盖药物不良嗅味、调节释药速率、提高药物生物利用度、降低药物毒副作用等目的。

　　包合物的形成与稳定性取决于主、客分子的立体结构和极性。客分子必须与主分子空穴形状、大小相适应。被包合的有机药物应符合下列条件之一：药物分子的原子数大于 5；如具有稠环，稠环数应小于 5；分子量在 100~400；水中溶解度小于 10 g/L，熔点低于 250 ℃。无机药物大多不宜包合。包合物根据结构、性质及其形状可以分为管状、层状、笼状等。

　　**1. 包合材料**　目前在制剂中常用的包合材料为 $\beta$- 环糊精（图 18-1）及其衍生物。$\beta$- 环糊精由 7 个葡萄糖分子构成，分子量为 1 135，具有适宜的空穴大小（内径 0.7~0.8 nm，外径 15.4 ± 0.4 nm），20℃溶解度为 18.5 g/L。对 $\beta$- 环糊精进行结构修饰可进一步改善其理化性质。如葡糖基-$\beta$- 环糊精、羟丙基-$\beta$- 环糊精、甲基-$\beta$- 环糊精为水溶性衍生物。

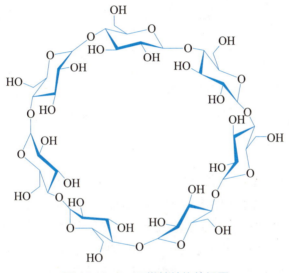

图 18-1　$\beta$- 环糊精结构俯视图

　　**2. 制备方法**

　　（1）饱和水溶液法：将环糊精饱和水溶液与药物或挥发油按一定的比例混合，在一定温度下搅拌、振荡一定时间完成包合，经冷藏、过滤、干燥即得环糊精包合物。此法也可称为重结晶法或共沉淀法。影响包合率的主要因素包括投料比、包合温度、包合时间、搅拌方式和时间等。

　　（2）研磨法：取环糊精，加入 2~5 倍量的水研匀，加入客分子药物至研磨机中充分混匀研磨成糊状，经低温干燥，溶剂洗涤除去未包封的药物，再次干燥，即得包合物。工业化大生产中采用胶体磨法制备包合物。

　　（3）超声波法：在 $\beta$- 环糊精中加入客分子药物，混合后用超声波发生器（超声波破碎仪或超声波清洗机）在适宜的强度下超声适当时间以代替搅拌，将析出的沉淀经溶剂洗涤、干燥即得稳定的包合物。

　　（4）冷冻干燥法和喷雾干燥法：先将药物和包合材料在适当溶剂中包合，再采用冷

冻干燥法或喷雾干燥法除去溶剂。前者适用于制备易溶于水的包合物,遇到易分解、变色的药物可用此法,其产品疏松、溶解度好,可制成注射用粉针剂。喷雾干燥法适用于难溶性或疏水性药物,遇热较稳定的药物用此法,由于干燥温度高,受热时间短,产率高,制得的包合物可增加药物溶解度,提高生物利用度。

**实例分析**　**布洛芬羟丙基 $-\beta-$ 环糊精包合物**

**实例分析:布洛芬羟丙基 $-\beta-$ 环糊精包合物**

【处方】　布洛芬 0.21 g,羟丙基 $-\beta-$ 环糊精 1.54 g,无水乙醇少量,纯化水适量。

【制法】　① 称取处方量布洛芬置小烧杯中,加少量无水乙醇溶解。② 另取处方量羟丙基 $-\beta-$ 环糊精置另外一个小烧杯中,加适量纯化水溶解。③ 在 40℃和 500 r/min 的条件下,将布洛芬乙醇溶液缓慢加入羟丙基 $-\beta-$ 环糊精水溶液中,滴加完毕后,继续搅拌直至白色沉淀析出,静置,0.45 μm 滤膜过滤,滤液冷冻干燥,即得白色固体粉末。

【讨论】　1. 本包合物采用的制备方法是什么?

2. 主分子和客分子在什么情况下包合率最高?

3. 可以采用何种方法来优化处方?

## 二、脂质体制备

脂质体是指将药物包封于类脂质双分子层内而形成的微型囊泡(图 18-2)。脂质体具有被动靶向性,经静脉给药后,可被巨噬细胞作为外界异物而吞噬摄取,70%~80%浓集于肝、脾和骨髓等单核 - 巨噬细胞较丰富的器官中,可显著提高药物治疗指数,延缓药物释放,降低毒性,提高药物稳定性和增强疗效。脂质体按其结构和所包含的双层磷脂膜层数,可分为单室脂质体、多室脂质体和大多孔脂质体等。

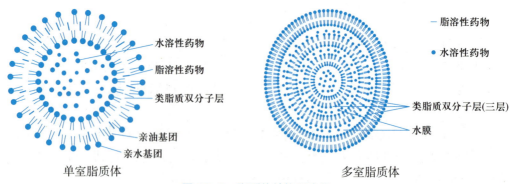

图 18-2　脂质体结构示意图

**1. 载体材料**　类脂质膜的主要成分为磷脂和胆固醇,而磷脂与胆固醇亦是共同构成细胞膜的基础物质。由于结构上类似生物膜,故脂质体又被称为“人工生物膜”。磷脂具有两亲性,结构中含有一个磷酸基和一个季铵盐基,均为亲水性基团,另外还有两个较长的烃基为疏水链。胆固醇亦属于两亲性物质,其结构中亦具有疏水与亲水两种基团,其疏水性较亲水性强。形成脂质体时,磷脂分子的两条疏水链指向内部,亲水基在膜的内、外两个表面上,构成一个双层封闭小室,小室中水溶液被磷脂双分子层包围而独立,磷脂双分子层形成泡囊又被水相介质分开。

### 2. 制备方法

(1)薄膜分散法:系将磷脂、胆固醇等类脂质及脂溶性药物溶于氯仿(或其他有机溶剂)中,然后将氯仿溶液在烧瓶中旋转蒸发,使磷脂和胆固醇在烧瓶内壁上形成薄膜,将磷酸盐缓冲液(水溶性药物溶于其中)加入上述烧瓶中不断搅拌,即得。

(2)逆相蒸发法:系将磷脂等膜材溶于有机溶剂如氯仿、乙醚中,加入待包封药物的水溶液[水溶液:有机溶剂 =1:(3~6)]进行短时超声,直到形成稳定的 W/O 型乳剂,然后减压蒸发除去有机溶剂,达到胶态后,滴加缓冲液,旋转使器壁上的凝胶脱落,在减压下继续蒸发,制得水性混悬液,通过凝胶色谱法或超速离心法,除去未包封的药物,即得。

(3)冷冻干燥法:系将磷脂经超声波高度分散于缓冲溶液中,加入冻结保护剂(甘露醇、葡萄糖、海藻酸等),然后进行冷冻干燥。将此干燥物分散到含药物的缓冲盐溶液或其他水性介质中,即得。

(4)注入法:系将磷脂与胆固醇等类脂质及脂溶性药物共溶于有机溶剂中(多采用乙醚),然后将此药液经注射器缓缓注入加热至 50~60℃(磁力搅拌)的磷酸盐缓冲液(可含有水溶性药物)中,加完后,不断搅拌至乙醚除尽,即得。

(5)超声波分散法:系将水溶性药物溶于磷酸盐缓冲液,加至溶有磷脂、胆固醇与脂溶性药物的有机溶剂中,搅拌蒸发除去有机溶剂,残液经超声波处理,然后分离出脂质体,重新混悬于磷酸盐缓冲液中,即得。

(6)过膜挤压法:系将磷脂等脂质材料溶于适量的三氯甲烷或其他有机溶剂中,脂溶性药物可加在溶剂中,然后在减压旋转下除去有机溶剂,使脂质在器壁上形成薄膜,加入含有水溶性药物的缓冲液进行振摇,即得。

## 盐酸小檗碱脂质体

实例分析

【处方】　注射用豆磷脂 0.6 g,胆固醇 0.2 g,无水乙醇 1~2 ml,盐酸小檗碱溶液(1 mg/ml)30 ml。

【制法】　① 称取处方量注射用豆磷脂和胆固醇置小烧杯中,加无水乙醇 1~2 ml,置 65~70 ℃水浴中,搅拌使溶解,旋转烧杯使注射用豆磷脂的乙醇液在杯壁上成膜,挥去乙醇。② 另取处方量盐酸小檗碱溶液 30 ml 于小烧杯中,置 65~70℃水浴中,保温备用。③ 取预热的盐酸小檗碱溶液 30 ml,加至含注射用豆磷脂和胆固醇脂质膜的小烧杯中,于 65~70℃水浴中搅拌水化 30 min。然后将小烧杯置于磁力搅拌器上,搅拌 30~60 min,如果溶液体积减小,可补加水至 30 ml,混匀即得。

【讨论】　1. 本脂质体采用的制备方法是什么?

　　　　　2. 制备过程中有哪些注意事项?

实例分析:
盐酸小檗碱
脂质体

### 三、微球制备

微球(microspheres)系指药物溶解或分散在载体辅料中形成的小球状实体。外观通常呈粒状或圆球形,直径 1~250 μm,具有掩盖药物不良气味、提高药物稳定性、使液态药物固态化、减少药物对胃的刺激性、靶向性、延缓药物释放、降低毒性及不良反应等特点。但包括微球在内的微粒制剂存在载药量有限、质量控制及生产工艺比较复杂等不足。

#### 1. 载体材料

(1) 天然高分子材料

① 明胶:是氨基酸与肽交联形成的直链聚合物,聚合度不同的明胶具有不同分子量,平均分子量为 15 000~25 000,是目前常用的载体材料之一。用量一般为 20~100 g/L,加 10%~20% 甘油或丙二醇可改善明胶弹性。

② 阿拉伯胶:系由糖苷酸及阿拉伯酸的钾、钙、镁盐所组成的一种天然植物胶。一般不单独使用,常与明胶、白蛋白等配合使用,用量一般为 20~100 g/L。

③ 海藻酸盐:系采用稀碱从褐藻中提出的多糖类化合物。可与 $CaCl_2$ 生成不溶于水的海藻酸钙而使微球固化。一般与聚赖氨酸或甲壳素合用作复合材料。

④ 壳聚糖:系由甲壳素去乙酰化后得到的一种天然聚阳离子多糖,可溶于酸或酸性水溶液,具有优良的成膜性和生物降解性。

⑤ 蛋白类:如玉米蛋白、白蛋白、鸡蛋白等,无明显抗原性,可生物降解。常用化学交联剂(戊二醛、甲醛等)或不同温度加热交联固化,用量一般为 300 g/L 以上。

(2) 半合成高分子材料

① 羧甲纤维素钠(CMC-Na):属阴离子型高分子电解质,常与明胶配合作复合囊材,浓度一般为 0.1%~0.5%,遇水溶胀,可以单独使用。

② 邻苯二甲酸醋酸纤维素(CAP):分子中含游离羧基,单独使用时浓度为 3% 左右,也可与明胶配合使用。

③ 甲基纤维素(MC):在水中可溶胀,与明胶、CMC-Na、PVP 等配合使用,浓度一般为 10~30 g/L。

④ 乙基纤维素(EC):化学稳定性高,可加入增塑剂改善其可塑性,遇强酸易水解。

⑤ 羟丙甲纤维素(HPMC):能溶于冷水成为黏性胶体溶液,具有较高的透明度,性能稳定。

(3) 合成高分子材料:合成高分子材料可分为非生物降解和生物降解两类。前者包括聚酰胺、聚丙烯酸树脂、聚乙烯醇等。后者主要指聚酯类材料,如聚碳酯、聚氨基酸、聚乳酸(PLA)、聚乳酸–羟基乙酸共聚物(PLGA)、聚乳酸–聚乙二醇嵌段共聚物等。其中,PLA 和 PLGA 是美国食品药品监督管理局(FDA)批准的可降解材料,已有产品上市。

#### 2. 制备方法

(1) 凝聚法:系指利用外界理化因素(如相反电荷、脱水、溶剂置换等),改变载体材料的溶解度,使载体材料凝聚包裹药物从溶液中析出。

(2) 乳化分散法:系指药物与载体材料溶液混合后,将其分散在不相溶的介质中形成类似 W/O 或 O/W 型乳剂,然后使乳剂内相固化分离制备微球。固化有三种方法,分别是加热固化、交联剂固化、溶剂蒸发固化。

(3) 聚合法:系指以载体材料单体发生聚合反应,在聚合过程中将药物包裹形成微球,可分为乳化/增溶聚合法及盐析固化法两种。

### 实例分析

#### 明胶微球

【处方】　蓖麻油 40 ml,明胶 3 g,36% 甲醛 – 异丙醇溶液(3∶5)40 ml,纯化水适量,油酸山梨坦(司盘 80)0.5 ml,20% 氢氧化钠溶液适量。

【制法】　① 称取处方量明胶置烧杯中,加纯化水适量,待明胶溶胀后,加纯化水至 20 ml 左右,必要时搅拌溶解。② 另取处方量蓖麻油 40 ml 置烧杯中,45℃恒温下搅拌均匀,并滴加上述明胶溶液及油酸山梨坦约 0.5 ml,继续搅拌直至乳剂形成。③ 乳剂镜检确认粒径大小和均匀度。冷却后加入 36% 甲醛 – 异丙醇溶液,搅拌,用 20% 氢氧化钠溶液调节 pH 至 8~9,继续搅拌 1 h,直至微球完全沉降,过滤,滤饼用少量异丙醇溶液洗涤,除去甲醛,减压抽滤,即得微球。

【讨论】　1. 处方中各成分的作用分别是什么?

　　　　　2. 为什么选择 36% 甲醛 – 异丙醇溶液作为交联剂?

实例分析:
明胶微球

知识拓展:
新型脂质体

### 知识总结

1. 缓控释制剂包括缓释制剂、控释制剂、迟释制剂、微粒制剂、靶向制剂等。

2. 口服固体缓控释制剂常利用高分子化合物作为阻滞剂控制药物的释放速率,可分为骨架型和包衣膜型。微粒给药系统常用的载体材料包括天然、半合成和合成三类。

3. 设计缓释、控释和迟释制剂时应考虑药物的理化性质、生物药剂学性质、药物动力学性质、药效学性质及临床需求等因素。

4. 包合物系指一种分子被全部或部分包藏于另一种分子的空穴结构内形成的特殊复合物。常用的包合材料为 $\beta$– 环糊精及其衍生物。制备方法包括:饱和水溶液法、研磨法、超声波法、冷冻干燥法和喷雾干燥法。

5. 脂质体是指将药物包封于类脂质双分子层内而形成的微型囊泡。类脂质膜的主要成分为磷脂和胆固醇。制备方法包括薄膜分散法、逆相蒸发法、冷冻干燥法、注入法、超声波分散法及过膜挤压法。

6. 微球系指当药物溶解或分散在载体辅料中形成的小球状实体。载体材料分为天然高分子材料、半合成高分子材料及合成高分子材料。制备方法包括凝聚法、乳化分散法、聚合法。

## 在线测试

请扫描二维码完成在线测试。

# 任务 18.2　缓控释制剂质量检查

### 任务描述

　　缓控释制剂及微粒制剂与普通制剂在释药方面有着较大差异，除了制剂通则规定的一般项目之外，还需要对其他项目进行必要的检查。本任务选取部分具有代表性的质量评价项目进行分析。

### 知识准备

#### 一、口服缓释、控释和迟释制剂质量要求

　　口服缓释、控释和迟释制剂的质量研究项目主要包括性状、鉴别、释放度、重（装）量差异、含量均匀度、有关物质、微生物限度、含量测定等。其中，释放度方法研究及其限度确定是口服缓释、控释和迟释制剂质量研究的重要内容。在建立释放度及其他检验项目的测定方法时，应符合"分析方法验证指导原则"[《中国药典》(2020 年版)四部指导原则 9101]。应考察至少 3 批产品批与批之间体外药物释放度的重现性，并考察同批产品体外药物释放度的均一性。若制备工艺中用到需要控制的有机溶剂，则应按残留溶剂测定法（通则 0861）测定，并根据测定结果及数据积累结果确定是否纳入质量标准。对于稳定性研究，应按"原料药物与制剂稳定性试验指导原则"[《中国药典》(2020 年版)四部指导原则 9001]进行，除一般性项目外，还应重点考察释放度的变化，分析产生变化的原因及对体内释放行为的可能影响，必要时修改、完善处方工艺。

#### 二、微粒制剂质量要求

　　微粒制剂生产过程中应进行过程控制，以确保制剂的质量；并综合考虑已有知识、潜在风险评估技术等，以确定可能影响终产品质量的工艺条件或参数。尤其对于脂质体等微粒制剂应控制生产规模变更（批量大小改变）等工艺过程。微粒制剂的质量研

究项目主要包括有机溶剂限度、形态、粒径及分布、载药量和包封率、突释效应或渗漏率、氧化程度等。此外,微粒制剂也应符合相关制剂通则、稳定性研究及"缓释、控释和迟释制剂指导原则"[《中国药典》(2020 年版)四部指导原则 9013],具有靶向作用的还应提供靶向性数据(如体内分布数据及体内分布动力学数据等)。

 **任务实施**

## 一、形态、粒径及分布检查

**1. 形态观察**　微粒制剂可采用光学显微镜、扫描或透射电子显微镜等观察形态,均应提供照片。

**2. 粒径及分布**　可采用的方法包括光学显微镜法、电感应法、光感应法和激光衍射法等,应提供粒径的平均值及其分布的数据或图形。微粒制剂粒径分布数据,常用各粒径范围内的粒子数或百分率表示;有时也可用跨距表示,跨距愈小分布愈窄,即粒子大小愈均匀。

$$跨距 = (D_{90} - D_{10})/D_{50} \qquad (式 18-1)$$

式中,$D_{10}$、$D_{50}$、$D_{90}$ 分别指粒径积累分布图中 10%、50%、90% 处所对应的粒径。如需作图,将所测得的粒径分布数据,以粒径为横坐标,以频率(每一粒径范围的粒子个数除以粒子总数所得的百分率)为纵坐标,即得粒径分布直方图;以各粒径范围的频率对各粒径范围的平均值可作粒径分布曲线。

## 二、载药量及包封率检查

载药量是指微粒制剂中所包含药物的重量百分率,即:

$$载药量 = \frac{微粒制剂中所含药物重量}{微球的总重量} \times 100\% \qquad (式 18-2)$$

包封率系指实际被包载于微粒制剂中的药物重量与制备时投入药物重量的比值百分率。应通过适当的方法(如凝胶色谱柱法、离心法或透析法)将游离药物与被包封药物进行分离后测定,即:

$$包封率 = \frac{微粒制剂中包封的药量}{微粒制剂中包封与未包封的总药量} \times 100\% \qquad (式 18-3)$$

$$= \left(1 - \frac{液体介质中未包封的药量}{微粒制剂中包封与未包封的总药量}\right) \times 100\% \quad (式 18-4)$$

包封率一般不得低于 80%。

## 三、突释效应或渗漏率检查

药物在微粒制剂中一般有三种情况,即吸附、包入或嵌入。在体外释放试验时,表

面吸附的药物会快速释放,称为突释效应。开始 0.5 h 内的释放量要求低于 40%。微粒制剂应检查渗漏率,即:

$$渗漏率 = \frac{产品贮存一定时间后渗漏到介质中的药量}{产品在贮存前包封的药量} \times 100\% \quad (式18-5)$$

## 四、体外释放度检查

口服缓释、控释制剂的质量评价主要包括药物的体外释放度试验、药物的体内药动学研究和体内外相关性验证三个项目。这里只介绍体外释放度试验。体外释放度试验是模拟体内消化道条件(如温度、介质 pH、搅拌速率等),测定制剂的药物释放速率,最后制定出合理的体外药物释放度标准,以监测产品的生产过程,对产品进行质量控制。结合体内外相关性研究,释放度可以在一定程度上预测产品的体内行为。

**1. 仪器装置**　仪器装置的选择,应考虑具体的剂型及可能的释药机制。除另有规定外,缓释、控释和迟释制剂的体外释放度试验可采用溶出度测定仪进行。如采用其他特殊仪器装置,需提供充分的依据。贴剂可采用溶出度与释放度测定法。

**2. 温度**　模拟体温应控制在 37℃±0.5℃,贴剂的体外释放度试验应控制在 32℃±0.5℃,以模拟表皮温度。

**3. 释放介质**　释放介质的选择依赖于药物的理化性质(如溶解性、稳定性、油水分配系数等)、生物药剂学性质及吸收部位的生理环境(如胃、小肠、结肠等)。一般推荐选用水性介质,包括水、稀盐酸(0.001~0.1 mol/L)或 pH 3~8 的醋酸盐或磷酸盐缓冲液等;对难溶性药物通常不宜采用有机溶剂,可加适量的表面活性剂(如十二烷基硫酸钠等);必要时可考虑加入酶等添加物。由于不同 pH 条件下药物的溶解度、缓控释辅料的性质(如水化、溶胀、溶蚀速率等)可能不同,建议对不同 pH 条件下的释放行为进行考察。释放介质的体积一般应符合漏槽条件。

**4. 取样时间点**　除迟释制剂外,体外释放度试验应能反映出受试制剂释药速率的变化特征,且能满足统计学处理的需要。释药全过程的时间不应低于给药的间隔时间,且累积释放百分率要求达到 90% 以上。除另有规定外,通常将释药全过程的数据作累积释放百分率–时间的释药曲线图,以制定出合理的释放度检查方法和限度。缓释制剂从释药曲线图中至少选出 3 个取样时间点:第一点为开始 0.5~2 h 的取样时间点,用于考察药物是否有突释;第二点为中间的取样时间点,用于确定释药特性;最后的取样时间点,用于考察释药是否基本完全。控释制剂取样点不得少于 5 个。迟释制剂可根据临床需求设计释放度的取样时间点。

**5. 转速**　缓释、控释和迟释制剂在不同转速下的释放行为可能不同,故应考察不同转速对其释放行为的影响。一般不推荐过高或过低转速。

**6. 释药模型的拟合**　缓释制剂的释药数据可用一级方程和 Higuchi 方程等拟合。控释制剂的释药数据可用零级方程拟合。

针对多于一个活性成分的制剂产品,要求对每一个活性成分均按以上要求进行释放度测定。如在同一种方法下不能有效测定每个成分的释放行为,则需针对不同成分,选择建立不同的测定方法。对于不同规格的产品,可以建立相同或不同的测定方法。

 ## 知识总结

知识拓展:
靠向制剂的
质量评价

1. 口服缓释、控释和迟释制剂的质量研究项目主要包括性状、鉴别、释放度、重(装)量差异、含量均匀度、有关物质、微生物限度、含量测定等。

2. 微粒制剂的质量研究项目主要包括有机溶剂限度、形态、粒径及分布、载药量和包封率、突释效应或渗漏率、氧化程度等。

 ## 在线测试

请扫描二维码完成在线测试。

在线测试:
缓控释制剂
质量检查

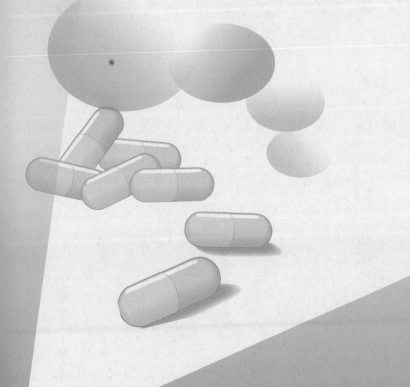

设备篇

# 项目 19
# 制水设备操作

# 任务 19.1 纯化水制备

**任务描述**

　　水在制药工业中是应用最广泛的工艺原料，参与了整个生产工艺过程，如药材清洗、分离纯化、成品制备、容器清洗灭菌等。本任务学习制水设备的分类、各设备的工作原理，遵循制水设备 SOP，完成反渗透设备正常操作，领会操作注意事项，学会设备维护与保养。

 **知识准备**

## 一、基础知识

　　《中国药典》（2020 年版）收录的制药用水有：饮用水、纯化水、注射用水、灭菌注射用水。① 饮用水：是符合国家饮用水标准的自来水。② 纯化水：为饮用水经蒸馏法、离子交换法、反渗透法或其他适宜的方法制得的制药用水，不含任何添加剂。③ 注射用水：是纯化水经蒸馏所得的水。④ 灭菌注射用水：是注射用水依照注射剂生产工艺所得的水。

　　纯化水可作为配制普通药物制剂用的溶剂或实验用水，口服、外用制剂配制用溶剂或稀释剂，非灭菌制剂用器具的清洗用水；也可用作为非灭菌制剂所用药材的提取溶剂。纯化水不得用于注射剂的配剂与稀释。纯化水以饮用水为原料水，有多种制备方法，应严格检测各生产环节，防止微生物污染，确保使用点的水质。

　　纯化水设备需要设计良好的消毒和杀菌方式，从而达到有效控制系统微生物负荷的目的。除此之外，网管系统维持湍流状态，系统设计应避免死角，采用热消毒和化学消毒方式均可有效控制微生物。纯化水系统需要通过验证。通过在线或者离线方法进行水质的监测，在周期内按照既定程序进行系统维护，定期对系统各个组成部分进行检查，确保纯化水系统稳定运行，产水符合预期用途。纯化水生产工艺流程如图 19-1 所示。

## 二、常用设备

　　**1. 预处理设备**　一般包括多介质过滤器、活性炭过滤器、软化器等多个单元。预处理设备主要目的是去除原水中的不溶性杂质、可溶性杂质、有机物与微生物，使其主要水质参数达到后续纯化系统的进水要求,从而有效减轻后续纯化系统的工作负荷,防止对纯化系统造成污染或不可修复性损害。

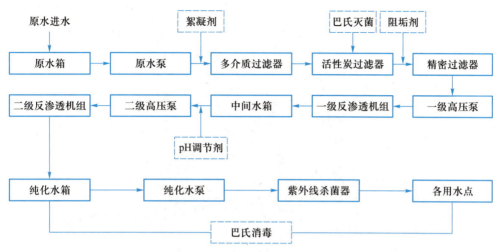

图 19-1　纯化水生产工艺流程

多介质过滤器又称为机械过滤器或砂滤,过滤介质由不同粒径的石英砂分层填装,较大直径的介质通常位于过滤器底部,石英砂层上面填充无烟煤或者滤砂,水流自上而下通过过滤的介质层。多介质过滤器的主要作用是去除原水中的大颗粒固体、悬浮物、胶体等以降低原水浊度。通过多介质过滤器的原水要控制其 SDI(污染指数)值 <5,最好是 SDI 值 <3,方能确保水中的颗粒物质不会堵塞反渗透膜。多介质过滤器的日常维护比较简单。其运行成本也相对比较低,只需在日常运行中定期正反洗,将截留在滤料空隙中的杂质冲出,就能恢复多介质过滤器的处理效果。当过滤器设计直径较大或原水水质较差时,可考虑设计增加空气擦洗功能,能大大提高反洗的效果。

活性炭过滤器的主要作用是去除原水中的游离氯、色素、有机物等有害物质。通过活性炭过滤器的原水要控制其余氯数 <0.1 ppm[①]。由于活性炭具有多孔吸附的特性,大量的有机物被吸附后会出现微生物繁殖,长时间运行后产生的微生物一旦泄漏至后面单元,将会对后面单元的使用效果产生影响,并带来很大的微生物污染风险。因此,应定期对活性炭过滤器进行消毒,使其微生物风险得到有效的控制,如采用巴氏消毒法或纯蒸汽消毒法。

软化器的主要功能是通过钠型的软化树脂去除水中的硬度,如钙、镁离子,以防止钙、镁等离子在反渗透膜表面结垢。软化树脂需要通过再生才能恢复其交换能力,因此在制水系统中通常采用双级串联软化系统以保证纯化水机连续运行。

**2. 电去离子设备**　电去离子技术(electro deio nization,EDI)是将电渗析技术与离子交换技术有机地结合起来的一种纯化水制备技术,有电渗析和离子交换两者的优

---

① 　ppm 为非法定计量单位,本书中参照《中国药典》(2020 年版),保留 ppm 的用法。

点,其突出的特点是使用离子交换树脂,在运行中不需要用酸碱再生,不排放污染性废液,因此无环境污染问题。

电去离子设备主要由离子交换膜、离子交换树脂、隔板、电极构成(图 19-2)。

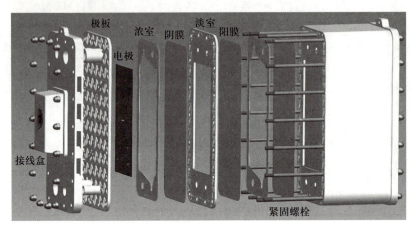

图 19-2　电去离子设备示意图

离子交换膜:是由对离子具有高度选择透过性的高分子材料制成的薄膜。在直流电场的作用下,离子交换膜只允许与其内场电荷相反的离子通过,而与内场电荷相同的离子不能通过。大多数装置使用具有高交联度和高选择透过性的普通强酸、强碱性离子交换膜,阳膜的功能基为磺酸基,阴膜的功能基为季铵基。

离子交换树脂:在电渗析淡室中填充混床离子交换树脂,作为离子迁移载体的同时,不断进行离子交换和连续的再生,使出水进一步纯化。树脂颗粒的粒径、交联度、选择性、含水量、功能基团、填充密度及阴阳树脂的比例等对其性能有重要影响。一般在装置中优先采用强酸性阳树脂和强碱性阴树脂,因其对离子的亲和力较强。

隔板:在 EDI 装置中,依次设置淡水隔板、浓水隔板。淡水隔板和浓水隔板放置于阳膜、阴膜之间,起着分隔和支撑阳膜、阴膜的作用,并形成水流通道,浓水隔板中通常填充隔网,隔网起着强化离子传质的作用,隔板上有进出水孔、配水槽、流水道。

电极:电极作为电子的传递介质,反应中涉及的电子都是通过电极和电路传递。电极的材料通常为石墨和不锈钢。

电去离子设备的工作原理是应用混合离子交换树脂吸附给水中的阴阳离子,同时这些被吸附的离子又在直流电压的作用下,分别透过阴膜、阳膜而被除去(图 19-3)。这一过程离子交换树脂是连续再生的,因而不需要使用酸和碱使之再生。

EDI 是应用阴膜、阳膜,采用对称堆放的方式,在阴膜、阳膜中间夹着阴、阳离子交换树脂,分别在直流电压的作用下,不断地进行阴、阳离子交换。而同时在电压梯度的作用下,水会发生电解产生大量 $H^+$ 和 $OH^-$,这些 $H^+$ 和 $OH^-$ 与离子交换膜中间的阴、阳离子不停地进行再生。由于 EDI 系统不停交换和再生,使得纯水度越来越高,从而获取高纯度的纯化水。

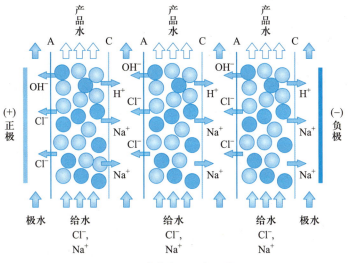

图 19-3　电去离子设备工作原理

动画：
电去离子设
备工作原理

**3. 反渗透设备**　反渗透（reverse osmosis，RO）技术是当今最先进、最节能、最高效的水分离技术。把相同体积的淡水和盐水分别置于同一容器的两侧，中间用半透膜隔开，淡水一侧的水将透过半透膜，自然地向盐水一侧流动，盐水一侧的液面会比淡水一侧的液面高出一定高度，形成一个压力差，此时的压力差值即为渗透压。若在膜的盐水一侧施加一定压力，那么水的自发流动将受到抑制而减慢，当施加的压力达到某一数值时，水通过膜的净流量等于零，达到渗透平衡状态。若在盐水一侧施加的压力大于渗透压，水的流向就会逆转，盐水中的水会向淡水一侧流动，就可以在另一端得到纯化水，这一过程称为反渗透（图 19-4）。

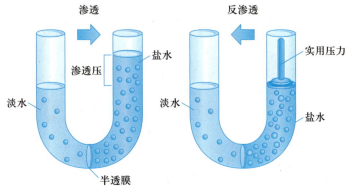

图 19-4　反渗透工作原理

动画：
反渗透工作
原理

（1）螺旋卷式反渗透组件：如图 19-5 所示，螺旋卷式反渗透组件是常见的反渗透设备，是将两张单面工作的反渗透膜相对放置，中间夹有一层原水隔网，以提供原水流道。在膜的背面放置有多孔支撑层，以提供纯水流道。将这四层材料一端封于开有细孔的中心管上，并以中心管为轴，卷绕依次叠好的多层材料。在卷轴的一端保留原水

通道,密封膜与支撑材料的边缘,而另一端保留纯水通道,密封膜与隔网的边缘,将整个卷轴装入机壳中即成组件。利用高压迫使原水以较高的流速沿隔网空隙流过膜面,纯水透过膜面而汇集于中心管,带有截留物的浓缩水则顺隔网空隙自组件另一端汇集引出。每个组件由数个元件串联组合而成。

动画:
螺旋卷式反
渗透组件工
作原理

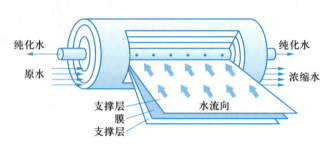

图 19-5　螺旋卷式反渗透组件结构示意图

　　(2) 中空纤维反渗透组件:如图 19-6 所示,组件是由数万至数十万根中空的细丝状反渗透膜束集在一起,用树脂将两端固封,并使其成型为管板状卷绕,再将整束纤维装在耐压管壳内构成组件。组件有内压式与外压式两种。内压式组件是自一端管内通入原水,透过纤维壁渗出,在壳内汇集并引出纯化水,浓缩水由纤维另一端引出;外压式组件为原水自管壳一端引到中心的原水分布管后,进入中空纤维膜的纤维之间,在流体压力助推下反渗透到纤维中心,再于树脂管板端部汇集,引出制得纯化水。被中空纤维膜截留的浓缩水在纤维外汇集并穿过隔网,自管壳上的浓缩水引出管引出。

动画:
中空纤维反
渗透组件工
作原理

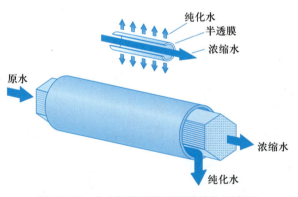

图 19-6　中空纤维反渗透组件结构示意图

　　反渗透设施生产纯化水的关键有两个,一是选择性膜,称之为半透膜;二是一定的压力。反渗透半透膜上有众多的孔道,这些孔道的大小与水分子的大小相当,由于细菌、病毒、大部分有机污染物和水合离子均比水分子大得多,因此不能透过半透膜而与透过反渗透膜的水相分离。在水的众多种杂质中,溶解性盐类是最难清除的。因此,经常根据除盐率的高低来确定反渗透的制水效果。反渗透除盐率的高低主要决定于反渗透半透膜的选择性。目前,较高选择性反渗透膜元件除盐率可以高达 99.7%。

动画:
全自动纯化
水生产线

## 任务实施

### ▶▶▶ 二级反渗透制水设备操作

以下内容以 1T 二级反渗透设备为例。

#### 1. 开机前准备

(1) 操作人员穿戴好工作衣帽,做好操作间环境卫生,使之符合工艺卫生要求。

(2) 检查开机前各阀门开关情况,各阀门接口是否严密。

(3) 检查 pH 调节箱水位情况,不足时重新配制,至需要水位,氢氧化钠溶液浓度为 0.5%。

(4) 检查原水是否充足,电源是否正常,各过滤器是否处于运行状态,开启二级纯水出水阀,一、二级纯水排放阀和浓水排放阀,开启石英砂过滤器排污阀,活性炭过滤器排污阀,精密过滤器排空阀。

(5) 检查各压力表是否完好齐全,接通电源。

#### 2. 开机操作

(1) 当一级反渗透进水压力 ≥ 0.15 MPa 时,启动一级高压泵,使之达到设定的淡水量 1 500 L/h 左右和浓水排放量 1 000 L/h 左右。当一级纯水电导率 <50 μS/cm 时,关闭一级淡水排放阀,进入一级贮水罐。

(2) 当一级贮水罐注入 2/3 水位时,自动启动二级高压泵,然后慢慢调节二级进水阀门及浓水阀,使之达到设定的产水量 1 000 L/h 左右和浓水排放量 500 L/h 左右,当二级纯水电导率 <2 μS/cm,且稳定后,关闭二级淡水排放阀,进入纯化水贮罐,设备正常运行。

(3) 设备正常运行过程中,当中间水箱水满时,一级反渗透装置可自动进入低压冲洗状态。

(4) 当制水工作完毕后,按下自动按钮,手动启动一级高压泵,当纯水贮罐水满时,关闭一级高压泵和增压泵,开启纯水清洗泵出水阀,按下纯水清洗按钮,纯水清洗泵运转,10 min 后按下纯水清洗按钮,纯水清洗泵停止运转。关闭一、二级纯水出水阀,浓水排放阀,一、二级纯水排放阀,纯水清洗泵出水阀,关闭电源,清洁设备。

(5) 观察贮水罐液位显示,根据需要用水泵将纯水通过紫外线灭菌器和微孔过滤器打向各使用点。记录一、二级进水和浓水压力,原水电导率,一、二级纯水电导率。

(6) 反渗透系统的清洗,按配方在清洗水箱中配制好清洗液,将其搅匀待用。开启反渗透装置的清洗阀、回流阀;启动清洗泵,按规定流量、压力(0.15~0.30 MPa)和温度(<40℃)清洗 1~2 h,开始 1~2 min 排出的清洗液排入地沟,以保证清洗液的浓度。清洗完毕后,注入符合反渗透装置进水指标的水,以相同条件进行冲洗,或用预处理水以低

压冲洗条件来冲洗。冲洗完毕后,按规定的方式进行低压冲洗和高压运行,最初产水排入地沟,到出水指标合格后进入水箱。

### 3. 操作注意事项

(1) 设备开机前,操作人员首先要熟悉反渗透主机电控面板上各仪表名称及作用,仪表在面板上的安装位置及电路图。

(2) 设备若是首次开机,则应打开活性炭过滤器出水管上的排污阀,观察排水口,确定水中无炭末、水质干净后,关闭排污阀,然后打开微孔薄膜精滤器下部排水阀,待水质干净后,关闭排水阀。

(3) 检查预处理设备及反渗透主机各部件是否正常,调整各阀门开关状态,保证运行时水路畅通。

(4) 过量的给水流量将使膜组件提前劣化,因此给水流量不能超过设计标准值。此外,浓水的流量应尽量避免小于设计标准值,在浓水流量过小的条件下运转,会使反渗透装置的压力容器内发生不均匀的流动及由于过分浓缩而在膜组件上析出污垢。

(5) 反渗透装置的高压泵即使极短时间中断运转都可能使装置发生故障。

(6) 反渗透装置入口压力要保持适当,否则由于没有适当的压力,除盐率会降低。

(7) 反渗透装置停止时,应用低压给水置换反渗透装置内的水,这是为了防止在停运时二氧化硅的析出。

(8) 需经常注意精密过滤器的压差。出现压差急剧上升的原因主要是精密过滤器污染物堵塞。出现压差急剧下降的原因主要是精密过滤器元件破损,以及精密过滤器元件紧固螺丝松动等。

(9) 当反渗透装置入口和出口的压差超过标准时,说明膜面已受污染或者是给水流量在设计值以上。如经流量调整仍不能解决压差问题,则应对膜面进行清洗。

### 4. 设备维护与保养

(1) 日常停运期间(0~48 h)的管理:此管理参照正常停机程序进行,关键在于停机时的低压冲洗,排除压力容器中的浓水,防止空气进入,冲洗时不能含有任何化学药剂,尤其是阻垢剂。

(2) 系统短期停运期间(2~25 天)的管理:当系统停运 48 h 以上时,首先用反渗透纯化水对反渗透系统进行冲洗,将系统内的空气排净,冲洗时间至少 20 min,冲洗强度与系统日常停机冲洗强度相同,不能含有阻垢剂。

(3) 停机时,保证反渗透系统内所有的膜元件和管路中完全充满冲洗水,防止膜元件干燥,关闭所有的进水、出水阀门,防止空气进入。

(4) 当温度 >20℃时,每 48 h 便需要重复冲洗一次;当温度 <15℃时,每 5 天重复冲洗一次。在条件允许的情况下,为了确保能避免微生物在系统内繁殖,可以用含有 1.0% 亚硫酸氢钠的溶液冲洗反渗透系统,如果同时用这种溶液浸泡膜元件,效果更好,重复冲洗周期也将相应延长。

(5) 系统停机期间,低温有利于膜元件的保存,但应防止系统结冰冻结。系统长期停运期间(25 天以上)的管理:停机前,最好进行一次化学清洗,然后用反渗透纯化水对系统冲洗 30 min 以上,排除系统内的空气,冲洗强度与系统日常停机冲洗强度相同,不能含有阻垢剂。

(6) 系统关闭时,将膜元件完全浸泡在保护液中,防止膜元件干燥,关闭所有的进水和出水阀门,如果产水管路上设有阀门,应同时关闭,防止空气进入。定期检查保护液的 pH,当 pH<3 时,要及时更换保护液。

 ## 知识总结

1. 制药用水可分为四大类:饮用水、纯化水、注射用水、灭菌注射用水。

2. 纯化水可采用"预处理 + 反渗透 +EDI"工艺,有效避免再生时的酸碱消耗,同时能制备较低电导率的纯化水。

3. EDI 是将电渗析和离子交换相结合,溶解的盐可以在低能的条件下被去除,且不需要化学再生,并能生产出高质量的纯化水。

4. 影响反渗透效果的因素主要有预处理的选择、原水的水质、膜型号的选择、运行压力等。

5. 反渗透设备重新开机时,必须用反渗透纯化水或高质量的进水冲洗整个系统,直至浓水电导率与进水电导率一致。

 ## 在线测试

请扫描二维码完成在线测试。

在线测试:
纯化水制备

# 任务 19.2 注射用水制备

 ### 任务描述

注射用水是生产注射剂最为关键、基础的原料,也是无菌生产工艺中最为重要、广泛的原料。本任务学习注射用水设备的分类,热压式蒸馏水机与多效蒸馏水机的工作原理,遵循多效蒸馏水机 SOP,完成多效蒸馏水机正常操作,领会操作注意事项,学会设备维护与保养。

PPT:
注射用水
制备

授课视频:
注射用水
制备

 知识准备

### 一、基础知识

《中国药典》(2020年版)规定:注射用水为纯化水经蒸馏所得的水。蒸馏法是我国药典认可的制取注射用水的唯一方法,原水必须采用符合药典标准的纯化水。纯化水经蒸馏所得的水,应符合细菌内毒素试验要求。注射用水必须在防止细菌内毒素产生的条件下生产、贮藏及分装,其质量应符合注射用水项下的规定。

注射用水可作为配制注射剂、滴眼剂等的溶剂或稀释剂及用于容器的精洗。为保证注射用水的质量,应减少原料水中的细菌内毒素,监控蒸馏法制备注射用水的各生产环节,并防止微生物的污染。应定期清洗与消毒注射用水系统。注射用水的贮存方式和静态贮存期限应经过验证,确保水质符合质量要求,例如可以在80℃以上保温、70℃以上保温循环或4℃以下存放。

### 二、常用设备

**1. 热压式蒸馏水机** 热压式蒸馏水机(图19-7)也称蒸汽压缩式蒸馏水机,主要利用动力对蒸汽进行二次压缩,提高温度和压力后蒸发原料水而制备注射用水。

动画:
热压蒸馏水机制水工作原理

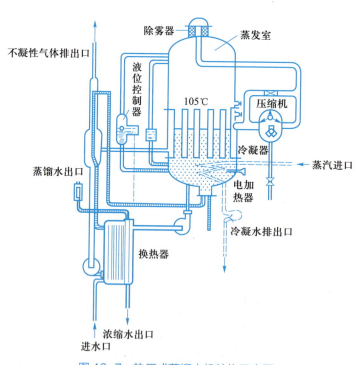

图19-7 热压式蒸馏水机结构示意图

热压式蒸馏水机主要组成部件包括蒸发器、压缩机、换热器、泵、呼吸器、阀门仪表和控制系统等。按蒸发器的安装形式划分,热压式蒸馏水机分为立式与卧式两种。蒸发器的主要功能是将热压式蒸馏水机的进水和经压缩机压缩后的蒸汽进行换热。蒸发器中蒸汽的温度要高于进水温度,它会在蒸发器中冷凝并释放汽化潜热,而进入热压式蒸馏水机的原料水温度较低,会吸收蒸汽冷凝时释放的汽化潜热,从而被蒸发为蒸汽。在热压式蒸馏水机中,进料水在列管一侧被蒸发,产生的蒸汽通过分离空间后再通过分离装置进入压缩机,通过压缩机的运行使被压缩蒸汽的压力和温度升高,然后高能量的蒸汽被释放回蒸发器和冷凝器中,蒸汽冷凝并释放出潜在的热量,热量通过列管管壁传递给水,水被加热蒸发得越多,产生的蒸汽就越多,此工艺过程不断重复。流出的蒸馏物和排放水用来预热原料水,这样可以节约能源,潜在的热量可以重复利用。

热压式蒸馏水机工作过程为原料水通过预热器部分与循环水混合被雾化喷洒在蒸发器管束外壁上,对整个蒸发器先使用工业蒸汽作为热源将循环水进行加热,待雾化水进行蒸发形成纯蒸汽,剩余的未蒸发的水进入收集器以备循环使用,很少一部分水被排出以保证整个系统的浓度要求,即浓水排放。循环水被蒸发形成的纯蒸汽在蒸发器中生成并被压缩机吸入压缩,产生高温高压的过热蒸汽,过热蒸汽通过蒸发器管束与喷淋的循环水换热冷凝成注射用水,同时,管束内的过热蒸汽给喷淋的循环水加热,使其再次形成纯蒸汽重复上述压缩操作,此时,蒸发器循环水蒸发很少一部分以工业蒸汽作为热源,主要靠与管束内过热蒸汽换热形成纯蒸汽。形成的注射用水进入注射用水缓冲罐,在注射用水泵出口处,通过电导率检测,将合格水输送至分配系统贮罐,不合格水排掉。

热压式蒸馏水机的优点是不用冷却水,耗汽量很小,具有明显的节能效果,机器运转正常后即可实现自动控制,产水量大,能满足各种类型的药物制剂生产的需要,在制水成本、产水指标、能源消耗方面有明显优势;但同时其价格较高,且需细致操作和精心维护,提高设备预防性维护意识,因此只有生产顺利进行才能实现成本大幅降低。

**2. 多效蒸馏水机** 多效蒸馏水机是让经充分预热的纯化水通过多级蒸发和冷凝,排除不凝气体和杂质,从而获得高纯度的注射用水。多效蒸馏水机属于塔式蒸馏水机在节能环保方面的升级产品,相比于塔式蒸馏水机,多效蒸馏水机温度较高,有利于注射用水微生物繁殖的抑制,设备占地面积小,维护保养相对简单,现已成为制药行业注射用水主要的生产设备。

多效蒸馏水机通常由多个蒸发换热器、分离装置、预热器、冷凝器、阀门、仪表和控制部分等组成。由于在分段蒸发和冷凝过程当中,只有一效蒸发器需要外部热源加热,所以在能源节约方面效果非常明显。

多效蒸馏水机采用列管式热交换"闪蒸",使原料水生成蒸汽,同时将纯蒸汽冷凝成注射用水。如图 19-8 所示,蒸汽经过一效蒸发器蒸汽入口进入壳程与进入蒸发器管程的原料水进行热交换,所产生的凝结水通过压力驱动和重力沉降由凝结水出口排出蒸发器。原料水通过蒸发器上部的进水口进入,并均匀喷淋沿着列管管壁形成降液膜与经过壳程的蒸汽进行热交换,产生的汽水混合物下沉进入分离器,在连续的压力作用下使混合物中的蒸汽上升,上升的蒸汽与夹带的小液滴进入分离器后,小液滴从蒸汽中分离出来聚集沉降到底部,产生的纯蒸汽由纯蒸汽出口进入下一效作为加热源。混合物中未蒸发的原料水与被分离下来的小液滴在两个蒸发器间的压差作用下进入下一效蒸发器继续蒸发。以此类推,后面的蒸发器原理与之相同,一效以后的蒸发器是以前一效蒸发器产生的纯蒸汽作为加热源。纯蒸汽在二效开始冷凝并被收集输送到冷凝器的壳程中。末效产生的纯蒸汽进入冷凝器壳程与进入的注射用水混合。

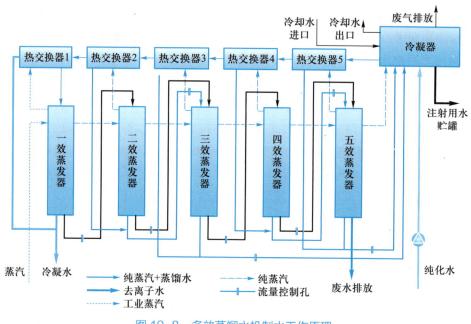

图 19-8 多效蒸馏水机制水工作原理

动画:
多效蒸馏水机制水工作原理

(1) 蒸发器:它是多效蒸馏水机的核心设备,如图 19-9、图 19-10 所示。根据装置大小的不同,多效蒸馏水机可能包含 3~8 个蒸发器,蒸发器的结构分为两部分:加热室及蒸发室。加热室由多根管子的外壁和塔芯组成,蒸发室由多根管子的内壁和塔体组成。在蒸发室内装有螺旋板,其作用是除去蒸汽中的液滴和去除热原。

多效蒸馏水机中预热器的加热源是蒸汽或蒸汽凝结水,来自蒸发器的蒸汽或蒸汽凝结水进入预热器的壳程与经过管程的原料水进行热交换。预热器对原料水是逐级预热的,经过冷凝器的原料水温度在 80℃ 以上,这个温度的原料水经过预热器逐级加热直到终端达到沸点后进入蒸发器蒸发。

(2) 分离装置:主要是去除热原,一般采用以下三种分离技术。① 重力分离:利用液滴本身的重力来实现分离。从列管中高速流出的气流经闪蒸室后,其速率将降低到一定值,气流向上转向,会有一部分液滴从气流中分离并沉降下来。重力沉降只适用于那些颗粒直径 >5 μm 的液滴。② 导流板撞击式分离:当带有液滴的气流通过这种通道时,液滴会和挡板发生碰撞并留在上面,最后以液膜的形式经排液管排走。③ 螺旋离心分离:气流经过分离器时,螺旋式挡板迫使气流螺旋上升。它利用液滴和蒸汽粒子的质量之比相差若干几何级数,湿蒸汽在高速螺旋上升时使液滴和蒸汽微粒分离的加速度甚至达到几百倍地心引力的加速度,液滴抛离至容器壁上,通过容器壁上的孔隙流回蒸发室而除去。螺旋离心分离运动阻力小,整个分离结构通畅干燥,分离效果好。分离装置如图 19-11 所示。

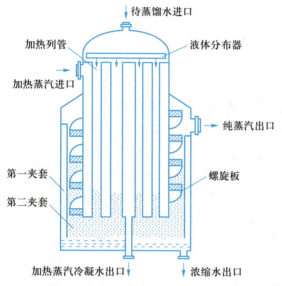

图 19-9　蒸发器结构示意图

图 19-10　蒸发器装置图

动画:
蒸发器工作原理

图 19-11　分离装置

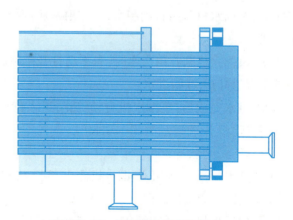

图 19-12　冷凝器结构示意图

　(3) 冷凝器:多效蒸馏水机中冷凝器内部是列管多导程结构,如图 19-12 所示。原料水经过管程后进入预热器,末效产生的纯蒸汽和前面产生的注射用水进入壳程与经过管程的原料水进行热交换,产生的注射用水流过上冷凝器由底部注射用水出口进

入下冷凝器,再从注射用水总出口流入贮罐进行贮存。冷凝器的上部通常安装一个 0.22 μm 的呼吸器,呼吸器可以防止停机后设备内产生真空还可防止微生物及杂质进入冷凝器中污染设备,也可以进行不凝气体和挥发性杂质的排放。

 **任务实施**

#### ▶▶▶ 多效蒸馏水机操作

以下内容以 TC1600-5 多效蒸馏水机为例。

**1. 开机前准备**

(1) 确认机器电源是否已经开启。

(2) 确认纯化水泵是否已经开启,纯化水进水阀门是否已经开启。

(3) 确认冷却水泵循环是否已经开启,且压力达到 20 Pa (0.2 mbar) 以上。

(4) 确认工业蒸汽阀门是否已经开启,且压力达到 30 Pa (0.3 mbar) 以上。

(5) 确认压缩空气是否已经开启,且压力达到 60~80 Pa (0.6~0.8 mbar)。

**2. 开机操作**

(1) 打开主电源,进入开机界面,用户登录。

(2) 点击"启动"按钮,机器处于生产蒸馏水状态中,此时机器的状态处于"蒸馏"。如果电导合格,则进入注射用水贮罐。如果电导不合格,则直接排放入排污管,直至电导合格。

(3) 点击"排放"按钮,机器处于排放蒸馏水状态中,无论电导是否合格,都将直接排放入排污管。

(4) 正常运行模式下,蒸馏水机会根据贮罐的液位自动运行:当注射水箱液位低于 50% 时,蒸馏水机开始自动制水,当注射水箱液位高 80% 时,蒸馏水机停止制水,进入待机状态。

(5) 蒸馏水机刚开启产水时,先手动打开排水阀门,3~5 min 后,关闭排水阀门。贮罐进水阀门打开,开始进水。

(6) 进水完成后,蒸馏水机自动停止,进入待机状态,进水阀门关闭。手动打开排水阀门排除积水,排除后关闭手动阀门。

**3. 停机操作**

(1) 点击"停止"按钮,蒸馏水机停止产水,机器开始冷却。

(2) 关闭工业蒸汽阀门。

(3) 机器冷却后,关闭纯化水、冷却水阀门。

(4) 关闭机器和总电源开关。

(5) 紧急情况下,按下机器"急停"按钮。

**4. 操作注意事项**

(1) 按有关规定穿戴好劳动防护用品,做好防热措施,防止挤伤、烫伤。

（2）工作前应仔细检查所用设备、防护装置是否良好，发现不良情况应及时修复更换，否则不得使用。

（3）开启设备时确认上下水系统畅通、水位正常，严禁水泵空载运行。

（4）确认原料水（纯化水）电导率正常，如果电导率超标，禁止开机运行。

（5）设备检修要与操作人员联系好，并做好停电挂牌和卸压工作，避免高压高温水喷溅造成人身伤害。

（6）设备未完全停止时禁止在蒸馏水机区域内进行清洁、维护等工作。清洁设备时，电控装置要做好防护。

### 5. 设备维护与保养

（1）每日检修并排放蒸汽进管中的积水。

（2）每周检查泵的密封及噪声情况。

（3）汽液分离器每年至少拆卸一次，清洗金属丝网。

（4）机器外配管路上的疏水器及过滤器应定期检查，经一周试运转后，清洗冷却水及原料水过滤器，每年清洗过滤器 2 次，每年检查一效凝水管路上的疏水器 4 次。掌握疏水器排放凝水情况，一旦疏水器排放不畅，应及时调换疏水器。

（5）若设备长期停用，应打开五效下部阀门和冷凝器下部阀门，排净设备内部积水后重新关闭。

（6）清洗蒸馏水机：当蒸馏水机的生产能力显著降低，确信有污垢沉积在热交换器表面时，就要进行蒸馏水机清洗。若水垢主要成分为硫酸盐，用 1 号液清洗。若水垢不仅有硫酸盐，而且还有硅酸盐，则先用 1 号液清洗，后用 2 号液清洗，经过上述清洗后，用 3 号液中和，最后用纯化水冲洗 1 h。

（7）管道、贮罐、呼吸过滤器消毒：关掉泵出水阀，接通纯蒸汽消毒阀门，各使用点微开，以压力 2 kg/cm$^2$、温度 121 ℃纯蒸汽消毒保持 30 h，消毒完成后用注射用水冲洗 15 min，每月进行一次消毒。

## 知识总结

1. 蒸馏法是《中国药典》（2020 年版）认可的制取注射用水的唯一方法。

2. 蒸馏水机可分为热压式蒸馏水机和多效蒸馏水机。

3. 热压式蒸馏水机由蒸发单元、压缩单元和预热单元三个单元组成，主要利用蒸汽压缩机对蒸汽进行二次压缩，提高温度和压力后蒸发原料水，制备注射用水。

4. 多效蒸馏水机通常由多个蒸发换热器、分离装置、预热器、冷凝器、阀门、仪表和控制部分等组成。

5. 多效蒸馏水机的工作过程为：纯化水→蒸馏水换热器（预热并将热蒸馏水冷却）→不凝结气体换热器进一步预热→加热室管内→受热沸腾→二次蒸汽→蒸发室除沫→蒸汽压缩机压缩→高温高压二次蒸汽→加热室管间→加热原料水至沸腾，并冷凝

成热蒸馏水→经不凝结气体换热器、蒸馏水换热器进一步冷却,并预热原料水。

　　6. 多效蒸馏水机运行时一定要保证纯化水贮罐中有足够运行的纯化水量,不足时要及时生产,保证设备的安全运行。

 **在线测试**

请扫描二维码完成在线测试。

在线测试:
注射用水
制备

# 项目 20
# 粉碎、筛分与混合设备操作

>>> 学习目标

1. 掌握常见粉碎、筛分与混合设备的主要结构、工作原理。
2. 熟悉粉碎、筛分与混合典型设备的正确操作与使用，以及设备的日常维护与保养。
3. 了解散剂生产过程的相关 SOP。

>>> 知识导图

请扫描二维码了解本项目主要内容。

知识导图：
粉碎、筛分
与混合设备
操作

# 任务 20.1 粉 碎

粉碎是制剂生产的常用操作,几乎涉及所有制剂生产。本任务主要是学习粉碎设备的结构、工作原理,遵行粉碎设备 SOP,完成万能粉碎机正确操作,领会操作注意事项,学会设备维护与保养。

 知识准备

## 一、基础知识

粉碎是借助机械力或其他作用力将块状固体物料破碎成适宜粒度的操作单元。粉碎的方法有混合粉碎法、单独粉碎法、干法粉碎法、湿法粉碎法和低温粉碎法等。粉碎操作是原料药前处理和药物制剂生产的重要环节之一,在保证药物制剂生产质量上具有重要的意义。

粉碎设备分类的方式有很多,按照粉碎方式和原理的不同分为机械式粉碎设备、气流式粉碎设备、研磨式粉碎设备和低温粉碎设备。

**1. 机械式粉碎设备** 机械式粉碎设备是通过机械方式对物料进行粉碎的设备。根据主要粉碎部件结构的不同分为转盘齿式粉碎设备、锤击式粉碎设备和涡轮式粉碎设备等,常见机械式粉碎设备的特点及适用性见表 20-1。

表 20-1 常见机械式粉碎设备的特点及适用性

| 设备 | 特点 | 适用性 |
|---|---|---|
| 万能粉碎机(转盘齿式) | 设备结构简单,操作方便,粉碎强度大,应用广泛 | 适用于干燥物料,结晶性物料,植物药材的根、茎、叶等的粉碎,不适用于挥发性物料、热敏性物料、黏性物料的粉碎 |
| 锤击式粉碎机 | 设备结构简单,操作方便,粉碎成品粒度均匀 | 适用于大多数物料的粉碎,不适用于高硬度、强黏性物料的粉碎 |
| 涡轮式粉碎机 | 设备结构简单,粉碎空间大,噪声低,损耗小,粉碎效率高 | 适用于多品种小批量中草药、贵重药材、矿石、化学原料的粉碎 |

**2. 气流式粉碎设备** 气流式粉碎设备是利用高压高速气流对物料进行粉碎的设

备。根据主要粉碎部件结构的不同分为循环管式气流磨、流化床气流磨等，常见气流式粉碎设备的特点及适用性见表 20-2。

表 20-2 常见气流式粉碎设备的特点及适用性

| 设备 | 特点 | 适用性 |
|---|---|---|
| 循环管式气流磨 | 设备结构简单，密闭性好，粉碎度高，但与其他粉碎设备相比，成本较高 | 适用于热敏性物料、低熔点物料、无菌物料的粉碎，如抗生素、酶等药物，还可用于粒度为 3~20 μm 的超微粉碎 |
| 流化床气流磨 | 设备结构紧凑，自动化程度高，噪声小，粉碎效率高，能源利用率高，应用广泛 | 适用于纯度高、硬度较大物料的粉碎 |

**3. 研磨式粉碎设备** 研磨式粉碎设备是通过研磨介质运动对物料进行粉碎的设备。根据主要粉碎部件结构的不同分为球磨机、胶体磨和乳钵研磨机等，常见研磨式粉碎设备的特点及适用性见表 20-3。

表 20-3 常见研磨式粉碎设备的特点及适用性

| 设备 | 特点 | 适用性 |
|---|---|---|
| 球磨机 | 设备结构简单，密闭性好，粉碎程度高，但操作时噪声较大，并伴有较强振动 | 适用于结晶性物料、引湿性物料、挥发性物料、贵重物料等的粉碎 |
| 胶体磨 | 设备结构简单，维护保养方便，但其结构特殊，使用受限 | 适用于较高黏度物料、较大颗粒物料的粉碎，还可用于乳剂的均质和乳化，不适用于遇热不稳定的物料的粉碎 |
| 乳钵研磨机 | 设备结构简单，体积小，携带方便，研磨时间可设定，研磨时间越长，研磨效果越好，最细粉可达到纳米级 | 适用于少量物料的细碎或超细碎，中药材细料（牛黄、珍珠、冰片等）的研磨及中成药的套色混合 |

**4. 低温粉碎设备** 低温粉碎设备是以液氮为冷源，物料冷却至脆化点，在粉碎腔内通过叶轮高速旋转，物料、叶片与齿盘间产生冲击、碰撞、剪切和摩擦等作用，从而对物料进行粉碎的设备。低温粉碎的特点：① 物料粉碎过程，液氮可循环，能源得到充分利用，可减少能耗；② 冷源温度最低可降至 −196℃，因此，可根据物料的脆化点温度，选择最佳粉碎温度；③ 粉碎细度能满足药用标准，甚至达到微米级；④ 使用液氮作为研磨介质，具有避免物料有效成分受热挥出，防止物料氧化分解及防尘防爆的综合效果。该设备适用于弹性大的物料、高温不稳定的药物的粉碎，如树脂树胶、干浸膏、含挥发性成分物料及抗生素类药物等。

## 二、常用设备

**1. 万能粉碎机** 万能粉碎机主要由加料斗、粉碎腔、钢齿、环状筛板、抖动装置、入料口、出粉口、电机和机座等部件组成（图 20-1、图 20-2）。由于粉碎过程中会产生大量粉尘,所以设备需配备粉料收集和捕尘装置。

图 20-1　万能粉碎机实物图

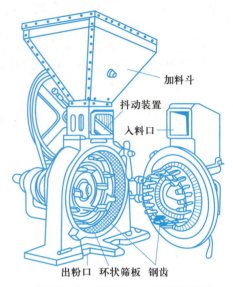

图 20-2　万能粉碎机结构示意图

加料斗・抖动装置・入料口・出粉口・环状筛板・钢齿

　　万能粉碎机的核心部件是钢齿,钢齿由固定齿盘和活动齿盘组成,以不等径的同心圆排列,物料从加料斗进入粉碎腔,活动齿盘高速旋转,产生的离心力将物料从粉碎腔的中心部位甩向粉碎腔壁,并产生撞击作用,此外,由于活动齿盘与固定齿盘间相对快速运动,产生冲击、剪切和摩擦等作用,从而对物料进行粉碎。细粉经环状筛板,从底部出料,粗粉在粉碎腔内继续作用,直至完全粉碎。

　　**2. 循环管式气流磨**　循环管式气流磨主要由分级器、产品出口、输送带、加料斗、文杜里送料器、支管、粉碎室、喷嘴、空气进口等部件组成(图 20-3、图 20-4)。该设备无活动部件,粉碎室为轮形循环管,形似空心轮胎,是典型的气流式粉碎设备。

图 20-3　循环管式气流磨实物图

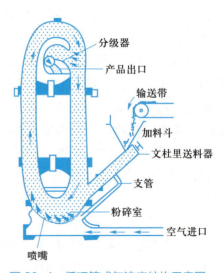

图 20-4　循环管式气流磨结构示意图

分级器・产品出口・输送带・加料斗・文杜里送料器・支管・粉碎室・空气进口・喷嘴

循环管式气流磨的核心部件是轮形循环管,因形状特殊,在高压高速气流作用下,可加速物料运动和加大物料离心作用,从而达到粉碎和分级效果。物料由文杜里送料器送入粉碎室,气流经底部喷嘴高压高速喷入,在不等径变曲率的环形粉碎室内,气流加速物料运动,产生冲击、碰撞和摩擦等作用,对物料进行粉碎,此外,旋流推动粉碎物料沿上行管道运动进入分级区,在分级区离心力作用下,对物料分级分流,内层细粉经百叶窗式惯性分级器分级后,在产品出口处进行收集,外层粗粉受重力作用惯性返回,继续循环运动,直至完全粉碎。

3. **球磨机** 球磨机主要由进气口、加料口、第一磨筒、第二磨筒、研磨球、出料隔板、出料口、排气口、电机和机座等部件组成(图 20-5、图 20-6)。球磨机粉碎效率主要受筒体(滚筒)的转速、研磨球的大小和重量、研磨球与物料的装量等影响。

图 20-5 球磨机实物图

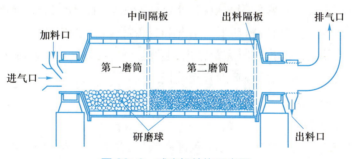

图 20-6 球磨机结构示意图

动画:
球磨机工作
原理

视频:
球磨机

球磨机的核心部件是一个水平放置,可轴向旋转的滚筒和研磨介质(研磨球),研磨球的运动形式对物料的粉碎效果有直接影响。物料经加料口进入第一磨筒,筒内有波纹衬板和研磨球,滚筒转动产生离心力将研磨球带到一定高度后落下,对物料产生冲击、摩擦和研磨等作用,物料在第一磨筒粗粉后,经过中间隔板进入第二磨筒,筒内有平衬板和研磨球,将物料进一步研磨,最后经过出料隔板,在出料口处进行收集,此外,持续进料产生的料面间压力,研磨球下落时产生的轴向推力,以及滚筒内气流运动产生的动力,促使物料从加料口到出料口缓慢运动。

## 任务实施

#### ▶▶▶ 万能粉碎机操作

以下内容以 SF-130A 型万能粉碎机为例。

##### 1. 开机前准备

(1) 检查设备状态标志,是否配有清场合格证。

(2) 检查粉碎机主轴螺母、机体各螺母是否紧固,机体内是否有异物。

(3) 检查润滑系统,各部件运转是否正常。

(4) 安装筛网,检查并确认筛网无松动或破碎后,关闭封盖并拧紧封盖螺丝。

(5) 设备开动前仔细检查传动皮带是否完好,若发现有破损应及时更换。当皮带或皮带轮上有油污时,应及时清理。

(6) 检查电气部件是否有漏电现象。

(7) 在出料口装上捕集袋。

##### 2. 开机操作  严格按照 SF-130A 型万能粉碎机 SOP 操作。

(1) 接通电源,电源指示灯亮,点击绿色启动按钮,设备空转试机,确保无异响、无部件松动方可使用。

(2) 试机正常后,点击红色停止按钮,关闭设备,准备待粉碎物料,扎封粉料捕集袋口。

(3) 启动设备,运行正常后匀速投料,通过调整进料挡板控制进料速度。

(4) 粉碎过程中定期检查料斗下料情况和封盖螺丝固定的松紧度。

(5) 结束前,待粉碎腔内物料完全排出,继续运转 1~2 min 后点击红色停止按钮。

(6) 停机后,收集物料,检查筛网有无破损。

(7) 按清洁 SOP 清场,做好清场记录。

##### 3. 操作注意事项

(1) 物料粉碎前必须检查设备,不允许有铁块、铁钉等杂物混入,避免打坏设备和发生意外事故。

(2) 设备启动进入正常运转后,方可加料粉碎。

(3) 加物料时,由少到多逐渐增加。进料量的大小可通过料斗下部挡板的开口大小来控制。

(4) 粉碎中若发现设备振动异常或发出异响,应立即停机检查。

(5) 粉碎中若发现粉料中有粗粒,应停机检查筛网,筛网如有破损应立即更换。

##### 4. 设备维护与保养

(1) 定期检查轴承,更换高速黄油,保证设备正常运行。

(2) 定期检查齿盘、齿圈等易损部件,检查其磨损程度,发现缺损应及时更换或修复。

（3）设备使用时如发现主轴转速减小，必须停机检查，调节电机，使设备达到规定转速。

（4）工作结束后，必须清除设备各部分的残留物料，清洁和擦净设备，做好清场记录，如长时间不用，应用篷布罩好。

 **知识总结**

1. 粉碎是借助机械力或其他作用力将块状固体物料破碎成适宜粒度的操作单元。

2. 粉碎设备按照粉碎方式和原理的不同分为机械式粉碎设备、气流式粉碎设备、研磨式粉碎设备和低温粉碎设备。

3. 万能粉碎机适用于干燥物料、结晶性物料的粉碎，不适用于挥发性物料、热敏性物料、黏性物料的粉碎。

4. 球磨机粉碎效率的主要影响因素有滚筒的转速、研磨球的大小和重量、研磨球与物料的装量等。

5. 循环管式气流磨设备结构简单，密闭性好，粉碎度高，但与其他粉碎设备相比成本高，适用于热敏性物料、低熔点物料、无菌物料的粉碎，比如抗生素、酶等药物，还可用于粒度为 3~20 μm 的超微粉碎。

6. 万能粉碎机使用前应进行一次空转试机，确保无异响、无部件松动方可使用。

 **在线测试**

请扫描二维码完成在线测试。

在线测试：粉碎

# 任务 20.2　筛　　分

PPT：筛分

**任务描述**

　　筛分是制剂生产常用操作之一，几乎涉及所有制剂生产。本任务主要是学习筛分设备的结构、工作原理，遵行筛分设备 SOP，完成旋振筛正确操作，领会操作注意事项，学会设备维护与保养。

授课视频：筛分

 知识准备

## 一、基础知识

筛分又称过筛,是借助带孔的筛面将物料分离成不同粒度粉末的操作单元。物料通过具有一定孔眼或缝隙的筛网(图20-7),可以除去不符合要求的粗粉(可以再粉碎)或细粉,保证物料的均匀度,有利于提高药品的质量。

图 20-7 筛网

依据《中国药典》(2020年版),药筛(筛网)选用参照国家标准 R40/3 系列,药筛分类等级见表20-4,粉末分类等级见表20-5。

表 20-4 《中国药典》(2020 年版)药筛分类等级

| 筛号 | 筛孔内径(平均值) | 目号 |
|---|---|---|
| 一号筛 | 2 000 μm ± 70 μm | 10 目 |
| 二号筛 | 850 μm ± 29 μm | 24 目 |
| 三号筛 | 355 μm ± 13 μm | 50 目 |
| 四号筛 | 250 μm ± 9.9 μm | 65 目 |
| 五号筛 | 180 μm ± 7.6 μm | 80 目 |
| 六号筛 | 150 μm ± 6.6 μm | 100 目 |
| 七号筛 | 125 μm ± 5.8 μm | 120 目 |
| 八号筛 | 90 μm ± 4.6 μm | 150 目 |
| 九号筛 | 75 μm ± 4.1 μm | 200 目 |

表 20-5 《中国药典》(2020 年版)粉末分类等级

| 粉末等级 | 要求 |
|---|---|
| 最粗粉 | 指能全部通过一号筛,但混有能通过三号筛不超过 20% 的粉末 |
| 粗粉 | 指能全部通过二号筛,但混有能通过四号筛不超过 40% 的粉末 |
| 中粉 | 指能全部通过四号筛,但混有能通过五号筛不超过 60% 的粉末 |
| 细粉 | 指能全部通过五号筛,并含能通过六号筛不少于 95% 的粉末 |
| 最细粉 | 指能全部通过六号筛,并含能通过七号筛不少于 95% 的粉末 |
| 极细粉 | 指能全部通过八号筛,并含能通过九号筛不少于 95% 的粉末 |

筛分设备根据物料运动方式的不同分为振动筛、旋转筛和摇动筛,常见筛分设备的特点及适用性见表20-6。

表 20-6　常见筛分设备的特点及适用性

| 设备 | 特点 | 适用性 |
| --- | --- | --- |
| 振动筛 | 设备结构紧凑,体积小,重量轻,分离效率高,密闭性好,处理能力强,应用广泛 | 适用于各种粉末、颗粒等物料的筛分 |
| 旋转筛 | 设备操作简单,体积小,重量轻,移动方便,出料口可随意调整,筛网容易更换,筛分精度高,噪声小,分离效率高,单位筛面处理能力强,应用广泛 | 适用于纤维多、黏度大、湿度大、有静电、易结块的物料,以及中药材细粉的筛分 |
| 摇动筛 | 设备结构简单,密闭性好,可设定摇动时间,但因处理量和筛分效率较低,又称慢速筛分 | 适用于实验室少量物料,毒性、刺激性和质轻物料的筛分 |

## 二、常用设备

**1. 旋涡式振动筛**　旋涡式振动筛又称为旋振筛,主要由进料口、防尘盖、筛网、筛盘、上部重锤、下部重锤、出料口、振动电机、机座等部件组成(图 20-8、图 20-9)。

图 20-8　旋振筛实物图

进料口
防尘盖
出料口
束环
弹簧
运输固定螺栓
机座
筛网
网架
加重块
上部重锤
筛盘
振动电机
下部重锤

图 20-9　旋振筛结构示意图

动画:旋振筛工作原理

旋振筛的核心部件是重锤和筛网,是通过利用振动电机上、下两端安装的两个不同相位的不平衡重锤,在高速旋转的离心作用下产生的复合惯性力,将振动电机的旋转运动转变为水平、垂直、倾斜三个方向进行,并传递给筛面,使物料在筛面上做螺旋状、由里向外渐开扩散运动,从而实现物料的筛分分级。

**2. 摇动筛**　主要由筛网(药筛)、固定装置、摇动台、摇动装置、电机等部件组成(图 20-10、图 20-11)。

摇动筛的核心部件是筛网和摇动装置,摇动装置包括摇杆、连杆和偏心轮。筛网安装时将目号最大的筛网放在粉末接收器底部,其他筛网按照目号大小依次向上排列,目号最小的筛网放在顶部,物料从顶部加入,装上盖子并固定在摇动台上,启动电源,利用偏心轮及连杆使筛网沿一定方向(通常是摇杆垂直方向)做往复运动,摇动和振动数分钟后,完成物料的筛分分级。

图 20-10　摇动筛实物图

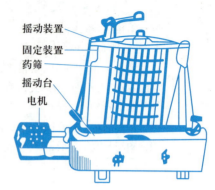

摇动装置
固定装置
药筛
摇动台
电机

图 20-11　摇动筛结构示意图

视频：
摇动筛

## 任务实施

▶▶▶ **旋振筛操作**

以下内容以 ZS-515 型旋振筛为例。

**1. 开机前准备**

（1）检查设备状态标志，是否配有清场合格证。

（2）检查润滑系统，各部件运转是否正常。

（3）检查筛箱内是否有异物，根据工艺规程的要求，选用合适的筛网。

（4）检查和确认设备各紧固件，谨防松动。

（5）依次安装橡皮垫圈、钢套圈、筛网、筛盖，并将筛盖用压杆压紧，禁止用钝器敲打。

（6）在不同出料口装上捕集袋，扎好封口，防止操作过程中粉尘飞扬。

**2. 开机操作**　严格按照 ZS-515 型旋振筛 SOP 操作。

（1）接通电源，设备空转试机，确保无异响、无部件松动方可使用。

（2）启动设备，待设备运行正常后，缓缓加入物料。

（3）应控制加入物料的速度，保持筛网上物料量适中，并随时观察设备螺栓和螺母是否松动。

（4）筛分结束后应按从上到下的顺序清理残留在筛中的粗颗粒和细粉。

（5）停机后，收集物料，检查筛网有无破损。

（6）按清洁 SOP 清场，做好清场记录。

**3. 操作注意事项**

（1）设备使用中要检查螺栓的紧固程度。

（2）设备应在空载情况下启动，运行平稳后，开始投料，停机前应先停止加料，待筛面上的物料全部过筛后再停机。

(3) 未装筛网或卡子松动时禁止开机。

(4) 禁止超负荷时开机,设备运行时均匀加料,防止超负荷运转。

(5) 设备运行时,禁止伸手到任何转动部位进行操作。

### 4. 设备维护与保养

(1) 定期更换激振器的润滑油,保持润滑油的清洁。

(2) 定期检查激振器的通气孔,如有漏油现象,应及时更换油封。

(3) 工作时如发现轴承的温度持续过高,应检查润滑油的级别、油位及油的清洁度。

(4) 更换筛网时,应保证筛箱两侧板与筛网之间有相等的间隙。

(5) 定期检查筛网、弹簧等部件是否有破损。

## 知识总结

1. 筛分又称过筛,是借助带孔的筛面将物料分离成不同粒度粉末的操作单元。

2. 筛分设备根据物料运动方式的不同分为振动筛、旋转筛和摇动筛。

3. 旋振筛适用于各种粉末、颗粒等物料的筛分。

4. 筛网的分类等级、粉末的分类等级,以及筛分设备使用中筛网的正确选用。

5. 摇动筛结构简单,密闭性好,可设定摇动时间,但因处理量和筛分效率较低,又称慢速筛分,适用于实验室少量物料,毒性、刺激性和质轻物料的筛分。

6. 旋振筛使用前应进行一次空转试机,确保无异响、无部件松动方可使用。

## 在线测试

请扫描二维码完成在线测试。

在线测试:
筛分

# 任务 20.3　混　　合

PPT:
混合

## 任务描述

　　混合是制剂生产常用操作之一,几乎涉及所有制剂生产。本任务主要是学习混合设备的结构、工作原理,遵行混合设备 SOP,完成槽形混合设备正确操作,领会操作注意事项,学会设备维护与保养。

授课视频:
混合

## 一、基础知识

混合是借助机械力或其他作用力使两种或多种物料相互分散,并达到一定均匀程度的操作单元。混合操作是散剂生产的一个关键工序,通过混合保证物料分布均匀,保障散剂剂量准确,确保药品质量。

混合设备分类的方式有很多,根据设备特性的不同分为固定型混合设备和旋转型混合设备。

**1. 固定型混合设备**　指利用螺旋桨、叶片等搅拌装置对物料进行均匀混合的设备。根据主要混合部件结构的不同分为槽形混合设备、双螺旋锥形混合设备等,常见固定型混合设备的特点及适用性见表20-7。

表20-7　常见固定型混合设备的特点及适用性

| 设备 | 特点 | 适用性 |
|---|---|---|
| 槽形混合设备 | 设备结构紧凑,操作简单,清洁方便,能耗低,但混合时间长 | 适用于软材的制备,不同比例干性、湿性粉状物料的混合及半固体物料的混合 |
| 双螺旋锥形混合设备 | 设备结构简单,操作方便,混合速率快,混合均匀度高 | 适用于比重悬殊、热敏性、粒径较大的物料的混合 |

**2. 旋转型混合设备**　指利用混合筒在水平轴上旋转,对物料进行均匀混合的设备。根据混合筒形状和运动方式的不同分为V形混合设备、三维运动混合设备等,常见旋转型混合设备的特点及适用性见表20-8。

表20-8　常见旋转型混合设备的特点及适用性

| 设备 | 特点 | 适用性 |
|---|---|---|
| V形混合设备 | 设备操作简单,混合筒结构独特,密闭性好,混合效率高,分散均匀度好 | 适用于流动性好、物理性质差异小的物料的混合 |
| 三维运动混合设备 | 设备结构紧凑,占地面积小,能耗较低,内壁光滑,易出料,易清洗,混合效率高 | 适用于制药、化工和食品等多个领域流动性较好的物料的混合 |

## 二、常用设备

**1. 槽形混合设备**　槽形混合设备为单桨混合设备,主要由搅拌桨、混合槽、固定轴等部件组成,搅拌桨通常为S形(图20-12、图20-13)。

图 20-12　槽形混合设备实物图

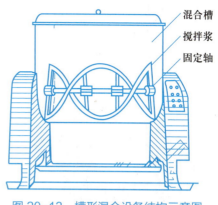

混合槽
搅拌桨
固定轴

图 20-13　槽形混合设备结构示意图

动画：
槽形混合设
备工作原理

　　槽形混合设备的核心部件是搅拌桨和混合槽。在主电机驱动下，带动搅拌桨旋转，物料在混合槽内不断地上下翻滚，由于搅拌桨是 S 形，在混合槽的左右两侧，混合过程物料间会产生挤压力，推动混合槽内所有角落物料的运动，使物料均匀混合，混合方式以对流混合为主，所以混合时间较长。此外，副电机可带动固定轴转动，使混合槽倾斜105°，便于混合结束后出料。

　　**2. 双螺旋锥形混合设备**　双螺旋锥形混合设备又称悬臂双螺旋锥形混合机，主要由加料口、摆线针轮减速器、转臂传动系统、锥形筒体、旋转杆部件、拉杆部件、出料口、电机、处理器等部件组成（图 20-14、图 20-15）。

图 20-14　双螺旋锥形混合设备实物图

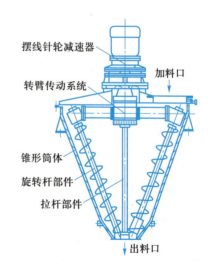

摆线针轮减速器
加料口
转臂传动系统
锥形筒体
旋转杆部件
拉杆部件
出料口

图 20-15　双螺旋锥形混合设备结构示意图

动画：
双螺旋锥形
混合设备工
作原理

　　双螺旋锥形混合设备的核心部件是锥形筒体（锥形混合筒）和旋转杆部件（非对称螺旋杆）。通过锥形混合筒倒置，慢速公转运动，混合筒内两个非对称螺旋杆自转，将锥形底部物料向上提升，物料被提升到顶部混合空间变大，两股物料会向中心凹陷处汇合下落，填充混合设备底部的物料空缺，之后继续随螺旋杆运动并提升，往返运动实现

物料的均匀混合。混合方式有搅拌混合、对流混合和扩散混合,所以混合效率高。

3. **三维运动混合设备**　主要由机座、三维运动机构、混合筒、电气控制系统等部件组成(图 20–16、图 20–17)。

动画:
三维运动混
合设备工作
原理

图 20–16　三维运动混合设备实物图

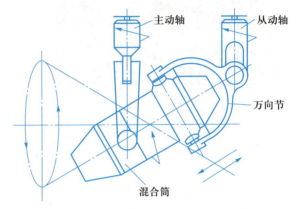

图 20–17　三维运动混合设备结构示意图

三维运动混合设备的核心部件是三维运动机构(包括主动轴、从动轴和万向节等)和混合筒。设备运行时,混合筒在三维运动机构带动下,物料沿混合筒筒体做环向、径向和轴向的复合运动,使物料在混合筒中频繁、迅速地翻转和滚动,从而实现物料的混合,由于物料运动具有多向性,所以混合均匀度高,混合效果好。

## 任务实施

### ▶▶▶ 槽形混合机操作

以下内容以 CH–10 型槽形混合机为例。

1. **开机前准备**
(1) 检查设备状态标志,是否配有清场合格证。
(2) 检查润滑系统,设备运行是否正常。
(3) 检查机座是否平稳,拧紧地脚螺丝,避免振动。

2. **开机操作**　严格按照 CH–10 型槽形混合机 SOP 操作。
(1) 投料前设备应进行一次空转试机,确保无异响、无部件松动方可使用。
(2) 加入物料,并浸没在浆轴位置,拧紧制动螺丝将料槽锁紧,盖好料槽盖。
(3) 启动设备,开机搅拌。
(4) 按照工艺要求,搅拌时间到,关闭设备。
(5) 揭开料槽盖,松开制动螺丝,扳动倒料手柄,完成倒料。若出料不顺畅,可按"点动"按钮出料。

（6）使用结束后，收集物料，检查设备。

（7）按清洁 SOP 清场，做好清场记录。

### 3. 操作注意事项

（1）设备不能在潮湿的环境中进行工作，并且必须接地线。

（2）加料时必须停机，禁止开机加料。

（3）正常工作时必须拧紧制动螺丝。

### 4. 设备维护与保养

（1）每隔 3 个月更换一次机油，更换前应将减速电机清洗干净。

（2）定期检查设备，保证各部件运转正常，如发现异常情况应及时处理。

（3）生产结束后应清除设备各部件的残留物料，清洁设备。如设备长时间不用，必须将设备全面擦拭干净，用篷布罩好。

 ## 知识总结

1. 混合是借助机械力或其他作用力使两种或多种物料相互分散，并达到一定均匀程度的操作单元。

2. 混合设备分类的方式有很多，根据设备特性的不同分为固定型混合设备和旋转型混合设备。

3. 槽形混合设备适用于软材的制备，不同比例干性、湿性粉状物料的混合及半固体物料的混合。

4. 双螺旋锥形混合设备结构简单，操作方便，混合速率快，混合均匀度高，适用于比重悬殊、热敏性、粒径较大的物料的混合。

5. 三维运动混合设备结构紧凑，占地面积小，能耗较低，内壁光滑，易出料，易清洗，混合效率高，适用于制药、化工和食品等多个领域流动性较好的物料的混合。

6. 槽形混合机使用前应进行一次空转试机，确保无异常、无部件松动方可使用。

 ## 在线测试

请扫描二维码完成在线测试。

在线测试：
混合

# 项目 21
# 制粒、干燥与整粒设备操作

>>>> 学习目标

1. 掌握制粒、干燥与整粒常用设备的分类及基本原理。
2. 熟悉制粒、干燥与整粒设备的主要结构、正确操作与使用及日常维护与保养。
3. 了解颗粒剂生产过程的相关 SOP。

>>>> 知识导图

请扫描二维码了解本项目主要内容。

知识导图：
制粒、干燥
与整粒设备
操作

# 任务 21.1 制　　粒

制粒是颗粒剂、片剂等制剂生产的常用操作。本任务主要是学习制粒设备的分类、工作原理,遵行制粒设备 SOP,完成制粒设备正常操作,领会操作注意事项,学会设备维护与保养。

PPT:
制粒

授课视频:
制粒

## 一、基础知识

制粒是把粉末、块状物、溶液、熔融液等状态的物料进行处理,制成具有一定形态和大小的颗粒的操作。常用的制粒方法有湿法制粒和干法制粒两种。湿法制粒的设备较多,有先制软材再制粒的高速混合制粒机、旋转式制粒机和摇摆式制粒机,也有不制软材直接制粒的沸腾制粒机和喷雾干燥制粒机。干法制粒现主要使用的是滚压制粒机。

**1. 高速混合制粒机**　是用搅拌桨搅拌物料,加入黏合剂后使物料在短时间内翻滚混合均匀,再由制粒刀制成颗粒。

**2. 沸腾制粒机**　将粉状物料投入料斗密闭容器内,由于热气流的作用,粉末悬浮呈流化状循环流动,达到均匀混合,同时喷入雾状黏合剂润湿容器内的粉末,使粉末凝成疏松的小颗粒,在容器中一次完成混合、造粒、干燥三个工序。

**3. 喷雾干燥制粒机**　于干燥室中将稀料经雾化后,与热空气接触使水分迅速汽化,即得到干燥产品。该法能直接使溶液、乳浊液干燥成粉状或颗粒状制品,可省去蒸发、粉碎等工序。

**4. 摇摆式制粒机**　将提前制备好的软材加入加料斗中,制粒滚筒正反交替旋转,将软材强制性挤出筛网,制得颗粒。

**5. 旋转式制粒机**　是将制备好的软材利用挤压力挤过筛网制粒。碾刀与刮板同轴,工作时相向旋转,挡板将软材挡在刮板与筛筒之间,碾刀挤压软材,软材从筛筒上挤出完成制粒,更换筛筒可获得不同粒径大小的颗粒。

**6. 滚压制粒机**　是利用螺旋推进器将药物粉末推入两个辊压筒间的缝隙中,两个辊压筒相向旋转,将粉末挤压成片状物,再利用粉碎装置将片状物粉碎,整粒后移出。

## 二、常用设备

**1. 高速混合制粒机**　高速混合制粒机主要由机座、盛料缸、搅拌桨、制粒刀、气动出料阀和控制系统构成,如图 21-1 所示。其工作原理是在盛料缸中加入原料干粉后,盖上顶盖,依靠搅拌桨的旋转使物料迅速翻转达到充分混合,黏合剂或润湿剂从顶盖部加料口加入,在搅拌下将原料制成软材,再利用制粒刀高速旋转,将软材迅速搅碎、切割成均匀的湿颗粒,制得的湿颗粒由出料口放出。该设备操作简单、快速,制作一批颗粒仅用 8~10 min,黏合剂较传统方法少用 25%;所得颗粒粒子质地结实、大小均匀、流动性和可压性好。本机适合于大多数物料的制粒,但乳香、没药和全浸膏类黏性大又不耐热物料不宜用本机制粒。

动画:
高速混合
制粒机工
作原理

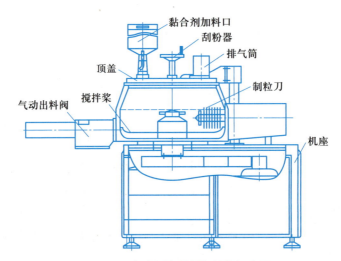

图 21-1　高速混合制粒机结构示意图

**2. 沸腾制粒机**　沸腾制粒机由物料容器、喷雾室、物料捕集室、喷枪、加热器、引风机等系统组成,如图 21-2 所示。本机利用热风使粉末物料悬浮呈沸腾流化状态,喷枪喷入液态黏合剂或润湿剂使粉末物料凝结成粒,热风在使物料沸腾的同时还加热颗粒使其干燥。由于物料的混合、制粒、干燥均在本机内一步完成,所以本机也被称为“一步制粒机”。操作时,将粉末物料放入物料容器,开引风机后开加热器,对气流进行加热形成热风,热风使物料呈沸腾流化状态而混合,以气流式喷雾将黏合剂或润湿剂定量喷洒在固体粉末上,使粉末相互聚集成颗粒,颗粒形成后停止喷雾,湿颗粒继续被热风干燥,至含水量符合标准即可。本机能一步完成混合、制粒、干燥甚至包衣等操作,简化了工艺,自动化程度高,生产条件可控,制得的颗粒密度小、流动性和可压性好,特别适用于黏性大、普通湿法制粒不能成型的物料制粒。

**3. 喷雾干燥制粒机**　喷雾干燥制粒机与沸腾制粒机的结构相似,主要由鼓风机、加热器、喷枪、盛料器、供液装置、颗粒贮槽等系统构成,如图 21-3 所示。本机生产时,在盛料器中加入一定量的干粉作为母核,开热风使母核呈沸腾状态,通过喷枪

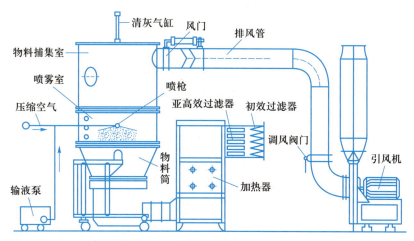

图 21-2 沸腾制粒机结构示意图

动画：
沸腾制粒机
工作原理

把料液喷洒到母核表面被热风干燥,制得颗粒;也可直接将药物与黏合剂制成含固体50%~60% 的混悬液或混合浆,通过喷枪将其雾化喷出,热风干燥后制得球形细小颗粒,本机生产时若仅以干燥为目的,则可称其为喷雾干燥机。

　　本机集混合、喷雾干燥、制粒、颗粒包衣多种功能于一体;制得球形颗粒密度小,强度小,粒度均匀,流动性好,可塑性好。本机适合于黏度大,传统湿法制粒不能成型,对湿、热敏感的药物制备颗粒,特别适合中药颗粒剂的生产。

知识拓展：
沸腾制粒过
程中的静电
消除

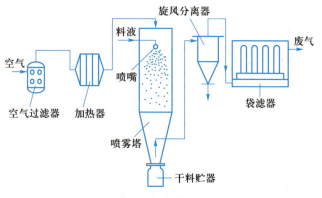

图 21-3 喷雾干燥制粒机结构示意图

 动画：
喷雾干燥
制粒机工
作原理

 任务实施

▶▶▶ 高速混合制粒机操作

　　以下内容以 GHL-10 型高速混合制粒机为例。

### 1. 开机前准备

(1) 检查设备的卫生条件是否达到生产要求,是否有清场合格证。

(2) 打开顶盖,检查搅拌桨和制粒刀有无松动,有松动应及时拧紧螺母。

(3) 接通水源、气源、电源,检查设备各部件是否正常,水、气压力是否正常,气压调至 0.5 MPa。

(4) 检查电气部件是否安全,有无漏电现象。

(5) 打开控制面板,开启出料阀,检查气动出料阀的进退是否灵活,速率是否适中,如不理想可调节气缸下面的单向节流阀,最后关闭出料阀。

(6) 系上顶盖上排气筒捕集袋,打开吹气开关,观察搅拌桨轴和制粒刀轴缝隙是否被阻塞;调节进气量,保证药粉不会进入搅拌桨轴和制粒刀轴缝隙处。

(7) 在控制面板上打开搅拌点动和制粒点动,观察机器的运转情况,在搅拌桨无刮器壁,制粒刀无异常声音的情况下,关闭顶盖并拧紧顶盖螺母。

(8) 打开机器状态,查看机器状态的顶盖、底盖、伺服系统情况,以上均应显示正常。

### 2. 开机操作

(1) 进入自动操作界面,设定低速搅拌时间及转速、高速搅拌时间及转速、制粒延时时间及转速六个参数。时间参数的关系:自动运行时间 = 低速搅拌时间 + 高速搅拌时间;制粒延时时间为制粒刀开启的时间,即制粒时间 = 自动运行时间 − 制粒延时时间。

(2) 打开物料顶盖,将原辅料投入缸内,然后关闭顶盖并拧紧螺母。

(3) 打开机器状态查看顶盖、底盖、伺服系统正常,打开吹气开关吹气。

(4) 在控制面板上点击自动运行,设备开始运转,在进入高速搅拌后及时打开顶盖加料口加入黏合剂。

(5) 运行完成即自动停机,打开气动出料阀,开启搅拌点动,搅拌桨低速搅拌将物料从排出口排出,关闭吹气后停机。操作完毕后,关闭电源,按清洁 SOP 对设备进行清洁。

### 3. 操作注意事项

(1) 使用前应进行一次空转试机,确保无异响、无部件松动方可使用。

(2) 生产前应按工艺要求设定低速搅拌时间及转速、高速搅拌时间及转速、制粒延时时间及转速六个参数。

(3) 加入药物启动前应开启吹气,防止药粉进入搅拌桨轴和制粒刀轴缝隙处造成轴的磨损,以及生热对药物造成影响。

(4) 投料量要适中,防止搅拌桨启动困难,且混合不均,如强制启动搅拌则可能产生大量的热量,使物料黏壁。

(5) 控制好黏合剂的用量,最好一次性加入。

(6) 设备运行时,严禁操作人员离开现场,如有异响或其他异常情况应及时停机检查。

#### 4. 设备维护与保养

（1）每半年打开轴承上的遮板，对前后轴承加润滑脂。

（2）每月检查机件、传动轴一次；整机每半年检修一次。

（3）定期检查齿轮箱、传动轴、轴承等易损部件，检查其磨损程度，发现缺损应及时更换或修复。

（4）每半年检查一次齿轮箱，必要时将二硫化钼润滑剂涂抹在齿轮四周。

 ## 知识总结

1. 制粒是把粉末、块状物、溶液、熔融液等状态的物料进行处理，制成具有一定形态和大小的颗粒的操作。

2. 制粒设备分为湿法制粒设备和干法制粒设备。湿法制粒设备有高速混合制粒机、旋转式制粒机、摇摆式制粒机、沸腾制粒机和喷雾干燥制粒机；干法制粒设备主要是滚压制粒机。

3. 高速混合制粒机广泛应用于脆性干燥物料的粉碎，但不适用于粉碎热敏性、黏性及含有大量易挥发组分的物料。

4. 沸腾制粒机能一步完成混合、制粒、干燥甚至包衣等操作，制得的颗粒密度小、流动性和可压性好，特别适用于黏性大、普通湿法制粒不能成型的物料制粒。

5. 喷雾干燥制粒机制备的颗粒为球形细小颗粒，本设备生产时若仅以干燥为目的，则可称其为喷雾干燥机。

 ## 在线测试

请扫描二维码完成在线测试。

在线测试：
制粒

# 任务 21.2 干 燥

PPT：
干燥

干燥操作广泛应用于原辅料、中药材、制剂中间体及成品的干燥。本任务主要是学习干燥设备的分类、工作原理，遵行干燥设备 SOP，完成干燥设备正常操作，领会操作注意事项，学会设备维护与保养方法。

授课视频：
干燥

## 知识准备

### 一、基础知识

干燥是利用热能使湿物料中的湿分（水分或其他溶剂）汽化，并利用气流或真空将汽化了的湿分带走，从而获得比较完全固液分离的操作。根据热量的供应方式可分为对流干燥、传导干燥、辐射干燥和介电加热干燥；按操作方式可分为间歇式和连续式两种，工业上常用自动化程度高、产量大的连续式干燥设备；按操作压力可分为常压干燥和真空干燥；按加热方式可分为直接加热和间接加热。

**1. 对流干燥设备**　使热空气或烟道气与湿物料直接接触，依靠对流传热向物料供热，水汽则由气流带走。对流干燥在生产中应用最广，它包括气流干燥、喷雾干燥、流化干燥、回转圆筒干燥和箱式干燥等。

**2. 传导干燥设备**　湿物料与加热壁面直接接触，热量靠热传导由壁面传给湿物料，水汽靠抽气装置排出。传导干燥包括滚筒干燥、冷冻干燥、真空耙式干燥等。

**3. 辐射干燥设备**　热量以辐射传热方式投射到湿物料表面，被吸收后转化为热能，水汽靠抽气装置排出，如红外线干燥设备。

**4. 介电加热干燥设备**　将湿物料置于高频电场内，依靠电能加热而使水分汽化。介电加热干燥包括高频干燥、微波干燥。

### 二、常用设备

**1. 热风循环烘箱**　热风循环烘箱主要由箱体、风机、加热系统、物料盘、电气控制箱等组成（图21-4）。其工作原理是利用空气作为加热介质加热物料盘内的物料，使其干燥。干燥过程中物料保持静止状态，料层厚度一般为10~100 mm。热风沿着物料表面和物料盘底部水平流过，同时与湿物料进行热交换并带走被加热物料中汽化的湿气，传热传质后的热风在循环风机作用下，部分从排风口放出，同时由进风口补充部分湿度较低的新鲜空气，与部分循环的热风一起加热进行干燥循环。当物料含水量达到工艺要求时停机出料。

普通的热风循环烘箱的热风只能在物料表面和物料盘底部水平流过，传热传质的效率低。穿流式热风循环烘箱将物料盘底部设计为筛板或多孔板，供热风通过物料盘底部均匀穿透物料层，提高传热传质效率，但能耗比较大。

热风循环烘箱一般为间歇式，也有连续式，用小车或传送带输送物料干燥，小型的称烘箱，大型的称烘房。本机结构简单，控制操作容易，物料破损少，适用于黏性、易碎、颗粒状、膏状、纤维状、坯块状等多种物料的干燥；其缺点是静态干燥，效率低，时间长，翻动、装卸费时费力，且易产生粉尘，总体热效率较低。

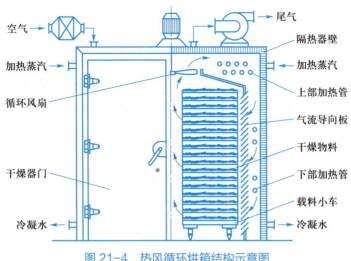

图 21-4　热风循环烘箱结构示意图

视频：
热风循环
烘箱

**2. 沸腾干燥机**　沸腾干燥机利用外力(风力或振动力)使物料沸腾流化,保证物料与热风的充分接触,使物料干燥更快、更均匀。常用的沸腾干燥机有单室沸腾干燥机、多室沸腾干燥机等。

(1) 单室沸腾干燥机:单室沸腾干燥机结构与沸腾制粒机相似,由物料容器、沸腾干燥室、物料捕集室、加热器、引风机等系统组成,如图 21-5 所示。本机操作时,将散状湿物料加入物料容器,热风经过物料容器底部多孔分布板通入,通过控制热风速度,使湿物料能被吹起,但又不会被吹走,处于类似沸腾的悬浮流化状态,又称之为流化床。气流速度区间的下限值称为临界流化速度,上限值称为带出速度。处于沸腾状态时,热气流在湿颗粒间均匀流动,在动态下与湿物料之间进行传热传质,使干燥快速、均匀。

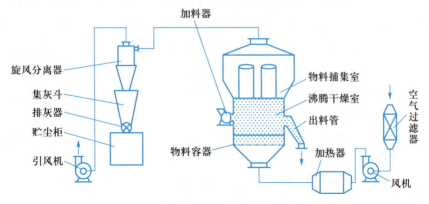

图 21-5　单室沸腾干燥机结构示意图

本机具有结构简单,维护方便,设备密封性好,符合 GMP 要求,自动化程度高,生产条件可控,传热系数大,干燥速率快,产品干燥均匀等特点。但干燥过程中物料容易发生摩擦和撞击,使脆性物料形成粉末,且设备对被干燥物的含水量、形状、粒径有一定的限制。易结块或含水量高的物料易发生堵塞和黏壁现象;长条、扁平等形状的物料不易被吹起形成沸腾状态;粒径太小的物料容易被带出,太大的不易被吹起。故本机主要适用于不易粉碎、不易结块的粉粒状物料,物料含水量一般为10%~20%,颗粒度在0.3~6 mm。单室沸腾干燥机可以进行间歇式和连续式两种操作,连续式操作可能引起部分物料返混和滞留,部分物料未干燥就离开干燥机,造成物料干燥时间不同,干燥不均匀。为了保证物料干燥均匀,可采用多室沸腾干燥机。

(2)多室沸腾干燥机:多室沸腾干燥机也称为卧式多室流化床干燥机,其结构为一长方形箱式沸腾干燥机,如图21-6所示。干燥机内部利用按一定间距设置的垂直隔板将其分为多室(一般4~8室),隔板可固定也可上下活动,调节与筛板间的距离。

动画:
多室沸腾
干燥机工
作原理

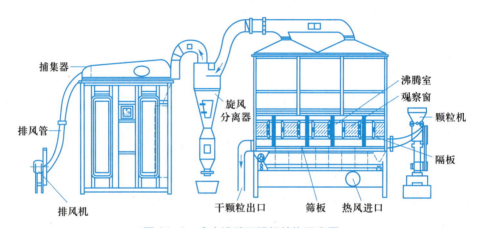

图 21-6 多室沸腾干燥机结构示意图

多室沸腾干燥机相当于多个单室沸腾干燥机串联,每一室可独立控制风量和温度,能防止物料未干燥就离开干燥机,保证物料干燥的均匀度;同时还可以调整进风角度,调节物料运动的方向和速度,控制物料的干燥时间,防止返混和滞留现象出现。操作时,湿物料进入第一室,由于第一室的物料湿度较大,可调高热空气温度和调大进气量,保证物料处于沸腾状态并充分干燥,进入第二室则可以适当调低热空气的温度和调小进气量,至最后一室可通入低温空气冷却产品,这种设计确保每一室都能充分发挥作用,使干燥效率最大化。

### 3. 箱式真空干燥机

干燥作业时当遇到物料具有热敏性、易氧化性,或湿分是有机溶剂,其蒸气与空气混合具有爆炸危险时,可采用真空干燥。真空干燥的过程是将被干燥物料放置在密闭的干燥室内,然后对其抽真空,抽真空的同时对被干燥物料不断加热,使湿分挥发。由于真空状态下湿分的沸点较低,所以干燥温度不高。箱式真空干燥机主要由干燥箱体、加热搁板、真空泵、物料托盘、冷凝器等系统构成,如图21-7。工作时,在托盘中均匀地撒放被干燥物料,再将托盘置于搁板上,然后关闭箱门抽真空,加热。加热介质进入搁板内层,物料靠直接热传导从搁板接收热量,物料升温后水分汽化。干燥过程中汽化的水蒸气由真空泵抽到冷凝器中冷凝。物料干燥后,停止加热、停真空泵、打开放气阀,搁板进入冷却水作冷却器用,保证及时冷却,最后打开箱门取出干燥物料。

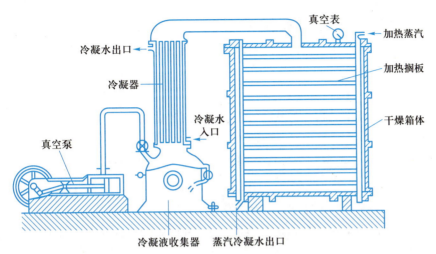

图 21-7　箱式真空干燥机结构示意图

知识拓展:
物料中的
水分

　　箱式真空干燥机在干燥过程中由于没有空气存在,所以一般采用接触热传导的方式对物料加热,只有物料与加热系统充分均匀接触才能获得较好的加热效果。箱式真空干燥机通过搁板加热物料,物料静止,与加热系统接触不充分、不均匀,加热效果不佳,容易造成干燥时间过长、干燥不均匀的问题。为了强化加热效果,可让物料在干燥机内翻动,使物料与加热系统充分均匀接触。利用这一原理工作的真空干燥机很多,如耙式真空干燥机、滚筒式真空干燥机、圆筒搅拌型真空干燥机、双锥回转型真空干燥机等。

 **任务实施**

### ▶▶▶ 沸腾干燥机操作

　　以下内容以 FL-50 型沸腾干燥机为例。

#### 1. 开机前准备

　　(1) 检查设备的卫生条件是否达到生产要求,是否有清场合格证。

　　(2) 将捕集袋套在袋架上,松开定位手柄后摇动手柄使吊杆放下,然后将捕集袋架固定在吊杆上,摇动手柄升至最高点,将袋口边缘四周翻出密封槽外侧,勒紧绳索,打结。

　　(3) 接通气源,检查气压力是否正常,调节总气压至 0.5 MPa 左右,调节气密封压力至 0.1 MPa 左右。

　　(4) 接通电源,检查电气部件是否安全,有无漏电现象。

（5）打开控制面板电源，检查左、右风门和左、右清灰是否正常。

（6）将物料加入物料容器内，检查密封圈内空气是否排空，排空后将物料容器推入干燥室下，此时物料容器上的定位头与干燥室上的定位块应吻合，就位后的物料容器应与干燥室和物料捕集室基本同心。

（7）预设进风温度和出风温度（一般出风温度为进风温度的一半），选择"自动/手动"设置为手动。

### 2. 开机操作

（1）在控制面板上开启"气密封"，观察密封圈膨胀情况，待密封完成后进行下一步操作。

（2）启动引风机，根据观察窗内物料沸腾情况，转动出风调节手柄，控制出风量，以物料沸腾适中为宜。

（3）开动"加热"，选择"自动/手动"设置为"自动"。

（4）生产过程中可在取样口取样观察干燥程度，以物料放在手上搓捏后仍可流动、不黏手为干燥。

（5）干燥结束，关闭"加热"。

（6）待出风口温度下降至室温时，选择"自动/手动"设置为"手动"，关闭引风机。

（7）待引风机完全停止后手动清灰，使捕集袋内的物料掉入物料容器内，通过观察窗观察捕集袋无药粉掉落即可停止手动清灰。

（8）关闭"气密封"，待充气密封圈回复原状后，拉出物料容器小车，卸料。操作完毕后，关闭电源，按清洁SOP对设备进行清洁。

### 3. 操作注意事项

（1）开启"气密封"后一定要检查密封情况，防止漏气；关闭"气密封"后，必须待密封圈完全回复（圈内空气放尽），方可拉出物料容器，否则易损坏充气密封圈。

（2）开启引风机后要调节出风量，若出风量过大，会产生过激沸腾，使得颗粒易碎，细粉多，且热量损失大，干燥效率低；若出风量过小，物料难以沸腾，使得物料不易干燥。

（3）开动"加热"后，选择"自动/手动"设置为"自动"，在自动状态下可自动清灰；物料捕集室有左、右两个区域，分设左、右风门和左、右清灰，目的是在生产过程中关闭其中一个风门，有利于清灰，同时确保捕集袋不致在排风的情况下因振动而破损，而另一个风门能正常完成排风任务，如果两个风门同时关闭，设备无法排风，会导致物料无法保持沸腾，同时电加热器可能会因过热损坏。

（4）待引风机完全停止后手动清灰，防止药粉再次吹入捕集袋。

（5）设备运行时，严禁操作人员离开现场，如有异响或其他异常情况应及时停机检查。

### 4. 设备维护与保养

（1）每半年检查引风机轴承并加润滑脂。

（2）每月检查引风机、气动元件一次；整机每半年检修一次。

（3）引风机应清洁保养，定期润滑。

（4）气动系统的空气过滤器应定期清洁，气动阀活塞应完好可靠。

（5）空气过滤器应每隔半年清洗或更换滤材。

（6）温度感应器、压力表每半年检查一次，保证准确性。

 ## 知识总结

1. 干燥是利用热能使湿物料中的湿分（水分或其他溶剂）汽化，并利用气流或真空将汽化了的湿分带走，从而获得比较完全固液分离的操作。

2. 干燥设备根据热量的供应方式可分为四大类：对流干燥设备、传导干燥设备、辐射干燥设备和介电加热干燥设备。

3. 热风循环烘箱适用于黏性、易碎、颗粒状、膏状、纤维状、坯块状等多种物料的干燥；其缺点是静态干燥，效率低，时间长，翻动、装卸费时费力，且易产生粉尘，总体热效率较低。

4. 沸腾干燥机的原理是使物料处于沸腾状态，热气流在湿颗粒间均匀流动，在动态下与湿物料之间进行传热传质，使干燥快速、均匀。

5. 真空干燥的过程是将被干燥物料放置在密闭的干燥室内，然后对其抽真空，同时对被干燥物料不断加热，使湿分挥发。

6. 沸腾干燥机生产过程中可在取样口取样观察干燥程度，以物料放在手上搓捏后仍可流动、不黏手为干燥。

 ## 在线测试

请扫描二维码完成在线测试。

在线测试：
干燥

# 任务 21.3　整　　粒

PPT：
整粒

 任务描述

整粒操作是制粒后的必要操作。本任务主要是学习整粒设备的分类、工作原理，遵行整粒设备 SOP，完成整粒设备正常操作，领会操作注意事项，学会设备维护与保养。

授课视频：
整粒

 知识准备

## 一、基础知识

湿颗粒在干燥过程中,某些颗粒可能发生粘连甚至结块,所以必须对干燥后的颗粒给予整理,使结块、粘连的颗粒分散开,获得一定粒度范围的均匀颗粒。目前主流的整粒设备为锥形整粒设备和摇摆整粒设备。

**1. 锥形整粒设备** 工作腔中旋转的回转刀对原料起旋流作用,并以离心力将颗粒甩向筛网板,同时由于回转刀旋转与筛网板之间的剪切作用,将物料整粒成小颗粒。主要设备是锥形整粒机。

**2. 摇摆整粒设备** 利用制粒滚筒正反交替旋转,将颗粒挤过筛网而实现整粒。主要设备是摇摆制粒机。

## 二、常用设备

**1. 锥形整粒机** 锥形整粒机主要由入料斗、蝶阀、整粒机机头、入料连接斗、出料斗、驱动机构、升降立柱、推车几个部分组成,如图 21-8 所示。其工作原理是当物料由料斗进入机器工作腔时,由旋转的回转刀对原料起旋流作用,并以离心力将颗粒甩向筛网板,同时由于回转刀旋转与筛网板之间剪切作用,将物料整粒成小颗粒,并经筛网孔排出。

动画:
锥形整粒机
工作原理

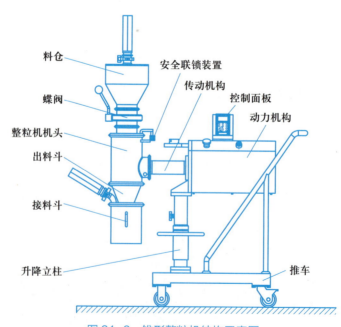

图 21-8 锥形整粒机结构示意图

本机采用了模块化设计,各组合件拆卸、安装方便,与物料接触零部件结构采用流线型设计,无死角、易清洗,符合 GMP 对设备的要求。主要用于沸腾制粒机干燥后的颗粒整粒及固体制剂生产工艺流程中的颗粒整粒。

**2. 摇摆制粒机**  摇摆制粒机主要由加料斗、制粒滚筒、筛网、筛网管夹等系统组成,如图 21-9 所示。本机在工作时,加料斗内加入提前制备好的软材,制粒滚筒正反交替旋转,将软材强制性挤出筛网,制得颗粒。亦可于加料斗内加入干颗粒,制粒滚筒正反交替旋转,将颗粒强制性挤出筛网,实现整粒。

摇摆制粒机结构简单,操作、清理方便,适用于多种物料的制粒及干颗粒的整粒。不足之处是筛网使用寿命较短,且筛网更换较为烦琐。

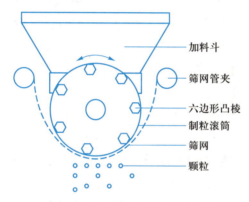

图 21-9  摇摆制粒机结构示意图

视频:
摇摆制粒机
操作

知识拓展:
湿法整粒

 **任务实施**

▶▶▶ **锥形整粒机操作**

以下内容以 ZLJ-125 型锥形整粒机为例。

**1. 开机前准备**

(1) 检查设备的卫生条件是否达到生产要求,是否有清场合格证。

(2) 检查各部件连接,应牢固可靠,整粒刀旋转无卡阻、擦挂。

(3) 检查电气部件是否安全,有无漏电现象。

**2. 开机操作**

(1) 接通电源,将急停按钮复位,把转速调至最低。

(2) 启动电机,倒入少量物料,观察物料的整粒效果。必要时可以换不同孔径的筛网,以达到最佳工艺要求。

(3) 然后逐渐把整粒刀转速调高,同时也加大物料的投入量。

(4) 操作完毕后,把转速调至最低,关闭电机,关闭电源,按清洁 SOP 对设备进行

清洁。

### 3. 操作注意事项

（1）机器振动大可能的原因是直角转换器损坏及连接件松动，需及时进行更换或锁紧。

（2）有金属撞击声可能的原因是回转刀与筛网之间的间隙过小，或直角转换器松动。

（3）每班工作前必须检查压紧螺帽是否牢固，螺钉是否拧紧。

（4）检查整粒刀和筛网间隙均匀后，必须将直角转换器固紧在筒体上。

### 4. 设备维护与保养

（1）每次运行前，观察整粒刀连接轴上是否有油渍泄漏，如果有，则必须更换油封。

（2）每月检查电机、转换器有无异常噪声、振动和过热；检查所有紧固件的紧密程度和电路的连线。

（3）每3个月清理电机外壳和周围的区域，清除所有积尘和残渣。

 知识总结

1. 整粒是将结块、粘连的颗粒分散开，获得一定粒度范围的均匀颗粒。

2. 整粒设备分为两大类：锥形整粒设备和摇摆整粒设备。

3. 锥形整粒机广泛用于沸腾制粒机干燥后的颗粒整粒及固体制剂生产工艺流程中的颗粒整粒。

4. 锥形整粒机可以通过更换不同孔径的筛网，达到最佳工艺要求。

5. 每班工作前必须检查压紧螺帽是否牢固，螺钉是否拧紧。

  在线测试

请扫描二维码完成在线测试。

在线测试：
整粒

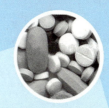

# 项目 22
# 压片与包衣设备操作

# 任务 22.1　压　　片

 **任务描述**

　　压片设备主要用于制药工业的片剂生产。本任务主要是学习压片设备的分类、工作原理,遵行压片设备 SOP,完成正常操作,领会操作注意事项,学会设备维护与保养。

 **知识准备**

## 一、基础知识

　　在片剂的制备中,药物与辅料制粒后可采用湿法制粒压片、干法制粒压片、直接粉末压片等压片操作压制成型。压片即是将颗粒或粉状物料置于模孔内,由冲头压制成一定直径的圆形、异形或带有文字、符号等图形的片状物的操作过程。依据对片剂加压次数及操作分为单冲压片机、多冲旋转压片机、多层压片机和压制包衣机等。其中,多层压片机和压制包衣机属于特殊形式的压片机,是近年发展的新机种,本项目重点介绍较常用的单冲压片机与多冲旋转压片机。

## 二、常用设备

**1. 单冲压片机**　由模圈、上冲、下冲、出片与片重调节器和加料斗组成(图 22-1),借助齿轮旋转一周完成充填、压片、出片等循环动作。单冲压片机压出的药片厚度均匀、光泽度高、使用方便、重量轻,也可手摇压片,适用于实验室试制或小批量生产。

　　单冲压片机的压片过程为:① 上冲升起,加料斗移动到模孔之上。② 下冲下降到适宜的深度,使容纳颗粒重正好等于片重,振动将加料斗内的颗粒填充于模孔中。③ 加料斗由模孔上部移开,使模孔中的颗粒与模面相平。④ 上冲下降将颗粒压成片剂。⑤ 上冲升起,下冲也随之上升到模孔上缘相平时,加料斗又移到模孔上,将药片推至接收器中,同时下冲又下降,使模孔内又

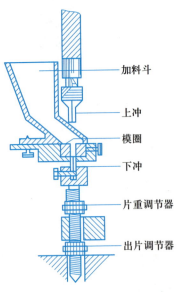

图 22-1　单冲压片机结构示意图

加料斗
上冲
模圈
下冲
片重调节器
出片调节器

填满颗粒,如此反复进行。

压片时特别需要注意其片重调节器、出片调节器和压力调节器,保证加料斗中保持足够的颗粒量,常见的情况有:① 片重调节器调节下冲在模孔中下降的深度,深度越深,片重越重;② 出片调节器调节下冲在模孔中上升的高度,与模面平行;③ 压力调节器调节上冲下降的深度,用以控制压力,深度越深,压力越大。

**2. 多冲旋转压片机**　多冲旋转压片机是在单冲压片机的基础上发展起来的挤供式压片机,由上压轮、模盘、下压轮配以加粉装置、出片与片重调节器组成(图 22–2)。磨盘随着转盘匀速运动时,上、下冲受各种调节装置的作用,在转盘转到某个工作位置时,将模孔里的药粉压成片剂,以此类推完成一个个固定的压片操作。

多冲旋转压片机的压片过程为:① 上冲与下冲各自随机台转动并沿固定轨道有规律地上、下运动。② 上冲与下冲分别经过上、下压轮时,通过上冲向下、下冲向上的运动对模孔中的物料进行加压。③ 待后一组上、下冲转到这个位置时,进行同样的操作,完成压片。压片时机台中层的刮粉器、片重调节器调节模孔容积;上、下压轮的上、下移动位置调节压片压力,保证片剂的均一性。

多冲旋转压片机有多种型号,按冲数分有 16 冲、19 冲、27 冲、33 冲、55 冲、75 冲等。为了提高压片机产能,旋转式压片机多设计成两套压轮的双压式,模盘旋转一周完成两次"充填—压片—出片"的循环,即一圈出两片。为使机器减少振动及噪声,双压压片机多采用两套压轮交替加压,故旋转压片机的冲数多是奇数,最常见的是 33 冲双压式压片机。

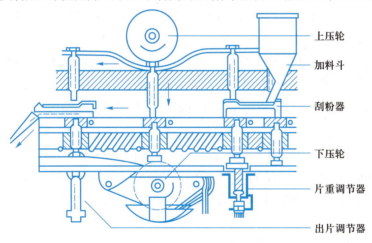

图 22-2　多冲旋转压片机结构示意图

上压轮
加料斗
刮粉器
下压轮
片重调节器
出片调节器

知识拓展:
改良式旋转
压片机

 **任务实施**

▶▶▶ **压片机操作**

以下内容以 ZP–35 压片机为例。

### 1. 开机前准备

（1）检查设备的清洁是否符合生产要求，是否有清场合格证。

（2）检查设备机台上是否有异物，如有应及时取出。

（3）检查配件及模具是否齐全。

（4）检查确认减速箱内润滑油的油位。

（5）检查确认主轴轴承加油嘴及前后上、下压轮轴轴承加油嘴是否齐全、完好。

（6）通过手轮盘车检查确认加料器组件及加料斗与转盘和冲模是否存在摩擦、碰撞现象。

（7）准备好接料容量并对上、下轨道涂抹油层。

（8）启动电源，检查确认机器运行是否平稳无异常。

### 2. 开机操作

（1）按下启动钮，根据工艺要求调节转速，打开吸尘器、筛片机开关。

（2）加入物料，根据工艺要求调节充填量。

（3）调整片厚调节手轮，使片厚满足工艺要求。

（4）调整料斗口距离，使料粉不外泄。

（5）根据工艺要求设置液压系统压力。

（6）根据工艺要求设置适宜的速度。

### 3. 操作注意事项

（1）机器运行过程中不得打开压片室有机玻璃防护门及机器底部的护罩，严禁用手触摸转动部位。

（2）机器运行过程中出现任何异常现象，均必须停机且待停机平稳并按下急停按钮或切断电源后再检查处理，查明原因并待故障排除后，方可重新开机。

（3）机器正常运行速度不得低于 10 r/min，以免变频器受到损坏。

### 4. 设备维护与保养

（1）设备运行期间，每半小时检查各电气元件、仪表是否安全有效。

（2）连续运行 24 h，至少应将上、下冲模及冲模孔进行一次清理、擦拭。

（3）停机后，应拆下加料斗、加料器、筛片机，清除剩余或残留药粉，并擦拭台面、冲模孔、仓内电机等部件。

（4）更换品种时，应将上、下冲清理干净。

（5）定时检查上、下导轨是否有磨损，发现后及时修复。

 ## 知识总结

1. 压片是将颗粒或粉状物料压制成片状物的操作过程。

2. 压片设备分为单冲压片机、多冲旋转压片机、多层压片机和压制包衣机等。

3. 单冲压片机压出的药片厚度均匀、光泽度高，适用于实验室试制或小批量生产。

4. 多冲旋转压片机所制得的片剂厚薄、压力大小、压片速度均可调节,该设备是目前生产中使用广泛的一类压片机。

5. 通常,压片机在全套冲模安装完毕后,使用前应进行一次手动空转试机,确保冲头在轨道上运行无碰撞和卡阻后方可使用。

 **在线测试**

请扫描二维码完成在线测试。

在线测试:
压片

# 任务 22.2　包　　衣

PPT:
包衣

　　包衣是在片剂(通常是片芯或者素片)的表面包裹适宜的材料衣层的操作,在制药工业中占有重要的地位。本任务主要是学习包衣设备的类型、工作原理,遵行包衣设备 SOP,完成正常操作,领会操作注意事项,学会设备维护与保养。

授课视频:
包衣

 **知识准备**

## 一、基础知识

　　片剂的包衣既有功能性的目的,如保护药物不受光照、水分的影响以增加药物的稳定性,掩盖药物不良气味以增加患者的顺应性,根据包衣材料的性质改变药物释放的位置及速率,保护药物免受胃酸和酶的破坏等;也有非功能性的目的,如提高药物美观度,增加药物的识别能力,提高用药的安全性等。包衣的方法有滚转包衣法、流化包衣法、压制包衣法等,其中滚转包衣法是经典且广泛使用的方法,常用于薄膜衣及肠溶衣等片剂的制备。采用滚转包衣法进行包衣的设备有荸荠型包衣机、沸腾包衣机、压制包衣压片机等。需要注意的是,包衣设备,除了主体包衣锅外,还有如定量喷雾系统、送排风系统、程序控制系统等辅助设备,这样才能有效地完成片剂的包衣过程。

## 二、常用设备

**1. 荸荠型包衣机**　一般是用紫铜或不锈钢等稳定且导热性良好的材料制成,由包衣锅、动力系统、热风干燥系统和排风系统组成(图 22-3)。在适宜的转速下,物料既能随锅的转动方向滚动,又能沿轴的方向运动,使片剂在包衣锅口附近形成旋涡状的运动,不断重复着"包裹包衣液—烘干包衣液"过程,有良好的混合作用。片剂包衣的效果受包衣锅的角度、转速、辅助加热和吹风设备的影响。

包衣锅的轴一般与水平成 30°~45° 倾斜,转速一般控制在 20~40 r/min,锅内加热装置可实现快速升温但物料受热会不均;通入干热空气可实现物料均匀受热但升温速率较慢;上述两种方式联用,可达到包衣充分的效果。埋管包衣锅则可大大缩短包衣时间,粉尘污染小,可实现程序控制自动包衣。

图 22-3　荸荠型包衣机

**2. 沸腾包衣机**　沸腾包衣是利用流化包衣技术,将流态化包衣与干燥有机结合。沸腾包衣机通常由干燥室、分布板、包衣溶液喷嘴、进出料口等组成。其包衣过程是将片芯置于流化床中,通入气流,借急速上升的空气流的动力使片芯上下翻动,在包衣室内处于悬浮状态,进而包衣液通过雾化喷入流化床,使片芯表面均匀分布一层包衣材料,并通入热空气干燥,反复进行如上包衣操作。

同传统荸荠型包衣机相比,沸腾包衣机操作时间短,包衣薄膜均匀,包衣液用量少,可避免粉尘、溶剂等危害,但会因片芯碰撞破损导致剂量不准。沸腾包衣机可使制粒、制微丸、包衣工序和干燥工序在流化床中一次完成,降低了能耗。除了片剂的包衣外,还广泛应用于颗粒的包衣。

**3. 压制包衣压片机**　压制包衣压片机采用压制包衣法,将作为包衣材料的固体粉末包在片芯外面,将两台压片机联合起来实施压制包衣。一台负责压制片芯,压制后的片芯通过传递装置输送到另一台压片机的模孔中,再覆盖适量包衣材料,使片芯埋在包衣材料中,压制成包衣片。压制包衣压片机的包衣过程采用干法压制,可避免水分、高温对药物的不良影响,适于对湿、热不稳定药物的包衣;生产流程短,自动化程度高;还可根据不同用途将药物分别置于片芯和包衣层中,进行复合片剂的制备。

**4. 高效包衣机**　高效包衣机是符合 GMP 要求,可用于中西药,片剂、颗粒剂、丸剂(微丸、小丸、水丸、滴丸、颗粒制丸)等多种剂型进行有机薄膜包衣、水溶薄膜包衣、缓控释性包衣的一种高效、节能、安全、洁净的一体化包衣设备。

高效包衣机主要由主机、进风系统、出风系统、喷枪、蠕动泵、热风机、喷雾系统与程序控制系统组成(图 22-4)。高效包衣机的工作原理为片芯在主机洁净、密闭的旋转滚筒内做复杂轨迹运动,按既定工艺参数自动喷洒包衣敷料,同时在负压状态下热风穿过片芯,洁净的热空气通过片芯表面,经气体汇集使喷洒在片芯表面的包衣介质得到快速、均匀的干燥,从而在片芯表面形成一层坚固、致密、平整、光滑的表面薄膜。在自动循环的包衣过程中还可随时通过操作按键更改工艺参数,实现在线工艺优化,达到良好的包衣效果。

进风系统

操作界面

喷枪

出风系统

蠕动泵

图 22-4　高效包衣机

知识拓展:
双层片剂

根据不同需求,高效包衣机通常有包衣滚筒有孔型、包衣滚筒无孔型、在线清洗型等。高效包衣机工艺先进、过程封闭、可包衣种类多,可通过各部位的温度监控实现包衣工艺全过程稳定,确保了包衣的质量。同其他包衣机相比,高效包衣机具有如下优点:① 有孔型高效包衣机包衣时细小颗粒从网孔中掉落,可避免黏附在片芯上;喷枪雾化均匀,喷雾面大;使片形更圆整、色泽更均匀、有光泽。② 在全密封、负压状态下操作,效率高;可防止片剂因光或空气等氧化变性,能提高药物稳定性。③ 程序控制、触摸屏显示,可在控制面板上进行参数的设置,锅体可随时改变转速,更有利于片芯的干燥和虫蜡粉的打光。④ 高效包衣机可使片芯均匀分散,通过程序设定进风和片床温度自动控制的干燥过程,不必依赖操作者经验,且碎片少、成品率高,质量可控,生产周期短、产量高。

 **任务实施**

▶▶▶ **高效包衣机操作**

以下内容以 BG10 D 高效包衣机为例。

**1. 开机前准备**

(1) 安装喷雾系统。

(2) 安装空气管路。

（3）安装包衣液管路。

（4）调整喷枪位置。

（5）确认包衣锅、包衣液已清洁干净。

（6）检查气液管路、喷枪与管线。

（7）搅拌待包衣液。

（8）检查包衣锅内是否有异物。

### 2. 开机操作

（1）开启电源、主机、进风、出风按键。

（2）将包衣药品加入包衣滚筒内，关闭门视窗。

（3）开启"加热"键预热，稳定达到要求后开启"喷液"键，开始包衣工作。

（4）根据包衣工艺调整温度、转速、负压、进风量、出风量压缩空气、蠕动泵转速等参数。

（5）包衣完毕后，按"喷液关"键停止喷液。

（6）开始干燥，完成后点击"加热"键停止加热，进行冷却。

（7）冷却完成后，点击"进风""出风""主机"键，停止进风、出风与主机工作。

（8）将旋转支臂连同喷枪、枪支架移至包衣滚筒外。

（9）装上出料器，开启"主机"键，把药片卸出。

（10）移走包衣片料筒，停止包衣锅转动，卸下出料口。

（11）包衣结束后，按"复位"键，将喷液时间归零。

### 3. 操作注意事项

（1）进料时必须打开出风功能。

（2）卸料器安装到位后再进行包衣，最后启动出料。

（3）包衣过程中，面板上"急停"键被启动后，主机、喷液和加热功能停止；主机上"急停"键被启动后，系统电源切断，全部功能停止。

### 4. 设备维护与保养

（1）机器在出料后，如不再进行包衣，应对管路内部进行清洗。

（2）机器在操作中，严禁用手或其他东西堵住鼓风口和喷枪，以免损坏鼓风机和喷枪。

（3）维护后需向车间主管汇报生产工艺是否恢复原位。

（4）包衣锅如长期不用应擦洗干净，并在其表面涂油。

（5）喷枪系统不用时应将各部件拆下来，进行保存，并在保存前对喷枪内部进行清洗。

## 知识总结

1. 包衣的方法通常有滚转包衣法、流化包衣法、压制包衣法。

2. 常用的包衣设备有莩荠型包衣机、沸腾包衣机、压制包衣压片机、高效包衣机。

3. 高效包衣设备通常包括主体包衣锅、定量喷雾系统、送排风系统、程序控制系统等。

 ## 在线测试

请扫描二维码完成在线测试。

在线测试：
包衣

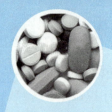

# 项目 23
# 提取、浓缩与分离纯化设备操作

>>>> 学习目标

1. 掌握常见提取、浓缩与分离纯化设备的结构和基本操作方法。
2. 熟悉常见提取、浓缩与分离纯化设备的工作原理和适用范围。
3. 了解常见提取、浓缩与分离纯化设备的日常维护与保养。

>>>> 知识导图

请扫描二维码了解本项目主要内容。

知识导图：
提取、浓缩
与分离纯化
设备操作

# 任务 23.1  提  取

PPT:
提取

授课视频:
提取

提取是中药制剂生产常用操作,本任务主要是学习常见提取设备的结构、工作原理,遵行提取设备 SOP,完成多功能提取罐的正常操作,学会设备维护与保养。

## 一、基础知识

提取是通过溶剂(如水、乙醇等)处理、蒸馏、脱水,经压力或离心力作用,或通过其他化学或机械工艺过程从物质中制取有用成分(如组成成分或汁液)。

中药提取是采用适宜的溶剂和方法将有效成分浸出的操作过程。提取目标是尽可能地提取有效成分,降低或消除无效及有害成分,减少服用剂量,增加制剂的稳定性。

常用的提取方法有煎煮法、浸渍法、渗漉法、回流法、水蒸气蒸馏法、超声波提取法、超临界流体萃取法和多级逆流提取法。

常用提取方法的原理虽然不同,但常使用同类型提取设备。按照结构不同,常用提取设备分为以下几种。

1. **提取罐**  根据其结构或者外接设备不同,又分为球形煎煮罐、多功能提取罐、渗漉罐、超声波提取罐等。主体结构基本相同,都为一特定体积的罐体。罐体通常采用夹层设计,能加热或冷凝,可用于煎煮法或浸渍法,如球形煎煮罐、多功能提取罐。若将提取罐与冷凝器或溶剂回收设备相连,可收集蒸汽或回收有机溶剂,可用于水蒸气蒸馏法和回流法,如多功能提取罐。若将溶剂不断泵入提取罐形成动态提取,可用于渗漉法,如渗漉罐。若在提取罐内加一个超声波振子,外接超声波发生器,可用于超声波提取,如超声波提取罐。

2. **提取装置**  是将提取罐与其他设备按一定顺序组合,运用新型提取技术或多级提取的设备。提取装置相对于单一提取设备更加复杂,但效率高,适用于复杂成分的提取。常用的有超临界流体提取装置、多级逆流提取装置。

3. **其他提取设备**  包括可倾式夹层锅、浸渍器、压榨器等。

## 二、常用设备

**1. 多功能提取罐**  多功能提取罐(图 23-1)可进行水提、醇提、提取挥发油、蒸制或回收药渣中溶剂等操作,设备应用范围广,可常压常温提取,也可以减压低温提取或加压高温提取;采用气压自动排渣,操作方便,安全可靠;提取时间短,生产效率高。

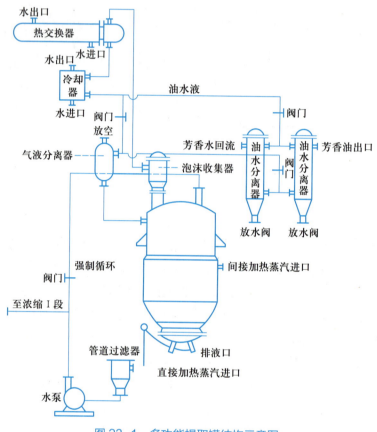

图 23-1  多功能提取罐结构示意图

**2. 渗漉罐**  渗漉罐结构与多功能提取罐相似,有圆柱形和圆锥形两种。有夹层,可通热水、蒸汽加热或冷冻盐水冷却。连接离心泵、高位槽和溶剂回收罐(图 23-2),可以完成动态浸提和溶剂回收。根据需要可以进行常压、加压及强制循环渗漉操作。操作时,将浸润过的药材装入渗漉罐内(一般不超过罐体的 2/3),加入溶媒,打开出液阀排出药材间的空气。待排完气后关闭出液阀使溶媒没过药材面,密闭浸渍一定时间。到规定时间后,打开进液阀和出液阀,不断补充溶媒并控制流速,进行渗漉。渗漉液流入接收罐,达到要求后结束渗漉,排渣。排渣时应注意避免损坏底部滤网。渗漉属于动态提取,有效成分提取完全,特别适用于贵重药材、含毒性成分药材、无组织结构药材的提取。

**3. 超声波提取罐**  超声波提取罐由提取罐、超声波发生器、超声波振荡器等组成

（图 23-3）。操作时,将物料和溶媒从加料口放入,打开电源,打开循环控制,若要加热须设置温度和开启加热系统。设置好超声参数,启动超声波发生器,开始提取。提取结束时,先关闭超声波发生器,再停止加热。收集提取液后关闭循环控制。

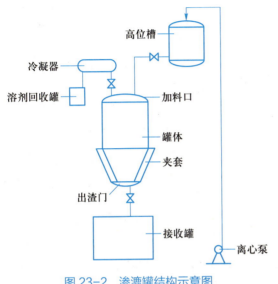

图 23-2　渗漉罐结构示意图

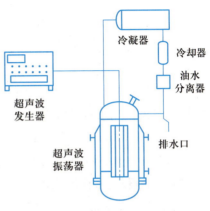

知识拓展:
超临界流体
萃取法工艺
及设备

图 23-3　超声波提取罐结构示意图

 **任务实施**

#### ▶▶▶ 多功能提取罐操作

以下内容以 Y-TQ 型多功能提取罐为例。

**1. 开机前准备**

（1）检查设备清洁记录、清洁合格证、合格待用状态标志是否符合要求。

（2）检查供气（压缩空气）、供电、供水（生产用水、冷却水）、供汽（蒸汽）等设备和管道是否正常。

（3）检查各管道密封是否完好,安全阀、压力表是否完好,输水器是否畅通。

（4）检查投料门、出渣门是否完好、灵活、无损。

（5）检查提取器内所有容器盖、阀门及与贮罐之间的阀门是否处于关闭状态,确认过滤器内滤芯处于清洁完好待用状态。

（6）检查确认各控制部分（电气、仪表）正常。

**2. 开机操作**

（1）水提

1）打开空气压缩阀,关闭出渣门,关闭提取罐底盖,紧固安全螺栓。

2）开启投料门,向罐内投料,同时打开饮用水阀、喷淋阀喷淋（醇提时除外）,防止

粉尘飞扬,并记录进水量,投料完毕关闭喷淋阀。

3) 投料完毕,盖上投料门盖并锁紧。

4) 打开提取罐进水阀加水至规定量(总量为喷淋的水量与此次进水量之和),按工艺要求静置规定时间。

5) 先打开罐底蒸汽阀向罐内进蒸汽直接加热,沸腾后打开夹套蒸汽阀改间接蒸汽保温,通过视窗观察,按工艺要求进行煎煮。

6) 在提取过程中,打开过滤器下部药液回流阀,使药液从下部出口抽出打入罐顶部进口进行强制循环,以使罐内温度平衡,提取效果充分。

7) 提取时间到,关闭加热蒸汽阀门。打开出液阀门、气动泵开关,将提取液泵至贮罐。待出液完毕,关闭出液阀、出液泵开关及出液管道上的阀门。

8) 提取完成后,出渣。控制阀门,使出渣门缓缓打开,将药渣落入药渣车内。药渣排净后,喷淋饮用水将提取罐清洗干净。

(2) 醇提

1) 打开空气压缩阀,关闭出渣门,关闭提取罐底盖,紧固安全螺栓。

2) 开启投料门,向罐内投料。

3) 按工艺规定将乙醇加入罐内,盖上投料门并锁紧。

4) 打开夹套蒸汽,使罐内达到需要温度再减少加热蒸汽,打开冷却水,使乙醇冷却后回流即可。

5) 为了提高效率,也可用泵强制循环。

6) 提取时间到,关闭加热蒸汽阀门。打开出液阀门、气动泵开关,将提取液泵至贮罐,出液完毕。关闭出液阀、出液泵开关及出液管道上的阀门。

7) 提取完成后,出渣。控制阀门,使出渣门缓缓打开,药渣落入药渣车内。药渣排净后,喷淋饮用水将提取罐清洗干净。

(3) 提取挥发油:把含有挥发油的中药加入提取罐内,打开油分离器的循环阀门,关闭旁通回流阀门,开蒸汽阀门,达到挥发温度时打开冷却水进行冷却,经冷却的药液应在分离器内保持一定液位差使之分离。其他按水煎操作。

### 3. 设备维护与保养

(1) 设备运行过程中夹层气压不能超过 0.3 MPa;设备运行结束,及时排出夹层冷凝水,检查压力表是否"回零"。

(2) 定期检查电气系统中各元件和控制回路的绝缘电阻及接零的可靠性,确保用电安全。

(3) 定期检查多功能提取罐底盖过滤网及过滤器是否堵塞,如有堵塞,及时清理或更换。

(4) 定期添加提取罐润滑点润滑油。

(5) 定期检查压力表、安全阀是否完好正常。

## 知识总结

1. 提取是通过溶剂（如水、乙醇等）处理、蒸馏、脱水，经压力或离心力作用，或通过其他化学或机械工艺过程从物质中制取有用成分（如组成成分或汁液）。

2. 中药提取是采用适宜的溶剂和方法将有效成分浸出的操作过程。提取目标是尽可能地提取有效成分，降低或消除无效及有害成分，减少服用剂量，增加制剂的稳定性。

3. 常用的提取方法有煎煮法、浸渍法、渗漉法、回流法、水蒸气蒸馏法、超声波提取法、超临界流体萃取法和多级逆流提取法。

4. 多功能提取罐可进行水提、醇提、提取挥发油、蒸制或回收药渣中溶剂等操作，设备应用范围广，可常压常温提取，也可以减压低温提取或加压高温提取；采用气压自动排渣，操作方便，安全可靠；提取时间短，生产效率高。

## 在线测试

请扫描二维码完成在线测试。

在线测试：提取

# 任务 23.2　浓　　缩

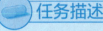 任务描述

浓缩是中药制剂生产常用操作，本任务主要是学习常见浓缩设备的结构、工作原理，遵行浓缩设备 SOP，完成浓缩罐的正常操作，学会设备维护与保养。

PPT：浓缩

 知识准备

授课视频：浓缩

### 一、基础知识

浓缩是指采用适宜的方法，将溶液中的部分溶剂移除，获得高浓度溶液或者使溶液达到过饱和而析出溶质的过程。浓缩的方法有反渗透、超滤及蒸发等。中药浸出液浓缩的主要方法是蒸发。

蒸发是指用加热的方法，使液体汽化除去，从而获得高浓度药液的工艺操作。中药

浓缩的蒸发方法有常压蒸发、减压蒸发、薄膜蒸发和多效蒸发。

浓缩设备根据蒸发方法可分为以下几种。

**1. 常压蒸发设备**　是指在一个大气压下进行蒸发的方法。常用设备为蒸发锅,由于蒸发锅蒸发所需时间长、温度高且浓缩时产生的蒸汽直接排放至大气,不满足 GMP 的生产要求,因此不常用。

**2. 减压蒸发设备**　是指利用抽真空降低密闭容器内部压力,从而使浸出液沸点降低而进行蒸发的方法。常用设备为真空浓缩罐、球形浓缩罐、减压蒸馏装置。

**3. 薄膜蒸发设备**　是指将液体形成薄膜,增加汽化的表面积,减少液层厚度而进行蒸发的方法。常用设备为升膜式蒸发器、降膜式蒸发器、刮板式薄膜蒸发器、离心式薄膜蒸发器。

**4. 多效蒸发设备**　是指将多个蒸发器串联,实现蒸汽再利用,提高蒸汽加热利用率的操作方法。常用设备为多效蒸发器。

## 二、常用设备

**1. 真空浓缩罐**　真空浓缩罐主要包括罐体、蒸汽供热装置、气液分离器、离心水泵、水流抽气泵、水槽等部分(图 23-4)。操作时,先清洗罐体,然后通入蒸汽消毒,打开出料阀及放气阀,放出空气。然后关闭阀门,开启水流抽气泵抽真空到 86 kPa,抽入药液至浸没加热管,通入蒸汽进行加热。料液受热后产生的二次蒸汽进入气液分离器,液体流回罐内,蒸汽由水流抽气泵抽入冷却水池中冷凝成浓缩液。浓缩完毕,先关闭水流抽气泵,再关闭加热蒸汽,打开放气阀,使罐内恢复常压后出料,放出浓缩液。抽真空时注意真空度不能太高,否则药液会随二次蒸汽进入水流抽气泵。该设备主要用于以水为溶剂的药液的浓缩。

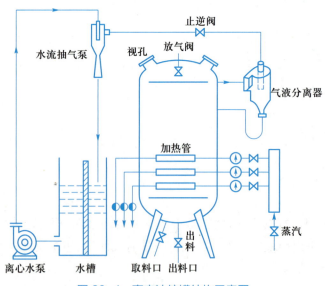

图 23-4　真空浓缩罐结构示意图

**2. 减压蒸馏装置**　实际生产中,减压蒸馏与减压浓缩所用设备是通用的,都可以用于非水溶剂浸出液浓缩及液体需要回收的情况。减压蒸馏装置结构与真空浓缩罐相似,但蒸馏器为夹套结构,冷凝器为列管式(图 23-5)。操作时先开启真空泵,蒸馏器达到部分真空后将料液吸入,继续抽真空至规定范围。打开蒸汽加热,开启废气阀和夹层水出口,排出不凝气体和回气水,然后关闭废气阀,关小夹层水出口。继续通蒸汽,让料液保持适度沸腾,产生的蒸汽进入气液分离器,分离得到的气体进入冷凝器,冷凝液流入接收器中。蒸馏结束,关闭真空泵和蒸汽,打开放气阀使罐体内恢复常压,放出浓缩液。

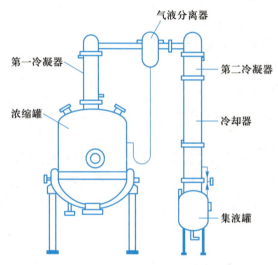

图 23-5　减压蒸馏装置结构示意图

知识拓展:
减压多效
蒸发

　**任务实施**

#### ▶▶▶ 球形浓缩器操作

以下内容以 ZJ-200 球形浓缩器为例。

##### 1. 开机前准备

(1) 检查设备清洁记录、清洁合格证、合格待用状态标志是否符合要求。

(2) 检查设备、阀门、仪表是否正常,管路是否畅通,是否有渗漏。

(3) 检查各阀门是否处于正确启闭位置。

##### 2. 开机操作

(1) 打开真空阀门。

(2) 开启进料阀进料,待蒸发器下视镜中见到料液时,即关闭进料阀。

(3) 开启冷凝器及循环冷却水,使水压稳定在 0.1~0.2 MPa。

（4）缓缓开启蒸汽阀门，升温加热至所需压力，使各效蒸发器进行热循环。

（5）调整各进料阀门开启度，控制液面维持于某一高度，使药液蒸发量和药液补充量达到动态平衡。

（6）每蒸发 2 h 左右，打开蒸馏釜夹套排气阀或打开疏水阀的旁通，将不凝性气体排出。

（7）每 60~120 min 进行一次冷凝水的排放。关闭通水阀，打开排空阀使受水管由真空转为排空。打开排水阀，排放冷凝水。冷凝水排完后，先关闭排水阀，再关闭排气阀，打开通水阀，设备正常运行。

（8）浓缩结束，关闭蒸汽阀门，停止给蒸汽。关闭真空蝶阀，打开蒸发器排气阀破坏蒸发器真空，放下浓缩时的浸膏。

（9）打开排气阀及排水阀，将冷凝水排掉。

（10）清洗蒸发器和加热器。

### 3. 设备维护与保养

（1）每天工作完毕，应将设备清洗干净，清洗时可视料液的性质，采用不同的洗涤剂清洗设备内部。

（2）经常检查设备上所装仪表的灵敏度及误差，发现损坏或误差及时更换或调整。

（3）安全阀应调整至最大蒸汽压力以下，以保证正常生产，防止事故发生。

（4）经常检查设备各连接处，保障密封良好，如密封垫损坏，应立即更换。

 ## 知识总结

1. 浓缩是指采用适宜的方法，将溶液中的部分溶剂移除，获得高浓度溶液或者使溶液达到过饱和而析出溶质的过程。

2. 浓缩的方法有反渗透、超滤及蒸发等。中药浸出液浓缩的主要方法是蒸发。

3. 蒸发是指用加热的方法，使液体汽化除去，从而获得高浓度药液的工艺操作。

4. 中药浓缩的蒸发方法有常压蒸发、减压蒸发、薄膜蒸发和多效蒸发。

5. 减压蒸发设备是指利用抽真空降低密闭容器内部压力，从而使浸出液沸点降低而进行蒸发的方法。

6. 减压蒸发常用设备为真空浓缩罐、球形浓缩罐、减压蒸馏装置。

 ## 在线测试

请扫描二维码完成在线测试。

在线测试：
浓缩

# 任务 23.3　分 离 纯 化

> 分离纯化是中药制剂生产常用操作,本任务主要是学习常见分离纯化设备的结构、工作原理,遵行分离纯化设备 SOP,完成板框压滤机的正常操作,学会设备维护与保养。

PPT:
分离纯化

授课视频:
分离纯化

##  知识准备

### 一、基础知识

固 – 液分离系将固体 – 液体非均相体系用适当方法分开的过程。纯化系采用适当的方法和设备除去中药提取液中杂质的操作。

中药提取液一般含有很多无效杂质,如果不除去,药物的疗效和稳定性就会受到影响,还会给下一步制剂带来困难,因此提取液要进行分离纯化,目的是除去杂质,并且将有用的成分进行富集和浓缩。

分离的方法包括沉降分离、过滤分离和离心分离等。纯化的方法包括水提醇沉法、醇提水沉法、大孔树脂吸附法和超滤法等。

#### 1. 分离

(1)沉降分离:沉降分离法是利用固体物质受重力作用自然下沉,除去上层澄清液,将固体和液体分离的方法。具体操作是将浸提液静置冷藏一段时间,待固体与液体分层后进行分离。但此种方法往往分离不完全,只能用来除去较大杂质,要获得不含杂质的提取液,还需进一步运用过滤分离或离心分离。

(2)过滤分离:过滤分离是运用截留的原理,将固体颗粒与液体或气体分离的方法。有效成分溶解在液体中时取滤液,有效成分为结晶或固体时取滤渣,有效成分在滤液和滤渣里都有时,分别收集。

常用的过滤方法有常压过滤、减压过滤、加压过滤和薄膜过滤。过滤设备按过滤方法分类,包括以下几种:① 常压过滤设备,是常压下滤液靠自身的重力透过滤材流下,实现分离。该过滤方法分离效率较低,多用于实验室。② 减压过滤设备,是将过滤装置抽真空,滤液在重力和负压作用下通过滤材的效率提高,以完成快速分离的方法。常

用设备为真空过滤机。③ 加压过滤设备,是在滤液上加压,推动液体通过滤材而加速过滤。常用设备为压滤机。④ 薄膜过滤设备,是利用薄膜的选择透过性,将混合物组分分离的方法。同时运用浓度差、压力差、分压差和电位差作为膜分离的推动力,实现高效分离。常用设备为微孔滤膜滤器。

(3) 离心分离:在高速离心时,离心加速度会超过重力加速度上千倍,固体沉降速度随之增加,能高效地除去药液中的沉淀杂质,完成分离。但是离心分离要求被分离的物质之间在密度或沉降速度方面必须存在差异,故特别适用于难于沉降的滤液。常用设备为离心机,包括过滤式离心机(如三足式离心机)、沉降式离心机、分离式离心机(如管式高速离心机)等。

### 2. 纯化

(1) 水提醇沉法:水提醇沉法系指先以水为溶剂提取药材有效成分,再用不同浓度的乙醇沉淀去除提取液中杂质的方法。此法广泛用于中药水提液的纯化,以降低制剂的服用量,或增加制剂的稳定性和澄清度,也可用于制备具有生理活性的多糖和糖蛋白。

(2) 醇提水沉法:醇提水沉法系指先以适宜浓度的乙醇提取药材成分,再用水除去提取液中杂质的方法。其原理及操作与水提醇沉法基本相同。此法适用于提取药效物质为醇溶性或在醇、水中均有较好溶解性的药材,可避免药材中大量淀粉、蛋白质、黏液质等高分子杂质的浸出;水处理又可较方便地将醇提液中的树脂、油脂、色素等杂质沉淀除去。

(3) 大孔树脂吸附法:大孔树脂吸附法是利用高分子聚合物的特殊结构和选择性吸附,将中药提取液中不同分子量的有效成分或有效部位通过分子筛及表面吸附、表面电性、氢键物理吸附截留于树脂,再用适宜溶剂进行洗脱回收,除去杂质的一种方法。具有高度富集药效成分、减少杂质、降低产品吸潮性、有效去除重金属、安全性好、再生产简单等优点。

知识拓展:
超滤

## 二、常用设备

### 1. 真空过滤机
真空过滤机有间歇式和连续式,间歇式有真空叶滤机,连续式有转鼓真空过滤机、圆盘真空过滤机、带式真空过滤机等,以常用的转鼓真空过滤机为例进行介绍。

转鼓真空过滤机由转筒、滤布、滤浆槽、洗液罐、滤液罐、压缩空气罐等机构组成(图23-6)。操作时,过滤区的扇形格浸入滤浆槽中,受到负压作用的滤液穿过滤布进入扇形格内,通过管道从分配头排出,滤渣附着在滤布上并逐渐增厚,离开滤浆槽,滤渣在真空下被吸干。之后来到洗涤区,滤渣被洗涤水冲洗,之后又经历一个吸干区,滤渣在负压下完全脱水干燥。滤渣进入吹松区通过高压空气吹松后,被刮刀从滤布上剥离,滤布通过分配头吹入的压缩空气将滤布上残留滤渣吹净,完成滤布复原,这样就完成一个过滤循环。

转鼓真空过滤机能连续自动操作,适用于大量生产及易过滤的料浆的处理,不适用于颗粒太细、黏性大的混悬液。缺点是过滤面积有限,结构复杂,成本高。

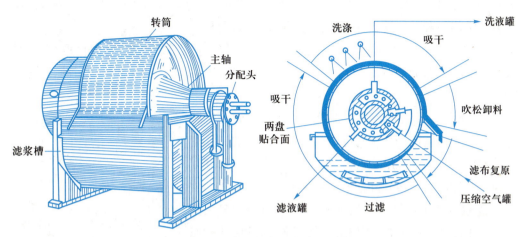

图 23-6　转鼓真空过滤机结构示意图

2. 压滤机　板框式压滤机是制药企业最常用的压滤设备,主要由多个滤板、滤框、压紧装置、压紧板、止推板、横梁等组成(图 23-7),横梁两端是止推板和压紧板,中间滤板、滤框和滤布按一定顺序排列。使用时,旋紧压紧装置,推动压紧板将滤板、滤框和滤布压紧。

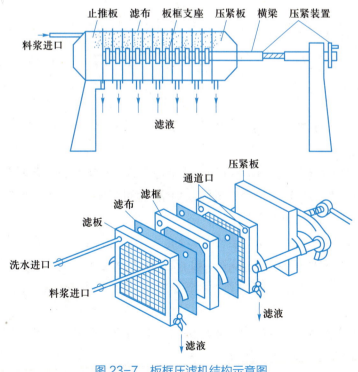

图 23-7　板框压滤机结构示意图

滤板和滤框是过滤的主要结构,上角开有小孔,重合后构成通道。滤框是中空结构,在其两侧覆以滤布,滤布之间构成容纳滤浆和滤渣的空间。滤板是实板,起到支撑滤布的作用,同时滤板上刻有槽形纹路形成滤液流出的通道,由于结构略有不同,滤板又分为洗涤板和一般滤板,数量可根据需要进行调整。

板框式压滤机结构简单,易于操作,过滤面积大,生产效率高,压力可调,适应性强,无温度限制,应用广泛。但对滤渣容量有限,拆卸后排除滤渣才能继续过滤,因此适用于含少量固体的混悬液。

**3. 微孔滤膜滤器** 微孔滤膜滤器是利用微孔滤膜作为截留介质将混合物进行分离的装置。所用的微孔滤膜孔径为 0.03~10 nm,可滤除 0.05~5 μm 的细菌和悬浮颗粒。常用的有平板式和筒式两种类型。

常用的平板式微孔滤膜滤器由上盖、底板、多孔筛板、垫圈组成(图 23-8)。使用时,上盖和底板将微孔滤膜和筛板夹在中间,并用垫圈密封,最后由螺丝固定,即完成安装。滤浆从上盖口压入,滤液通过多孔滤膜由滤液出口管流出,而固体微粒被截留在微孔滤膜上。缺点是微孔滤膜滤器能容纳滤渣的空间小,不适用于有大量沉淀的滤浆。将数只微孔滤膜装在耐压的过滤器内则构成筒式膜滤器,增加了过滤面积,适于工业化生产。

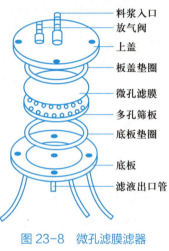

图 23-8 微孔滤膜滤器
结构示意图

料浆入口
放气阀
上盖
板盖垫圈
微孔滤膜
多孔筛板
底板垫圈
底板
滤液出口管

# 任务实施

#### ▶▶▶ 板框压滤机操作

以下内容以 500 型板框压滤机为例。

**1. 开机前准备**

(1) 检查设备清洁记录、清洁合格证、合格待用状态标志是否符合要求。

(2) 检查进出管路,连接是否有渗漏或堵塞;管路与压滤机板框、滤布是否完整、清洁;进液泵及各阀门是否正常。

(3) 检查机架各连接零件及螺栓、螺母有无松动,并随时予以调整紧固。相对运动的零件必须经常保持良好的润滑。检查油泵是否正常,油液是否清洁,油位是否足够。

**2. 开机操作**

(1) 接通外接电源,油泵启动按钮转至"自动",启动"放松"按钮,使中顶板退到适当位置,再将手动阀控制在中间位置。

(2) 将清洁好的滤布挂在滤板两面,并将料孔对准,滤布必须大于滤板密封面,布孔不得大于管孔。将滤布抚平,不得有折叠,以免漏液。板框必须对齐,滤布溢流孔对齐,再开启"压紧"按钮,一边压紧一边旋紧锁紧螺母,直至不能再压紧为止。

(3)打开滤液出口阀门,启动进料泵并缓慢开启进料阀门。视过滤速度压力逐渐增大,一般不得大于 0.45 MPa。刚开始时滤液往往浑浊,然后澄清。如滤板间有较大渗漏,可适当加大中顶板顶紧力,旋紧锁紧螺母,至滤液不渗出或少量渗出。

(4)随时观察滤出液,发现浑浊时,应停机更换破损滤布,当料液滤完或框中滤渣已满不能再继续过滤时,即为一次过滤结束。

(5)过滤结束后,输料泵停止工作,关闭进料阀门。

(6)出渣时按油泵启动放松按钮,松开锁紧螺母,使中顶板及锁紧螺母收回至接套处,再按停泵按钮。卸滤渣并将滤布、滤板、滤框冲洗干净,叠放整齐,以防板框变形,也可依次放在压滤机内用压紧板顶紧以防变形,冲洗场地及擦洗机架,保持机架及场地整洁,切断外接电源,整个过滤工作结束。按清洁 SOP 对设备进行清洁。

### 3. 设备维护与保养

(1)正确选用滤布,要考虑滤液澄清度和过滤效率。每次工作结束,必须清洗一次滤布,使布面不留残渣。滤布变硬时要软化,如有损坏要及时修复或更换。

(2)注意保护滤板的密封面,不要碰撞,竖立放置不易变形。

(3)油箱通常每 6 个月进行一次清洗,并更换油箱内的液压油,发现液位低于下限时,应及时补油。

## 知识总结

1. 固 – 液分离系将固体 – 液体非均相体系用适当方法分开的过程。

2. 纯化系采用适当的方法和设备除去中药提取液中杂质的操作。

3. 提取液进行分离纯化的目的是除去杂质,并且将有用的成分进行富集和浓缩。

4. 分离的方法包括沉降分离、过滤分离和离心分离等。

5. 纯化的方法包括水提醇沉法、醇提水沉法、大孔树脂吸附法、超滤法等。

6. 常用的过滤方法有常压过滤、减压过滤、加压过滤和薄膜过滤。

7. 真空过滤机有间歇式和连续式,间歇式有真空叶滤机,连续式有转鼓真空过滤机、圆盘真空过滤机、带式真空过滤机等。

8. 转鼓真空过滤机能连续自动操作,适用于大量生产及易过滤的料浆的处理,不适用于颗粒太细、黏性大的混悬液。缺点是过滤面积有限,结构复杂,成本高。

9. 板框式压滤机结构简单,易于操作,过滤面积大,生产效率高,压力可调,适应性强,无温度限制,应用广泛。但对滤渣容量有限,拆卸后排除滤渣才能继续过滤,因此适用于含少量固体的混悬液。

10. 微孔滤膜滤器结构简单,吸附作用小,孔隙率高,但能容纳滤渣的空间小,不适用于有大量沉淀的滤浆。可将数只微孔滤膜装在耐压的过滤器内构成筒式膜滤器,增

加过滤面积,该设备适于工业化生产。

 **在线测试**

请扫描二维码完成在线测试。

在线测试:
分离纯化

# 项目 24
# 配液与过滤设备操作

>>>> **学习目标**

1. 掌握配液与过滤的基本方法。
2. 熟悉常见配液与过滤设备的基本原理、主要结构、正确操作与使用、日常维护与保养。
3. 了解配液与过滤生产过程的相关 SOP。

>>>> **知识导图**

请扫描二维码了解本项目主要内容。

知识导图：
配液与过滤
设备操作

# 任务 24.1 配　　液

PPT：
配液

授课视频：
配液

　　配液是液体制剂生产常用操作,几乎涉及所有液体制剂生产。本任务主要是学习配液设备的结构、工作原理,遵行配液设备 SOP,完成配液罐正常操作,领会操作注意事项,学会设备维护与保养。

## 一、基础知识

　　配液是液体制剂生产的重要工序,其工艺流程一般为:原辅料→浓配→粗滤→稀配→精滤→灌装。配液使用的设备一般统称为配液罐,也可细分为浓配罐和稀配罐,两种罐的结构基本相同,作用基本一样,通常稀配罐的容积大于浓配罐。配液罐所用材质要求性质稳定、耐腐蚀、不污染药品,多采用 316 L 型不锈钢。

　　注射剂常用的配液方法有浓配法和稀配法。

　　**1. 浓配法**　指将全部原辅料加入部分溶剂中配成浓溶液,经过滤处理,稀释至所需浓度的方法。此法适用于原料质量较差、杂质多的物料。

　　**2. 稀配法**　指全部原辅料加入所需的溶剂中一次配成所需浓度的方法。此法适用于原料质量好、杂质少的物料。

## 二、常用设备

　　配液罐是一种全密封、卫生洁净型的混合搅拌设备,根据结构不同可分为单层、双层(带保温层或夹套层)和三层(带保温层和夹套层)配液罐(图 24-1)。单层配液罐只有罐体,罐体顶部设有溶剂入口、进料口、溶剂蒸汽出口、回流口、清洗消毒口、呼吸口(安装空气过滤器)、视镜与视灯、搅拌器、温度探头等,罐体底部设有出料口等(图 24-2)。双层配液罐主罐体与单层配液罐相同,只是在罐体外带上保温层或夹套层。保温层常以岩棉或聚氨酯充填,夹套层上有蒸汽进口(冷却水出口)、冷却水进口和冷凝水出口,可利用蒸汽加热或冷却水降温。三层配液罐同时具有保温层和夹套层,保温层在外,夹套层居中。配液罐一般配有控制柜操作,仪表显示药液温度、液位,提供上、下限报警功能。

　　配液罐的搅拌方式有机械搅拌和磁力搅拌两种。机械搅拌一般安装在罐顶,通过电机直接带动搅拌桨转动达到搅拌的目的;磁力搅拌由电机减速机驱动外磁钢体转动,外磁钢体通过磁力线带动罐体内的内磁钢体转动,从而带动搅拌桨转动达到搅拌的目的。

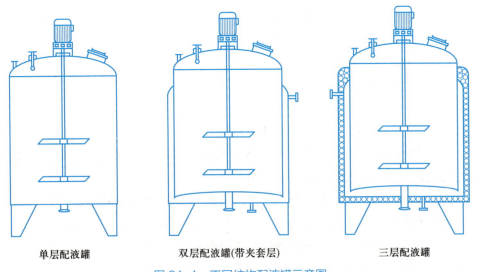

单层配液罐　　　　　　双层配液罐(带夹套层)　　　　　　三层配液罐

图 24-1　不同结构配液罐示意图

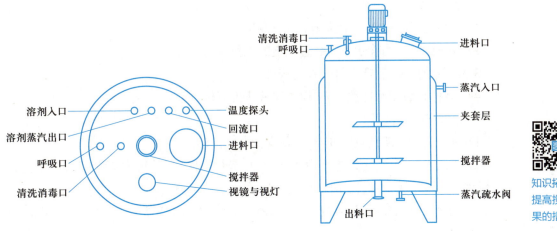

图 24-2　配液罐结构示意图

知识拓展:提高搅拌效果的措施

 **任务实施**

▶▶▶ **配液罐操作**

　　以下内容以 PZG 型配液机组为例。

### 1. 开机前准备

(1) 检查确认设备已清洁消毒待用。

(2) 检查确认各连接管密封完好,确保各管道无跑、冒、漏等现象。

(3) 检查确认各阀门开启正常。

(4) 检查搅拌机的电路连接,确保电路连接正常,防止反转、缺相等故障发生。

(5) 检查各仪表的安装状态,确保各仪表按照规范进行安装,量程符合生产要求,且各仪表均在校定有效期内。

(6) 检查确认各控制部分正常。

(7) 检查呼吸器阀门已处于开启状态。

### 2. 开机操作

(1) 打开进料阀进料,至适量后关闭进料阀。

(2) 如需加热或冷却,开启夹套蒸汽或冷却水进口和出口,通过夹套对料液进行加热或冷却处理,观察温度表,控制温度达到工艺要求。

(3) 运行中时刻注意换热系统温度表、压力表的变化,避免超压超温现象。

(4) 搅拌适时后关停搅拌器。

(5) 开启出料阀和输料泵经管道过滤,排料送出。

(6) 出料完毕,关闭出料阀和输料泵。

(7) 关闭配电箱总电源,按设备清洁消毒 SOP 进行清洗、消毒。

### 3. 操作注意事项

(1) 本机组须在电源安全情况下进行开机。

(2) 安全阀的压力设定不得超过规定的工作压力。

(3) 设备使用期间,严禁打开各连接管。

(4) 清洗时,忌用水冲洗仪表、搅拌器减速机部位。

### 4. 设备维护与保养

(1) 每个生产周期结束后,应对设备进行彻底清洁。

(2) 根据生产频率,定期检查设备,是否有密封垫损坏、泄漏、螺丝松动及其他潜在可能影响产品质量的因素,及时做好检查记录。

(3) 定期检查搅拌器运转情况及机械密封情况,发现有异常噪声、磨损等情况应及时进行修理。

(4) 定期对搅拌器减速机运转情况进行检查,减速机润滑油不足时应立即补充,每半年换油一次(机油 40#)。

(5) 每半年对设备筒体进行一次试漏试验。

(6) 长期不用应对设备进行清洁,并干燥保存,再次启用前,需对设备进行全面检查,方可投入生产使用。

(7) 严禁用于对设备有腐蚀的介质环境。

(8) 日常要做好设备使用记录,应包括运行、维修等情况。

**知识总结**

1. 配液设备一般统称为配液罐,可细分为浓配罐和稀配罐。

2. 注射剂常用的配液方法有浓配法和稀配法。

3. 配液罐是一种全密封、卫生洁净型的混合搅拌设备,根据结构不同可分为单层、双层(带保温层或夹套层)和三层(带保温层和夹套层)配液罐。

4. 配液罐的搅拌方式有机械搅拌和磁力搅拌两种。

5. 运行中时刻注意换热系统温度表、压力表的变化,避免超压超温现象。

 **在线测试**

请扫描二维码完成在线测试。

在线测试:
配液

# 任务 24.2　过　　滤

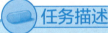 **任务描述**

　　过滤是液体制剂配液生产过程中常用的操作,几乎涉及所有液体制剂生产。本任务主要是学习过滤设备的结构、工作原理,遵行配液设备 SOP,完成过滤设备正常操作,领会操作注意事项,学会设备维护与保养。

PPT:
过滤

授课视频:
过滤

## 知识准备

### 一、基础知识

　　过滤是在外力作用下,使悬浮液中的液体通过多孔介质的孔道,而固体颗粒被截留在介质上,从而实现固、液分离的操作。在液体制剂生产中,过滤是保证药液澄明度符合要求的重要操作,一般分为粗滤和精滤两种。过滤装置常与配液罐组成配液机组使用。

### 二、常用设备

**1. 粗滤装置**　粗滤装置常用的是筒式过滤器,主要由进出口、底排口、筒体、滤芯、

快拆卡箍、承插板、排气阀及压力表等组成,如图24-3、图24-4所示。筒式过滤器下部有承插板,板上有插孔,供承插滤芯之用,承插数量可根据处理流量的不同开孔,常见的有单芯、3芯、5芯,直至几十余滤芯。粗滤滤芯一般选用高纯钛或钛合金不规则粉末通过高温烧结加工而成的钛棒滤芯,钛棒过滤器的工作原理主要为深层截留过滤方式。粗滤装置主要用于小容量注射剂浓配方式的脱炭过滤及稀配环节中的终端过滤前的保安过滤。

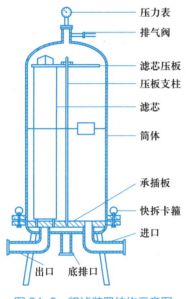

图24-3　粗滤装置结构示意图

图24-4　粗滤装置实物图

2. **精滤装置**　精滤装置有筒式过滤器和板式过滤器两种,筒式过滤器与粗滤装置相同,板式过滤器如微孔滤膜过滤器,其结构如图24-5所示。药液的精滤是确保药液澄明度的关键操作,目前药品生产企业常用的精滤滤芯是折叠式微孔滤膜(图24-6),常采用孔径为0.45~0.8 μm的微孔滤膜进行精密过滤,0.22~0.3 μm的微孔滤膜用于无菌过滤,其过滤机制主要为筛析作用。

图24-5　微孔滤膜板式过滤器与微孔滤膜

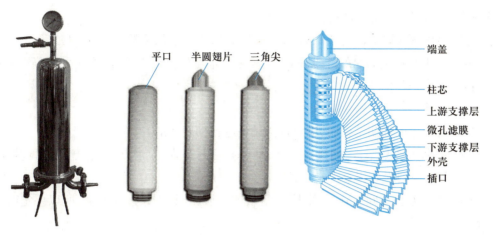

平口　半圆翅片　三角尖

端盖
柱芯
上游支撑层
微孔滤膜
下游支撑层
外壳
插口

知识拓展：
过滤机制

图 24-6　微孔滤膜筒式过滤器与折叠式微孔滤膜

## 任务实施

### ▶▶▶ 过滤器操作

以下内容以 MF20-1 型筒式微孔滤膜过滤器为例。

#### 1. 开机前准备

（1）检查确认设备已清洁消毒待用。

（2）检查确认各连接管密封完好，确保各管道无跑、冒、漏等现象。

（3）检查确认各阀门开启正常。

（4）滤芯做起泡点试验，以确保过滤器滤膜孔径与工艺规定的孔径相符。

（5）用注射用水漂洗或压滤至滤芯无异物脱落。

（6）打开筒体，将滤芯装入承插板，关闭筒体。

#### 2. 开机操作

（1）打开排气阀门，并徐徐打开进料阀门，引入待滤料液，当排气阀门有料液流出时立即关闭排气阀门，并徐徐开启出料阀门。

（2）运行中时刻注意压力表的压力变化，避免超压现象。

（3）在过滤初期，过滤速度很快，随着时间的推移，过滤速度减慢，可逐步调高设备内压力，但不能超过滤芯所允许的最大操作压力。

（4）过滤完毕，关闭进料阀和出料阀。

（5）按设备清洁消毒 SOP 进行清洗、消毒。

#### 3. 操作注意事项

（1）设备使用前必须做起泡试验，以确保过滤器滤膜孔径与工艺规定的孔径相符。

（2）生产过程中，当设备内压力已经较高，而过滤速度又减慢得很多时，应停止过

滤操作,并对过滤器进行清洗。

(3)蒸汽灭菌时应注意蒸汽阀门应慢慢打开,以免蒸汽突然冲入,损坏滤芯。

(4)对于新购置的醋酸纤维滤芯,应只采用消毒液进行灭菌,而不能采用蒸汽进行灭菌。

### 4. 设备维护与保养

(1)每个生产周期结束后,应对过滤设备进行彻底清洁。

(2)根据生产频率,定期检查设备,是否有密封垫损坏、泄漏及其他潜在可能影响过滤的因素,及时做好检查记录。

(3)过滤器长时间工作,会截阻一定量的杂质,导致工作速率下降,所以要定时清洗滤芯。

(4)如发现滤芯变形或损坏,必须马上更换。

(5)每半年对设备筒体进行一次试漏试验。

(6)日常要做好设备使用记录,应包括运行、维修等情况。

 ## 知识总结

1. 过滤是保证小容量注射剂药液澄明度符合要求的重要操作,一般分为粗滤和精滤两种。

2. 粗滤装置常用的是钛棒过滤器,工作原理主要为深层截留过滤方式。

3. 粗滤装置主要用于小容量注射剂浓配方式的脱炭过滤及稀配环节中的终端过滤前的保安过滤。

4. 微孔滤膜过滤器是目前药品生产企业常用的精滤装置,其过滤机制主要为筛析作用。

5. 微孔滤膜过滤器开机前要做起泡点试验,以确保过滤器滤膜孔径与工艺规定的孔径相符。

 ## 在线测试

请扫描二维码完成在线测试。

在线测试:
过滤

# 项目 25
# 洗灌封设备操作

>>>> 学习目标

1. 掌握口服液、小容量注射剂、大容量注射剂基本生产工艺流程。
2. 熟悉常见洗灌封设备的基本原理、主要结构、正确操作与使用、日常维护与保养。
3. 了解口服液、小容量注射剂、大容量注射剂生产过程的相关 SOP。

>>>> 知识导图

请扫描二维码了解本项目主要内容。

知识导图：
洗灌封设备操作

# 任务 25.1　口服液洗灌封

 **任务描述**

　　洗灌封是口服液体制剂生产中的重要环节,本任务主要是学习口服液洗灌封设备的分类、工作原理,按照设备 SOP,完成液体灌装自动线正常操作,领会操作注意事项,学会设备维护与保养。

 **知识准备**

## 一、基础知识

　　口服液体制剂系指药物以分子、离子、微粒或小液滴状态分散在分散介质中制成的供口服的液体形态制剂。目前,临床上常用的口服液体制剂有:口服溶液剂、口服乳剂、口服混悬剂、口服液、糖浆剂等。

　　灌封设备是口服液体制剂生产设备中的主要设备,按功能不同可分为灌封机、灌装机和洗灌封联动线。洗灌封联动线能满足口服液体制剂生产的需要和进一步保证产品质量,是将用于制剂生产、包装的各台设备有机地连接起来而形成的生产联动线,主要包括洗瓶设备、灭菌干燥设备、灌封(装)设备、贴签设备等。采用联动线生产方式可减少污染的可能,保证产品质量达到 GMP 要求;可减少人员数量,降低劳动强度,也使设备布置更加紧密,从而使车间管理得到改善。

## 二、常用设备

　　洗灌封联动线的联动方式有串联式和分布式联动方式两种,如图 25-1 所示。前者是由各工序单机以串联方式组成的联动线,该联动线要求各单机的生产能力要匹配,若其中一台单机出现故障,则会使全线停产;后者是将同一工序的单机布置在一起,完成工序后将产品集中起来,送入下道工序,该联动线适用于产量很大的品种,它能够根据各台单机的生产能力和需要进行分布,可避免因一台单机出现故障而使全线停产。目前国内企业多采用串联式联动线,各单机按照相同生产能力和联动操作要求协调的原则进行设计,确定各单机参数指标,尽量使整条联动线成本下降,节约生产场地。

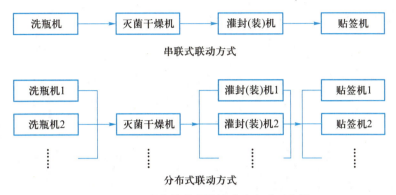

图 25-1　洗灌封联动线的联动方式示意图

下面是制药企业生产中常用的口服液体制剂洗灌封联动线。

**1. BXKF 系列洗烘灌轧联动机**　是口服液常用的洗灌封联动线,主要由超声波洗瓶机、隧道式灭菌干燥机、口服液灌轧机组成(图 25-2),可与灯检、贴签机作生产线配套。

生产时将瓶子放入盘中,推入翻盘装置中。在可编程逻辑控制器(PLC)程序控制下,翻盘将瓶口朝下的瓶子旋转 180°,使瓶口朝上,注满水并浸没在水中进行超声波清洗,两次精洗完毕后自动进入分瓶装置(瓶子与瓶盖分开),再由出瓶气缸把瓶子推入隧道烘箱。瓶子进入网带式隧道烘箱后,在 PLC 程序控制下,瓶子随网带先后进入预热区、高温区、冷却区。干燥灭菌后的瓶子自动进入液体灌装轧盖机内后,依次进入变螺旋距送瓶杆的导槽内,然后被间歇性送入等分盘的 U 形槽内进行灌装、轧盖,最后在拨杆作用下进入出瓶轨道。

超声波洗瓶机　　隧道式灭菌干燥机　　　　口服液灌轧机

图 25-2　BXKF 系列洗烘灌轧联动机

**2. YLX 系列口服液自动灌装联动线**　是生产中最常用的口服液灌封联动生产线,主要由回转式超声波洗瓶机、隧道式灭菌干燥机、口服液灌轧机组成(图 25-3),也可与灯检、贴签机作生产线配套。

生产时口服液瓶由洗瓶机入口处送入后,经洗瓶机进行洗涤;洗干净的瓶子被推入灭菌干燥机的隧道内,完成对瓶子的灭菌、干燥;隧道内的传送带将瓶子送到出口处的振动台,由振动台送到灌轧机入口处,再由输瓶螺杆送到灌装药液转盘和轧盖转盘,

完成灌装封口后再由输瓶螺杆送至出口处。

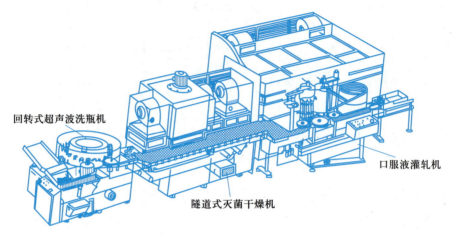

图 25-3　YLX 系列口服液自动灌装联动线示意图

**3. YZ 系列液体灌装自动线**　是糖浆剂较常用的联动生产线,主要由洗瓶机、四泵直线式灌装机、旋盖机、贴签机和喷码机组成(图 25-4),可自动完成洗瓶、灌装、旋盖(或轧防盗盖)、贴签和印批号等工序。

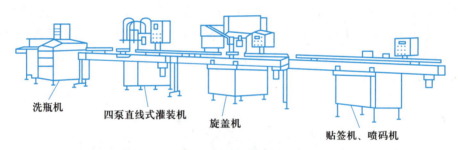

图 25-4　YZ 系列液体灌装自动线示意图

　　糖浆剂生产时将瓶子送至洗瓶机进行洗涤,洗净后的瓶子通过拨瓶盘进入输送带,然后进入灌装工序;灌装机灌装时灌装头自动伸进瓶口,转阀自动打开将药液灌入瓶内,灌装完毕后转阀自动关闭;灌装后的瓶子自动进入旋盖系统,理盖器自动将杂乱无规则的瓶盖理好,排列有序地自动盖在瓶口上,然后旋盖头自动将盖子旋好后,自动进入贴签机和喷码机进行贴签、印批号。

 **任务实施**

▶▶▶ **液体灌装自动线操作**

　　以下内容以 YZ25/500 型液体灌装自动线为例。

### 1. 开机前准备

（1）洗瓶机

1）打开总电源开关，打开洗瓶机排风机开关。

2）洗瓶机水槽加水并加温。

3）检查风压力表、水压力表、气压力表、温度表、打印机是否正常。

4）装瓶入斗。

（2）灌装机

1）空车操作，先不通电，用手轮摇试，检查是否有异常现象。

2）计量泵按编号依次装配，固定好顶端、底部螺钉，连接管道。

（3）旋盖机：将盖子放入振荡料斗。

（4）贴签机：将不干胶标签缠放于轨道处。

### 2. 开机操作

（1）洗瓶机

1）打开开关，开始洗瓶。

2）洗瓶过程抽取瓶子检查清洗质量。

（2）灌装机

1）接通电源，指示灯亮。

2）将各计量泵及管路中的空气排尽。

3）将输送带上装满瓶子，按下输瓶按钮，再打开进液阀让贮液槽装满药液。

4）点自动开关。

5）将计数器清零。

6）按下开机按钮，调整速度，使灌装速度、下盖速度和输瓶速度一致。

7）灌装过程中注意进行装量检查。

（3）旋盖机

1）接通电源，旋开理盖振荡按钮，慢慢加大振荡强度，使盖子理好进入输盖轨道。

2）调整速度，使灌装速度、下盖速度和输瓶速度一致。

3）点击旋盖机的"ON"按钮，开始轧盖。

（4）贴签机：按下开机键，贴签的同时光电对位。

（5）喷码机：按下开机键，打印批号。

（6）依次关闭洗瓶机、灌装机、旋盖机、贴签机和喷码机各开关，最后关闭总电源。按清洁 SOP 对设备进行清洁。

### 3. 操作注意事项

（1）装量调试：调节计量泵的行程，准确计量。

（2）输瓶速度、灌装速度、理盖速度、旋盖速度、贴签速度要保持一致，调速须在运转时进行。

（3）压力调试：调节水、气喷射压力和旋盖机的压力至规定值。

视频：
口服液灌封
机的操作

### 4. 设备维护与保养

（1）检查电机是否正常运行，如有异常要及时检修。

（2）每月对气动元件如气缸、电磁阀等进行检查。

（3）凡有加油孔的位置，应定期加适量润滑油，并注意蜗轮蜗杆减速器和动力箱的润滑情况，如发现油量不足应及时添加。

（4）易损件磨损后，应及时更换。

 **知识总结**

1. 口服液体制剂系指药物以分子、离子、微粒或小液滴状态分散在分散介质中制成的供口服的液体形态制剂。

2. 灌封设备是口服液体制剂生产设备中的主要设备，按功能不同可分为灌封机、灌装机和洗灌封联动线。

3. 洗灌封联动线是将用于制剂生产、包装的各台设备有机地连接起来而形成的生产联动线，主要包括洗瓶设备、灭菌干燥设备、灌封（装）设备、贴签设备等。

4. 准确调节灌装计量泵计量。

5. 输瓶速度、灌装速度、理盖速度、旋盖速度、贴签速度要保持一致，调速须在运转时进行。

6. 控制水、气喷射压力和旋盖机的压力在规定值范围内。

在线测试：
口服液洗
灌封

### 在线测试

请扫描二维码完成在线测试。

## 任务 25.2　小容量注射剂洗烘灌封

PPT：
小容量注射
剂洗烘灌封

**（任务描述）**

　　小容量注射剂生产工艺可分为单机生产工艺和联动机组生产工艺两种，本任务主要是学习小容量注射剂生产中灌封设备的分类、工作原理，按照设备 SOP，完成安瓿灌封机正常操作，领会操作注意事项，学会设备维护与保养。

授课视频：
小容量注射
剂洗烘灌封

 知识准备

## 一、基础知识

注射剂系指原料药物或与适宜的辅料制成的供注入体内的无菌制剂。《中国药典》(2020 年版)将注射剂分为三大类,分别为注射液、注射用无菌粉末和注射用浓溶液。注射液系指原料药物或与适宜的辅料制成的供注入体内的无菌液体制剂,包括溶液型、乳状液型和混悬型等注射液,可用于皮下注射、皮内注射、肌内注射、静脉注射、静脉滴注等。其中,供静脉滴注用的大容量注射剂(除另有规定外,一般不小于 100 ml,生物制品一般不小于 50 ml)也称输液。注射用无菌粉末系指原料药物或与适宜辅料制成的供临用前用无菌溶液配制成注射液的无菌粉末或无菌块状物,可用适宜的注射用溶剂配制后注射,也可用静脉输液配制后静脉滴注。注射用浓溶液系指原料药物与适宜辅料制成的供临用前稀释后静脉滴注用的无菌浓溶液。小容量注射剂采用的包装容器一般是由硬质中性玻璃制成的安瓿,常规为 1 ml、2 ml、5 ml、10 ml、20 ml。常用曲颈易折安瓿,包括点刻痕式曲颈易折安瓿和色环易折安瓿两种。

最终灭菌小容量注射剂生产工艺流程包括原辅料的准备、配制、过滤、灌封、灭菌、质检、印字、包装等步骤,按工艺设备的不同形式可分为单机生产工艺和联动机组生产工艺两种。

## 二、常用设备

现在,药品生产企业用于生产小容量注射剂的设备主要是将立式超声波洗瓶机、隧道式热风循环灭菌干燥机及带整体拨轮结构的拉丝灌封机三种设备联合起来做成的安瓿洗烘灌封联动机组,该机组是目前小容量注射剂生产较为先进的生产设备。联动机组分为清洗、干燥灭菌、灌装封口三个工作区。生产时可完成喷淋水、超声波清洗、机械手夹瓶、翻转瓶、冲水(瓶内、瓶外)、冲气(瓶内、瓶外)、预热、烘干灭菌、冷却、(前冲气)、灌装、(后冲氮)、预热、封口等 20 多个工序。

其结构如图 25-5、图 25-6 所示。

**1. 立式超声波洗瓶机**　该机主要由进瓶网带部件、超声波清洗部件、绞龙提升部件、水气冲洗部件、出瓶部件、水气循环系统组成(图 25-7)。进瓶网带部件主要由电机、网带、调节网带张紧装置、调节网带高度装置等组成。超声波清洗部件主要由走瓶板、喷淋槽、超声波清洗箱、超声波换能器等组成。绞龙提升部件由绞龙、提升凸轮、拨块和提升轮体等组成。水气冲洗部件主要由 20 个机械手、转盘、摆动架、6 个喷针架、6 组喷针和两组外喷构成。出瓶部件主要由大、小同步带轮,拨瓶块,同步带,接瓶板和靠瓶板等组成。水气循环系统主要由压缩空气系统、注射用水系统、循环水系统组成。

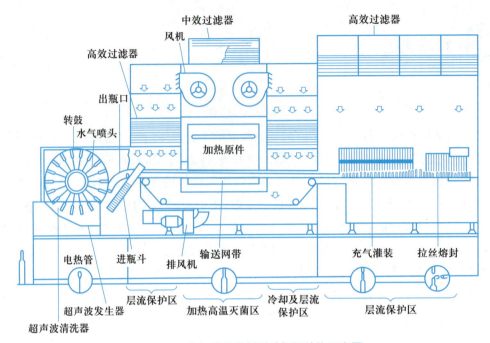

图 25-5　安瓿洗烘灌封联动机组结构示意图

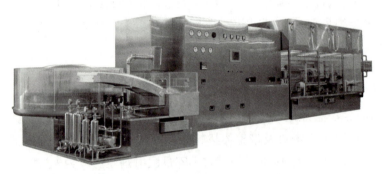

图 25-6　安瓿洗烘灌封联动机组实物图

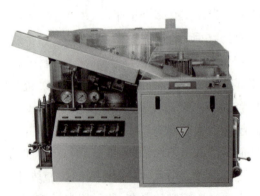

图 25-7　立式超声波洗瓶机

生产时,空安瓶由输瓶网带输送到走瓶板上,喷淋槽对瓶子喷水,瓶子下滑到超声波换能器表面,利用超声波"空化"作用所产生的机械摩擦力,清除瓶内外黏附较牢固的物质。超声波清洗后的瓶子由绞龙提升部件中的拨块托出水箱与机械手交接,机械手夹持瓶子由转盘带动旋转,同时翻转过来(瓶口朝下),6组喷针由摆动架带动往复跟踪随机械手转动的瓶子,跟踪过程中喷针深入瓶口,对瓶内进行水气交替喷射清洗,外喷1对瓶外壁喷循环水,外喷2对瓶外壁喷洁净的压缩空气,至此完成整个清洗过程。

　　**2. 隧道式热风循环灭菌干燥机**　该机又称热层流式干热灭菌机,可连续对经过清洗的安瓿或各种玻璃药瓶进行干燥、灭菌及除去热原。该设备为整体隧道结构,由预热区、高温灭菌区、冷却区三部分组成,包括前后层流箱、高温灭菌箱、机架、输送网带、热风循环风机、排风机、耐高温高效空气过滤器、电加热器、电控箱等部件(图25-8)。其控制系统一般为机电一体化设计,整机加热运行等工艺参数设定由可编程序控制器精确控制,各层流风机采用交流变频技术控制风量大小,控制精度较高,温度控制可在0~350℃内任意设定,具有参数显示、温度分段显示、自动电脑打印记录和故障报警显示等多种功能。

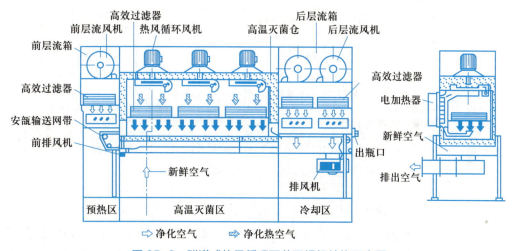

**图 25-8　隧道式热风循环灭菌干燥机结构示意图**

　　该机是将高温热空气流经空气过滤器过滤,获得洁净度为 A 级的清洁空气,在 A 级单向流洁净空气的保护下,洗瓶机将清洗干净的安瓿送入输送带,经预热后的安瓿送入高温灭菌段,流动的清洁热空气将安瓿加热升温到300℃以上,安瓿经过高温区的总时间根据灭菌温度而定,一般为5~20 min,干燥灭菌除热原后进入冷却段。冷却段的单向流洁净空气将安瓿冷却至接近室温,再送入拉丝灌封机进行药液的灌装与封口。安瓿从进入隧道至出口全过程时间一般为25~35 min。由于前后层流箱及高温灭菌箱均为独立的空气洁净系统,有效地保证了进入隧道烘箱的瓶子始终在 A 级洁净空气保护下,且机内压力高于外界大气压 5 Pa,使外界空气不能侵入,整个过程均在密闭状态下进行,其生产过程符合 GMP 要求。

**3. 拉丝灌封机** 灌封机是注射剂生产的主要设备之一,各类灌封机的结构特点和原理差别不大。拉丝灌封机的基本结构按其功能分,包括送瓶机构、灌装机构和拉丝封口机构(图 25-9、图 25-10)。

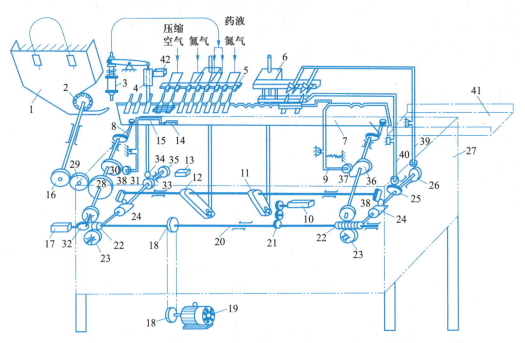

1. 进瓶斗;2. 拨瓶盘;3. 针筒;4. 顶杆套筒;5. 针头架;6. 拉丝钳架;7. 移动齿板;8. 曲轴;
9. 封口压瓶机构;10. 转瓶盘齿轮箱;11. 拉丝钳上下拨叉;12. 针头架上下拨叉;13. 氮气阀;
14. 止灌行程开关;15. 灌装压瓶装置;16、21、28、29. 圆柱齿轮;17. 压缩气阀;18. 主、从动带轮;
19. 电机;20. 主轴;22. 蜗杆;23. 蜗轮;24~26、30、32、33、35、36. 凸轮;27. 机架;
31、34、37、39、40. 压轮;38. 拨叉轴压轮;41. 出瓶斗;42. 止灌电磁阀。

图 25-9　拉丝灌封机结构示意图

生产时洁净的安瓿由送瓶机构送至灌注工位,灌注针头随针头架上的圆柱导轨滑动插入安瓿中完成灌注药液的动作;移动齿板又将安瓿移至封口工位,此时安瓿在固定齿板上不停地自转,同时由压瓶机构压住,使安瓿不能移动,安瓿的瓶颈首先经过火焰预热后向前移动再加热到熔融状态,拉丝钳下移夹住瓶颈,拉断丝头,因安瓿在不停地自转,丝颈的玻璃便熔合密接在一起,拉丝钳上移至最高位置并张开、闭合两次,将拉出的废丝头甩掉,从而完成拉丝动作;封口后的安瓿由移动齿板移至出瓶斗。

安瓿洗烘灌封联动生产时,采用 PLC 控制人机界面操作,能联动控制和单机操

图 25-10　拉丝灌封机

作,保证了整个机组的正常运行,其自动化程度高,操作人员少,劳动强度低。

 **任务实施**

▶▶▶ **安瓿灌封机操作**

以下内容以 AGF4 型安瓿灌封机为例。

**1. 开机前准备**

(1) 参照维护保养说明《安瓿灌封机维护维修规程》,对所有需要润滑的部件加注润滑油。检查变速箱内油平面,需要时加注相适用的润滑油。

(2) 检查主机电源,电路系统是否符合要求。

(3) 检查燃气、氧气是否符合要求,打开阀门。

(4) 检查药液及药液管路、灌装泵是否符合要求。

(5) 检查惰性气体是否符合要求,打开阀门。

(6) 检查各管路是否有漏气、漏液现象。

(7) 转动手轮使机器运行 1~3 个循环,检查是否有卡滞现象。

**2. 开机操作**

(1) 打开电控柜,将断路器全部合上,关上柜门,将电源置于"ON"。

(2) 启动层流电机。

(3) 在操作画面上按主机启动按钮,再旋转调速旋钮,开动主机,由慢速逐渐调向高速,检查是否正常,然后关闭主机。

(4) 手动操作将灌装管路充满药液,排空管内空气。

(5) 开动主机运行,在设定速度试灌装,监测装量,调节装量调节装置,使装量在标准范围之内,然后停机。

(6) 在操作画面按抽风(燃气)启动按钮。

(7) 在操作画面按氧气启动按钮。

(8) 点燃各火嘴,调节流量计开关,使火焰达到设定状态。

(9) 按下转瓶点击按钮。

(10) 开动主机至设定速度,按绞龙制动按钮进瓶,进几组瓶后再次按下绞龙制动按钮,停止进瓶,看灌装拉丝效果,将火焰调至最佳,再按绞龙制动按钮进瓶开始正式生产。

(11) 生产结束停机,关闭氧气、燃气、保护气体、压缩空气总阀门,按设备清洁 SOP 做好清洁卫生。

**3. 操作注意事项**

(1) 中途停机时先按绞龙制动按钮,待瓶走完后方可停机,以免浪费药液和包材。

(2) 总停机时先按氧气停止按钮,火焰变色后再按抽风(燃气)停止按钮、转瓶停止按钮,之后按层流停止按钮,最后关闭总电源。

（3）如总停间隔时间不长，可让层流风机一直处于打开状态，以保护未灌装完的瓶子和药液。

### 4. 设备维护与保养

（1）在停机状态下打开后盖门、前盖板，定期给凸轮、齿轮、滑套处注润滑脂，减速器注润滑油。

（2）开机前检查齿形带的松紧，并根据情况进行调整维修或更换。

（3）检查电机转轴旋转方向与指示牌方向是否一致。

（4）开机前先手动盘车 2~3 个运动循环。

（5）单独空载启动各电机，检查电机是否正常运转，电机启动后及运转中经常检查控制面板的指示灯及控制器的显示值，聆听电机声音，发现异常情况立即报告维修人员。

（6）检查燃气管路是否堵塞，是否泄漏，发现异常及时处理。

（7）检查灌装针头是否堵塞及变形，及时处理。

（8）检查灌装管路是否泄漏，及时更换泄漏管路。

（9）检查灌装泵、玻璃分液器、单向阀是否存在泄漏，及时更换泄漏件。

（10）检查层流风速是否符合要求，检查层流是否存在泄漏，如泄漏则更换过滤器。

（11）随时更换损坏件，定期对紧固件进行紧固。

（12）操作完毕后，关闭电源，按清洁 SOP 对设备进行清洁。

（13）严禁更改已有电气程序。

（14）设备传动部件中的直线滑轨、圆柱凸轮、滚珠丝杆、盘形凸轮、齿轮组件、菱形座轴承等零部件需进行定期润滑保养，方法为先用抹布等将发黑的润滑脂清除，再将洁净油品涂抹于各工作面。

（15）减速机工作环境温度不宜超过 −10~+40℃。

 知识总结

1. 小容量注射剂生产工艺流程包括原辅料的准备、配制、过滤、灌封、灭菌、质检、印字、包装等步骤，按工艺设备的不同形式可分为单机生产工艺和联动机组生产工艺两种。

2. 立式超声波洗瓶机组是目前制药行业最常用的安瓿洗烘灌封联动线洗瓶设备。

3. 安瓿灌封机生产前应转动手轮摇动检查是否有卡滞现象。

4. 安瓿灌封机生产结束停机，关闭氧气，火焰变色后再按燃气停止按钮、转瓶停止按钮，之后按层流停止按钮，最后关闭总电源。

在线测试

请扫描二维码完成在线测试。

在线测试：
小容量注射
剂洗烘灌封

## 任务 25.3　玻璃瓶大容量注射剂洗灌封

 任务描述

　　大容量注射剂生产工艺与小容量注射剂有一定差异,质量要求更加严格。本任务主要是学习大容量注射剂生产洗灌封设备的分类、工作原理,按照设备 SOP,完成玻璃瓶大容量注射剂洗灌塞封一体机正常操作,领会操作注意事项,学会设备维护与保养。

PPT：
玻璃瓶大容
量注射剂洗
灌封

 知识准备

授课视频：
玻璃瓶大容
量注射剂洗
灌封

### 一、基础知识

　　大容量注射剂又称输液或大输液,其装量有 50 ml、100 ml、250 ml、500 ml、1 000 ml 五种规格。其包装容器有玻璃瓶、塑料瓶、输液袋、直立聚丙烯袋四种主要类型。

　　玻璃瓶大容量注射剂生产工艺流程主要包括制水、洗瓶、洗塞、配药、灌装扣塞、轧盖、灭菌、质检、贴签、包装等工序。常见生产设备有配液机组、理瓶机、洗瓶机、灌装机、塞胶塞机、轧盖机、灭菌柜、灯检装置、贴签机和包装机等。

### 二、常用设备

　　**1. 玻璃瓶超声波洗瓶机**　玻璃瓶超声波洗瓶机有滚筒式、箱式、立式三种形式。滚筒式超声波洗瓶机如图 25-11 所示,有滚筒式超声波粗洗机和滚筒式精洗机两部分。该机用滚筒式超声波粗洗机取代了传统的滚筒式毛刷、碱液粗洗机。其洗瓶工艺为:理瓶→输瓶→进瓶→超声波粗洗→冲循环水→冲纯化水→冲注射用水精洗。该机结构简单、操作可靠、维修方便、占地面积小,粗、精洗分别置于不同洁净级别的生产区内,不产生交叉污染,但对瓶子规格要求严格,目前应用渐少。

图25-11 滚筒式超声波洗瓶机

箱式超声波洗瓶机如图25-12所示。其洗瓶工艺为:理瓶→沿倾斜的进瓶盘自动下滑→循环水预冲洗→至超声波水槽粗洗→履带提升输瓶→洗瓶箱进口→理瓶盘分成十(多)队进入拨轮,拨轮自动平稳地将玻璃瓶推入翻瓶轨道上的输瓶套中→翻瓶轨道带动玻璃瓶,依次完成循环水冲洗(内冲2次,外冲1次)→纯化水冲洗(内冲2次,外冲1次)→注射用水冲洗(内冲2次,外冲1次)→压缩空气吹净(内吹2次,外吹1次)等工序,达到完全清洗目的,利用翻瓶轨道脱开瓶套落入局部层流的输送带上。该机清洗效果好,各清洗工位分区,无交叉污染,符合GMP要求;整机洗瓶产量大,动作稳定可靠,瓶子破损率低,适合不同规格的玻璃瓶,应用较广泛。

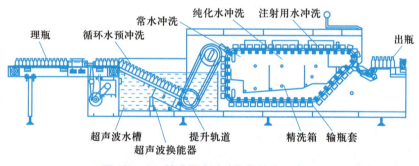

图25-12 箱式超声波洗瓶机结构示意图

现在,立式超声波洗瓶机被药企广泛选用,立式超声波洗瓶机的相关内容见任务25.2所述。

### 2. 旋转式灌装加塞机

旋转式灌装加塞机(图25-13)将灌装、(充氮)、压塞合为一体,采用旋转式送瓶、恒压恒流灌装方式,灌装后在中间过渡拨轮可增加充氮装置进行充氮,充完氮气后马上进入加塞工位进行加胶塞,加胶塞后进入锁口工序。

灌装工序利用恒压、恒流原理灌装,装量通过计算机控制流量节制阀调节,装量准确。充氮工序在中间拨盘上完成。利用氮气贮罐中贮存的氮气压力,通过细的氮气喷管喷到灌装好的玻璃瓶内。充完氮气的玻璃瓶自中间过渡拨轮(充氮拨轮)进入压塞定位拨盘。

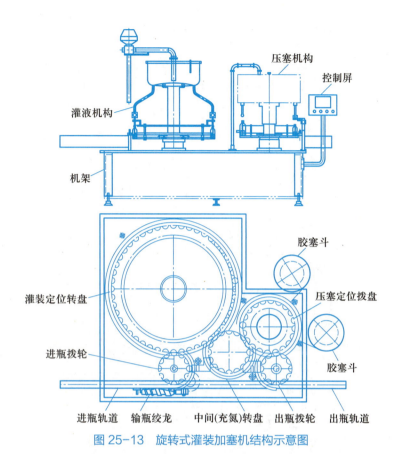

图 25-13　旋转式灌装加塞机结构示意图

　　上塞机构采用螺旋振荡给料器理胶塞,工作时在电磁铁的作用下,理塞斗做圆周往复运动和上下运动(理塞斗高度可调);由理塞斗整理的胶塞直接输送到接塞板上,回转的压塞头经过接塞板时将塞子吸住带走,灌药后的输液瓶与压塞头同步回转,压塞头在凸轮的作用下逐步下降,将胶塞加在瓶口上并压至合适深度。

　　**3. 玻璃瓶大容量注射剂轧盖机**　一般是三刀单头或多头滚压式轧盖机。

　　玻璃瓶大容量注射剂轧盖机一般由振动落盖装置、压盖头、轧盖头、输瓶等部分组成,工作流程为:进瓶→挂盖→压盖→轧盖→出瓶。

　　图 25-14 所示为单头间歇式轧盖机。工作时玻璃瓶由输瓶机送入拨盘内,拨盘间歇地运动,每运动一个工位依次完成上盖、撤盖、轧盖等功能。轧盖时瓶不转动,而轧刀绕瓶旋转。轧头上设有三把轧刀,呈正三角形布置,轧刀收紧由凸轮控制,轧刀的旋转是由专门的一组皮带变速机构来实现的,且转速和轧刀的位置可调。轧盖时,玻璃瓶由拨盘粗定位和轧头上的压盖头准确定位,以保证轧盖质量。

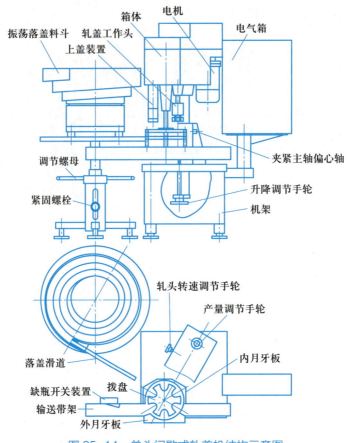

图 25-14　单头间歇式轧盖机结构示意图

 **任务实施**

### ▶▶▶ 玻璃瓶大容量注射剂洗灌塞封一体机操作

以下内容以 SBY30 型玻璃瓶大容量注射剂洗灌塞封一体机为例。

#### 1. 开机前准备

（1）洗瓶机

1）检查自来水、纯化水、注射用水、蒸汽、压缩空气是否在可供状态,压力表、过滤器、电磁阀、阀门是否正常。

2）检查各润滑点的润滑情况。

3）检查主机、输送带电源、数控系统及其显示是否正常。

4）打开自来水阀门,向超声波水槽内加水至水位超过超声波换能器,检查瓶托与喷射管中心线是否在一条线上。

5）打开蒸汽阀门至温度显示 35~50℃,注射用水压力 0.15~0.2 MPa。

（2）灌装加塞机

1）检查主机、输送带电源、数控系统及其显示是否正常。

2）检查各润滑点的润滑情况。

3）检查药液管道阀门开启是否灵敏、可靠，各连接处有无泄漏情况。

4）在输瓶轨道上适当布置适量的精洗过的玻璃瓶；在理塞斗中加入约 1/3 量的胶塞。

5）开启药泵，往恒压罐内输入药液，调节恒压罐阀门，保持罐内恒定压力，手动检查各气动阀是否能正常开闭。

6）控制洁净压缩空气压力为 0.4~0.6 MPa。

（3）轧盖机

1）检查电源、数控系统及其显示是否正常。

2）检查各润滑点的润滑情况。

3）将合格的铝盖放在振荡器理盖斗中。

## 2. 开机操作

（1）洗瓶机

1）先开输瓶，再开主机，旋调速旋钮，待频率显示出相应值与产量相符时，开自来水泵、纯化水泵、注射用水泵，检查超声波水槽水位（溢流口有水流出）和水温（35~50℃），再开超声波。所有指示灯亮为主机正常工作，机器出现故障时，操作面板会有故障显示。

2）开进瓶电机、注水电机，再开主机和各冲洗电机，对瓶托内瓶子冲水、冲气、排瓶输出。

3）洗瓶过程中要注意检查瓶子的清洗质量。

4）停机前，应先停主机，后停各冲洗电机、进瓶电机、注水电机。操作完毕后，关闭电源，按清洁 SOP 对设备进行清洁。

（2）灌装加塞机

1）首先打开电源开关，待电源指示灯亮后开振荡器、输送带、主机、变频调速器，待频率显示出相应值与产量相符时停止调速。

2）调节触摸屏各气动隔膜泵开关时间，测定灌装量，达到工艺要求。

3）玻璃瓶通过托瓶台向上移动，灌液管及充氮管伸入瓶口先充氮排除瓶内空气，到达灌装工位进行灌装。用 30 个玻璃瓶进行试装，查明药液澄明度及装量合格后开始灌装操作。将 30 瓶药液返回调剂重新过滤。

4）调节灌装速度至规定值，启动振荡按钮，调节振荡强度、振荡下塞速度，将胶塞送至下塞轨道。

5）启动送瓶、灌装按钮进行灌装。灌装过程中定时检查装量和澄明度。

6）停机时先关进药阀门，后关变频调速器、振荡器、主机、输送带。操作完毕后，关闭电源，按清洁 SOP 对设备进行清洁。

（3）轧盖机

1）先打开电源开关，待电源指示灯亮后打开振荡器、主机、输送带，最后开变频调

速器,待频率显示出相应值与产量相符时停止调速。

2)进行轧盖操作,输送带速度根据主机速度调整。

3)停机时先停变频调速器,后停主机、输送带、振荡器及主机电源。操作完毕后,关闭电源,按清洁 SOP 对设备进行清洁。

### 3. 操作注意事项

(1)洗瓶机

1)变频器的调速不得过于频繁,以免影响其使用寿命。

2)当变频器显示"OL"时,表示超负荷,需检查机械传动性能;当变频器显示"OC"时,表示启动不当,要停止主机和变频器,重新启动。

3)变频器到主机电机的接头必须接牢,运行中检查是否松动,如果单相运转,容易损坏变频器。

(2)灌装加塞机

1)进瓶拨轮位置的调整:拨轮进出瓶缺口的位置必须与中心转台上托瓶台的位置对准,调整时首先松开紧固螺钉和手柄螺栓,然后转动拨轮片,使其与托瓶台对准,拧紧紧固螺钉和螺栓。

2)灌装容量的调整:调节触摸屏各气动隔膜泵开关时间。

3)灌装嘴高度的调整:更换不同规格的瓶子时,先松开灌装嘴支架固定套上的螺钉,后松开手柄,摇动手轮,摇至瓶子所需的高度后紧固支架固定套上的螺钉。

4)输送带速度必须与洗瓶机输送带速度保持一致,调速必须在运转时进行。

5)更换不同规格的瓶子时,需要更换拨轮台、拨轮及调整漏斗高度。

6)操作面板不得用水冲洗,减速器每半年更换一次润滑油。

(3)轧盖机

1)轧头压力及轧刀高度的调整:将输液瓶放在中心拨轮缺口,根据玻璃瓶高度调整轧刀高度;通过调整轧头弹簧的松紧来调节轧刀压力。

2)输送带速度必须灌装机输送带速度保持一致,调速必须在运转时进行。

### 4. 设备维护与保养

(1)机器润滑

1)查看设备运行记录、设备润滑记录;

2)润滑周期:每3个月打开机箱,清洁箱内油污及其他杂物,对各运动机构加注润滑油进行润滑。每年拆解减速机,将箱体内的润滑油放出,全部更换新的润滑油。清洗各传动齿轮,对磨损严重的齿轮予以更换。

(2)机器保养

1)保养周期:每月检查机件、传动轴一次;整机每半年检修一次。

2)保养内容:机器保持清洁;定期检查齿轮箱、传动轴、轴承等易损部件,检查其磨损程度,发现缺损应及时更换或修复;检查电机同步带的磨损情况,更换破损同步带,调整传动带张紧机构,使之大小适度;检查各管路、阀门等有无泄漏,如有必要进行更换；检查清洗各滤芯，如有必要予以更换；检查控制柜、线路情况、电气元件、真空系统、压缩空气系统、氮气系统，更换垫圈、过滤器等易损件。

 ## 知识总结

1. 玻璃瓶大容量注射剂常见生产设备主要包括玻璃瓶超声波洗瓶机、旋转式灌装加塞机、玻璃瓶大容量注射剂轧盖机。

2. 玻璃瓶大容量注射剂轧盖机一般由振动落盖装置、压盖头、轧盖头、输瓶等部分组成。

3. 洗瓶机变频器的调速不得过于频繁。

4. 灌装加塞机控制洁净压缩空气压力为 0.4~0.6 MPa。

5. 灌装加塞机、轧盖机输送带速度必须与输送带速度保持一致，调速必须在运转时进行。

 ## 在线测试

请扫描二维码完成在线测试。

在线测试：
玻璃瓶大容
量注射剂洗
灌封

# 任务 25.4　软袋大容量注射剂制袋灌封

 **任务描述**

　　非 PVC 多层共挤膜输液袋（软袋）具有透明性好，抗低温性能强，韧性好，可热压消毒，有效消除二次污染，不污染环境，易回收等优点，是目前大容量注射剂的主要包装形式。本任务主要是学习大容量注射剂软袋生产设备的工作原理，按照设备 SOP，完成非 PVC 多层共挤膜大容量注射剂制袋灌封一体机正常操作，领会操作注意事项，学会设备维护与保养。

PPT：
软袋大容量
注射剂制袋
灌封

授课视频：
软袋大容量
注射剂制袋
灌封

 ## 知识准备

### 一、基础知识

大容量注射剂所用的塑料容器有半硬性塑料瓶与软塑料袋两种，已大量用于葡萄

糖注射液、氯化钠注射液、腹膜透析液等理化性质稳定的产品。塑料容器最早用聚氯乙烯(PVC)制成,以后采用聚丙烯(PP)、聚乙烯(PE)、聚酯(PET)、乙烯–醋酸乙烯共聚物(EVA)等,这些聚合物无毒,但应注意其中的增塑剂、稳定剂与润滑剂等与药物的相容性问题。

### 1. 大容量注射剂塑料容器的优点

(1) 生产工艺简单,可免去对玻璃瓶、橡胶塞的处理。

(2) 设备、人员、能源、三废污染等均较玻璃瓶装者少。

(3) 成品具有重量轻、耐震、耐压、运输和使用方便等特点。

此外,软塑料袋还有容器柔软,针刺阻力小,混加药液方便,不用通气针即可滴注,系统密闭,药液不接触外界空气,从而避免污染等优点。

### 2. 大容量注射剂塑料容器的缺点

(1) 透明度、耐热性较差,以及具有透气和透水性。

(2) 影响可见异物监测和影响贮藏期的质量。

(3) 灭菌时必须降低温度、延长时间。

塑料输液瓶和输液袋经检查合格后,可直接应用,或采用通过 0.22 μm 孔径滤膜的过滤空气清洗。

软袋大容量注射剂目前有单室单管系列、单室双管系列、双(多)室系列等多个品种。

## 二、常用设备

1. 软袋大容量注射剂生产联动线主要结构 软袋大容量注射剂生产联动线主要包括控制系统,主传动及定位夹,上膜工位,印刷工位,口管供送,预热工位,开膜、固定口管工位,制袋成型工位,口管热合工位,除废边工位,软袋转移工位,灌装工位,加盖封口工位,出袋工位等,如图 25-15 所示。

图 25-15　软袋大容量注射剂生产联动线

该联动线能自动完成开膜、印字、打印批号、制袋、灌装、自动上盖、焊接封口、排列

出袋等工序,再配上软袋传送、灭菌、检漏、灯检等辅助设备,能完成整个软袋大容量注射剂的生产,其生产工艺流程如图 25-16 所示。

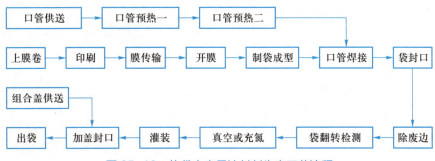

图 25-16 软袋大容量注射剂生产工艺流程

### 2. 软袋大容量注射剂生产联动线工作原理

(1) 上膜工位(图 25-17):自动进膜通过一个开卷架完成。软袋膜卷卷轴设计使得更换膜卷非常方便。膜卷通过气动夹具固定在卷轴上,不需要任何工具。

由电机驱动完成连续、平稳的送膜动作。软袋膜网放在平衡辊上,然后逐步送入操作工位。传感控制器用来确保膜卷送膜动作始终平稳均匀。

(2) 印刷工位(图 25-18):使用热箔膜印刷装置完成整个版面的印刷。可选择印刷或更改各种生产数据(如批号和有效期)。印刷温度、时间和压力可调,以保证正版印刷。自动印刷箔膜控制保证质量,箔膜卷用完或断裂时,编码器监测器关闭设备,保证软袋印刷连续。更换印刷箔膜需要很少的工具,操作简单,将操作时间缩到最短。印刷箔膜卷轴配备有手动气动夹具,更换操作简易迅捷。更换印刷版时,只需要使用简单的工具,用简单的紧固装置拧动即可。对于各种规格的软袋,在工位处都可以手动调整预先设定其位置。更改数字只需要使用简单的工具。数字更改不需要将印刷版取出即可完成。

图 25-17 上膜工位

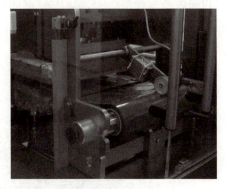

图 25-18 印刷工位

(3) 口管供送(图 25-19)、预热工位:采用电磁振荡器整理口管,沿口管下落轨道下滑,洁净气流吹送。

口管预热工位由接触热合系统构成。工位处有最低／最高焊接温度控制,以保证最佳的焊接温度。温度超出允许范围后设备自动停机以保证质量。

(4) 开膜(图25-20)、固定口管工位:通过开膜刀装置,将膜层在顶部打开一个口。口管被自动从送料器送入,随后到振荡盘上,然后再到线形口管传送装置上。系统纵面有4只机械手,可以将口管放置到支架上,将口管放置到膜层张口之间。送料链将口管放置到膜层间开口之中。进料系统遇到破损口管时会给出提示信息,保证设备不会因为破损口管而中断运行。

图 25-19　口管供送工位

图 25-20　开膜工位

(5) 制袋成型工位(图25-21):软袋外缘热合、口管点焊、软袋外缘切割操作在本工位进行。封口操作由与热合装置连在一起的可移动型焊接夹钳来完成。热合时间、压力和温度均可调节。本工位带有最低／最高热合温度控制器,用以调节最佳热合温度。温度超出保证质量允许的范围之外后,设备自动停机。

图 25-21　制袋成型工位

(6) 口管热合工位(图 25-22):口管热合工位是一种接触热封系统。工位有最低 / 最高热合温度控制器,用以调节最佳热合温度。温度超出保证质量允许的范围之外后,设备自动停机。

图 25-22　口管热合工位

(7) 除废边工位(图 25-23):通过一种特殊的机械手系统将软袋的废边切掉并收集到托盘中。

(8) 软袋转移工位:制作完成的空袋被机械手转移到软袋灌装机的软袋夹持机械手。灌装和封口操作过程中,软袋处于被吊起的位置。被确认为坏袋的软袋被自动剔除到坏袋收集盘中。

(9) 灌装工位(图 25-24):灌装通过 4 个带有电磁灌装阀和微处理器控制器(位于主开关柜)的流量计系统来完成。这种先进的灌装系统可以很方便地通过按钮调整不同的灌装量。灌装量范围为 100 ml 以下到 1 000 ml。工位移下后,灌装嘴进入灌装口,开始灌装。通过一个圆锥形定中心装置将灌装口固定在中心位置。灌装嘴到达最低点位置时,与口管一起进行检查。如出现任何错误或故障信息,那么相应的袋不灌装。灌装系统可以进行完全的在线灭菌。不许拆卸任何部件。

图 25-23　除废边工位

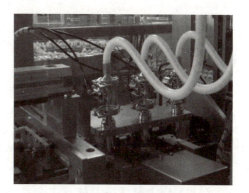

图 25-24　灌装工位

(10) 加盖封口工位(图 25-25):盖子从送料器自动送料,然后到不锈钢振荡盘上,再到线形传送系统。通过一种特殊的管子用无菌空气将盖子以线形的方式吹到分送器上。然后盖子被机械手捡起塞入口管中。利用挡光板检查盖子的正确性,如提示有错误则设备停机。

图 25-25　加盖封口工位

（11）出袋工位（图 25-26）:成袋被机械手放到传送带上,被标志为坏袋的袋子被自动剔除到坏袋收集盘上。

图 25-26　出袋工位

视频:
软袋大容量
注射剂生产

 **任务实施**

▶▶▶ **非 PVC 膜大容量注射剂制袋灌封一体机操作**

以下内容以 SRD200 型非 PVC 膜大容量注射剂制袋灌封一体机为例。

### 1. 开机前准备

（1）先检查各部分零件是否齐全,各连接件是否紧固,各运动件加润滑油,对直接接触药物的部分进行消毒。

（2）确认机器安装正确,气、水管路及电路连接符合要求,点动检查机器运转是否灵活。

（3）将选配并清洗好的滤芯装入过滤器罩内,并检查滤罩及各管路接头是否紧固。

（4）将已脱去外包装的膜送至 A 级层流下上膜处,脱去内包装后将膜装上,将口管、塑料盖分次加入各自的振荡器内。

### 2. 开机操作

（1）打开电源开关和压缩空气(0.4~0.6 MPa)、冷却水控制阀门。

（2）安装印字模板,检查印字模板的品名、规格、产品批号、生产日期、有效期是否与生产指令一致。

（3）接通进出冷却水管,按下加热按钮,调节印刷工位温度为 165~180℃,成型模具温度为 160~200℃,袋口预热温度为 90~130℃,口管热合、焊盖温度为 165~180℃。

（4）检查自动送膜机上膜是否到位,调节色带使印字处于膜中央。

（5）开机制袋,检查袋成型、口管热合、切边等是否符合要求。

（6）调节装量达到规定值。

（7）从 4 个灌装口分别接药液 100~500 ml,检查澄明度,确认合格方可灌装。

（8）调节熔封电压至 6.5~7.0 V,检查焊盖质量。

（9）停机时关闭主机和其他开关,按要求清场。

### 3. 操作注意事项

（1）机器运转过程中,严禁将手或其他工具伸进工作部位。

（2）机器处于启动运行状态时,如果出现自动停机,严禁将手或其他工具伸进工作部位,必须先切断电源,然后排除故障。

（3）调整、维修机器时,必须先切断电源。

（4）整个操作在 B 级下 A 级层流罩下操作。

（5）膜、口管、复合盖送操作间前必须经清洁处理。

（6）振荡器、分割器每次开工前必须清洁消毒。

（7）药液从稀配至灌装结束不得超过 4 h;从灌装结束至灭菌的存放时间不得超过 2 h。

（8）机器运转时若出现异常噪声、过热,必须停机检查后方可使用。

### 4. 设备维护与保养

（1）开机前要对各运转部位,特别是蜗轮减速机、轴承、齿轮、传动链条、滚轮、凸轮槽、滑套等部位加润滑油。

（2）如台面板上落有瓶盖,应及时清理干净,下班前必须把机器擦洗干净,切断电源。

（3）按时清洗更换过滤器;易损件磨损后应及时更换,机器零件松动时应及时紧固。

（4）机器须定期进行小修、中修和大修。

 **知识总结**

　　1. 输液袋经检查合格后,可直接应用,或采用通过 0.22 μm 孔径滤膜的过滤空气清洗。

　　2. 软袋大容量注射剂生产联动线主要包括控制系统,主传动及定位夹,上膜工位,印刷工位,口管供送、预热工位,开膜、固定口管工位,制袋成型工位,口管热合工位,除废边工位,软袋转移工位,灌装工位,加盖封口工位,出袋工位等。

　　3. 整个操作在 B 级下 A 级层流罩下操作。

　　4. 药液从稀配至灌装结束不得超过 4 h;从灌装结束至灭菌的存放时间不得超过 2 h。

 **在线测试**

请扫描二维码完成在线测试。

在线测试:
软袋大容量
注射剂制袋
灌封

# 项目 26

# 包装设备操作

>>>> **学习目标**

1. 掌握制袋包装设备、泡罩包装设备、药用瓶包装设备的结构和原理。
2. 熟悉常用制药用包装设备的正确操作与使用及日常维护与保养。
3. 了解常见包装生产线的基本流程和关键控制点。

>>>> **知识导图**

请扫描二维码了解本项目主要内容。

知识导图:
包装设备
操作

# 任务 26.1　制　袋　包　装

任务描述

　　制袋包装在药品包装行业应用十分广泛,本任务主要学习制袋包装设备的分类、工作原理,遵行制袋包装设备 SOP,完成立式制袋包装机的正常操作,领会操作注意事项,并学会制袋包装设备维护与保养。

 **知识准备**

## 一、基础知识

　　制袋包装是将片剂、胶囊、液体药品充填到柔性材料制成的袋形容器中,再根据包装药品质量要求进行排气或充气,最后进行袋口封缄和切断,完成对药品的包装。制袋包装机既适于各种散料药品,又适于各种中小型块体药品,甚至适用于无定形流体药品。按制袋的运动形式分为间歇式和连续式;按成品袋形状分为扁平袋、枕形袋和直方袋,其中扁平袋比较常见;按封口方式分为三边封口和四边封口。

　　药品制袋包装的主要材料有复合材料、塑料薄膜、涂覆铝箔等。这些材料来源广泛、质地轻柔、价廉,又易于成型、充填、封口、印刷、开启和回收处理。无论是包装材料还是包装好的成品,都具有很好的紧凑性,占用空间很小,运输使用方便,使用后废弃物回收处理成本也较低。

　　制袋包装的材料主要为复合膜,它是由各种塑料与纸、金属或其他材料通过层合挤出贴面、共挤塑等工艺技术,将基材结合在一起而形成的多层膜。复合膜具有防尘、防污、阻隔气体、保持味道、透明(或不透明)、防紫外线、印刷、防静电等功能,适用于机械加工或其他各种封合方式,基本上可以满足药品包装所需的各种要求和功能。

　　复合膜的优点体现在:① 可以通过改变基材的种类和层合的数量来调节复合材料的性能,满足药品包装各种不同的需求。② 对药品具有很强的保护作用,可以根据药品包装的实际需求制造出具有高度防潮、隔氧、保香、避光作用的复合膜材料。③ 力学性能优良,具有较理想的拉伸强度,耐撕裂、耐冲击、耐折断、耐磨损和耐穿刺。④ 机械包装适应性好,可用于大批量生产,复合包装材料易成型、易热封,且封口牢固、尺寸稳定、耐划伤穿孔。⑤ 使用方便、质量轻、易携带、规格变化多、运输体积小、费用低、易开

启。⑥ 促进药品销售,复合材料易印刷、造型,可以增加花色品种,提高商品的陈列效应。⑦ 利用资源广泛,通过选择各种不同材质节省材料,降低能耗和成本。复合膜最突出的优点是其综合保护性能好、费用低廉。但某些复合膜也难以回收,会造成环境污染。

制袋包装机的基本工作过程包括:制袋、药品的计量和充填、封口和切断、检测和计数。其中,制袋的主要装置是制袋成型器,制袋成型器分为象鼻式和翻领式等;药品的计量方式有定容法和称重法,定容法有量杯式、转鼓式、螺杆式等;封口分为纵封和横封,纵封和横封的方式又可以分为连续式和间歇式,其中连续式是辊式,间歇式是板式。

根据待包装药品的特点和机器的膜材走向,制袋包装机可分为立式包装机和卧式包装机。① 立式包装机主要用来包装如片剂、颗粒剂、散剂、软膏剂、胶囊剂、液体制剂等固体和液体形态的药品,也可以包装中药饮片,故按照待包装药品的种类,立式包装机可以分为颗粒剂包装机、粉剂包装机、中药饮片包装机等。在立式包装机中除了包装三边封和四边封扁平袋的普通制袋包装机之外,还有背封式单列和多列制袋包装机。中药饮片包装机可以分为大袋包装机、小袋包装机、大剂量草类包装机和小剂量草类包装机等。② 卧式包装机通常用于包装泡罩板等药品的内包装,还适合粉剂、颗粒剂和液体的小袋包装,作为进一步的防潮包装。

## 二、常用设备

立式包装机在药品制袋包装中应用十分广泛。与其他包装机相比,立式包装机被包装药品的供料筒安装在制袋器内侧,制袋与充填物料由上到下沿竖直方向进行。立式包装机主要由导辊、成型器、加料器、纵封滚轮、横封滚轮、裁切器等组成(图 26-1、图 26-2)。

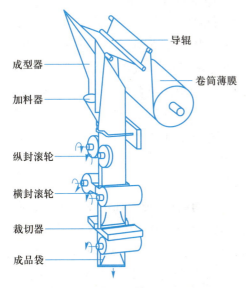

图 26-1　立式包装机结构示意图

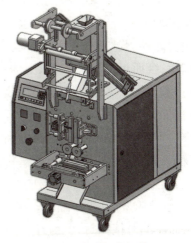

图 26-2　立式包装机装置图

视频:
立式包装机

放在支撑装置上的卷筒薄膜,绕经导辊组、张紧装置,由光电眼检测控制装置,对包装材料上商标图案位置进行检测后,通过成型器卷成薄膜圆筒包裹在充填管的表面。先用纵向热封器对卷成圆筒的接口部位薄膜进行纵向热封,得到密封管袋,然后袋状薄膜移动到横向热封器的地方进行横封,构成包装袋筒。计量装置把计量好的药品通过上部充填机充填入包装袋内,再由横向热封器热封,并居中切断,形成包装袋单元体,同时形成下一个包装袋的底部封口,依次连续运行。

**1. 制袋成型器** 制袋成型器对于要完成成型、充填、封口全过程的袋装机而言是关键部件。它的选择使用与原材料规格、袋形、机器布局等有直接关系。常用的五种制袋成型器的结构如图26-3所示。

图 26-3 制袋成型器结构示意图

成型器的特点分别为:① 三角成型器:利用成型器形状,迫使平张薄膜近似对折成型。由锐角三角形板与U形立杆(或平行辊)连接在基板上而成,用于对接纵封,三面或四面封口成型。其成型薄膜变化较平缓,成型阻力较小,不易变形,结构简单,对机型、袋形规格及材料的适应性能好,多用于卧式包装机上中、小计量袋的成型。② U形成型器:由带有导板的U形折叠板与U形导槽组成,薄膜在卷曲成型时受力比三角成型器好,能用于各种袋包装,其成型器结构较复杂。③ 缺口导板式成型器:通常由封底器、截切装置、牵引导辊等构件组成,可有多种结构组合方式,可用于筒状单膜横封,两面封口扁平袋成型。将平张薄膜对开后又能自动对折封口成袋,其薄膜成型时变形较大,多使用复合膜制袋,常用于立式连续包装机,也可用于开袋 – 充填 – 封口机的联动装置。④ 翻领式成型器:由外表面为翻领状而内表面为圆形或方形的工作曲面组成,用于平张搭接纵封,三面封口扁平袋成型。运动阻力较大,膜材易拉伸变形,对复合膜适应性较好。设计、制造较复杂,不能适应袋形规格变化。广泛用于立式包装机及大计量袋的成型,成型器设计制造及调试都较复杂,规格上无通用性。⑤ 象鼻成型器:兼备翻领式和三角成型器的工作特点,是U形成型器的改进型,用于平张单膜对接纵封,三面封口扁平袋。其运行阻力小,充填距离短,对材料适应性强,设计、制造较易,但不能适应袋形规格变化,相同袋形规格的结构尺寸较翻领式成型器大,多用于立式包装机。

**2. 封口装置**　各种制袋包装机构在工作过程中,都要用到封口装置。对药品薄膜类包装袋,一般采用加热封口形式即热熔封口,以热熔连接方式完成薄膜材料的制袋封口和包装封口工作,按封口方式可分为纵封和横封。

以纵封器为例,其往往与制袋装置组合在一起,包装机、袋型和制袋方式、加热方式和加热器形状不同,封口装置也有多种形式,有连续式或间歇式、辊式或板式等。如图 26-4 所示,辊式纵封器主要由一对相对旋转的纵封辊组成,两辊在齿轮带动下相对旋转,进行封口,同时将包装袋向下牵引,完成纵边封合。辊间的间隙及压力可调,纵封辊的牵引袋速可调,滚筒内有加热电热丝,热封温度在 130 ℃左右,滚筒一般用铜、不锈钢材质,纵封辊的热封表面有直形、斜形或网形花纹。

**3. 切断装置**(图 26-5)　在制袋包装机完成制袋充填封口后,还要按规定位置将成品袋逐个分割切断,输送出去。根据具体工作条件和要求,袋的材质和厚度、袋的牵引方式、切口形状等可选择热切和冷切两种方法。① 热切:将薄膜材料局部加热熔化,通过热切元件向熔融部位加压而使其分离,热切元件一般为电热刀或电热丝。热切常与横封配合使用,即同时完成横封和热切工序。例如,高频式电热切刀即是具有刃口的电极,适于间歇性热切;脉冲式电热元件即是直径为 1~2 mm 的圆形电热丝,根据需要可做间歇性或连续性通电切割。② 冷切:其工具常采用滚刀、铡刀、锯齿刀等。适用于低速而又少切屑的场合。滚刀和定刀形状相同,但安装方向相反,滚刀刀刃与偏上的定刀刀刃成 1°~2° 倾角。当滚刀沿料袋前进方向做等速回转时,两刀刃则沿刃口长度方向逐渐相遇,但两刀口并不接触,留有微隙,以确保滚刀回转。无袋时两刃口不会相撞,有袋时能顺利剪切。实际切割过程含有刃口对薄膜材料的滚切和撕裂两种作用,因此要求滚刀的速度要略大于料袋下降的速度。

视频:
智能化药品
外包装

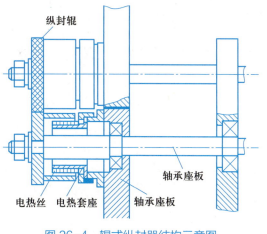

图 26-4　辊式纵封器结构示意图

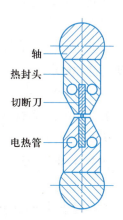

图 26-5　横封与切断装置结构示意图

## 任务实施

#### ▶▶▶ 立式制袋包装机操作

以下内容以 L-320 型立式颗粒包装机为例。

#### 1. 开机前准备

(1) 检查设备的使用记录,了解设备的运行情况,确认设备能正常运行。

(2) 检查设备的清洁情况,并进行必要的清洁。

(3) 检查设备的润滑情况,按要求对设备各传动部件进行润滑。

(4) 检查各部零件连接是否完好,有无松动。

(5) 将包装材料按照整齐的穿膜方式安装到位,根据所用的包装材料,在温控仪上设定热封温度。

(6) 设定袋长:通过操作面板上的袋长设定开关,直接设定包装袋长度值,启动机器运转,并观察袋长检测值是否与包装要求相符,若有差异可调整设定值,使之达到要求。

(7) 通过调节横封热封器上的调整螺栓调整横封压力,以达到包装效果。

(8) 调整成型器,按正确的方式调整成型器,达到成型效果。

(9) 确定切刀位置:将膜材装好后通过成型器装入拉滚轮中一直拉到输送袋附近,将包装色标对准热封器横封中间位置,一般情况为距横封 1~2 袋(整数位置),将切刀紧固,并启动裁切,直至能顺利裁开为止。

#### 2. 开机操作

(1) 在上述调整完成后,启动开关。

(2) 使机器运转并连续切出几个合格的空袋后,开始充料运行,即将药物倒入药仓内。

(3) 扳动"填充"离合器手柄开始充料,充料 5~6 袋后进行称量,根据称量结果进行调整,使之符合要求,即可正常运转。

#### 3. 停机操作

(1) 扳动"填充"离合器手柄停止供料。

(2) 按下停机按钮,主机停止运行。

(3) 按要求准确、认真填写设备使用记录,工作中注意保持设备的清洁和环境卫生。

(4) 工作完毕,切断总电源。

#### 4. 操作注意事项

(1) 立式颗粒包装机在作业时,禁止把手或工具放置在封刀座内,不要用手接触横

封和纵封封辊,以免烫伤。

(2) 机器在正常工作中,禁止频繁切换操作按钮,禁止频繁更改参数设置值。

(3) 包装过程中不得混入异物,不然可能引起出料口堵料或损坏机件。

(4) 立式颗粒包装机的贮料活塞及出料筒下端的密封圈如有磨损需及时替换。

(5) 停机时应使两热封辊处于张开的位置,以防烫坏包装材料。

### 5. 设备维护与保养

(1) 停机后应清洁计量装置部位。例如包装的是颗粒冲剂、酸性药品等,必须要清洁下料盘和转盘,使其不受侵蚀。

(2) 关于热封部分,应该常常清洁,以保证封口的纹理清晰,注意温度降低再清洁,避免烫伤。

(3) 光电眼、红外线光电保护器需要定期维护,及时调整。

(4) 料盘上散落的物料需及时清理,保持机件干净。

(5) 定期清扫电控箱内的粉尘,以防接触不良,定期检查包装机各部位螺钉,以免有松动迹象,定期留意电气部分的防水、防潮、防腐,电控箱内及接线端定期清理,以防电气故障。

 ## 知识总结

1. 药品制袋包装多采用多功能充填包装机,其经常用于粉剂及颗粒剂的包装,包装材料多为复合材料。

2. 制袋包装机包装工序为:制袋→计量与充填→封口→切断→检测、计数。

3. 制袋包装机按工艺结构可分为立式和卧式,立式包装机在药品包装中应用广泛。制袋包装中横封机构与纵封机构是影响制袋机效率的两大主要机构。

4. 在操作制袋包装机时不要用手接触横封辊和纵封辊,防止烫伤。

5. 机械发生故障时,要先停机再进行维修操作,防止切伤。

 ## 在线测试

请扫描二维码完成在线测试。

在线测试:
制袋包装

# 任务 26.2　泡　罩　包　装

PPT:
泡罩包装

授课视频:
泡罩包装

 **任务描述**

　　泡罩包装因所用材料多为塑膜和铝箔,故又称为铝塑泡罩包装。泡罩包装是固体制剂的一种典型包装形式,具有重量轻、携带方便、密封性好、药品不互混、服用不浪费等优点,已成为固体制剂包装的主流。本任务主要学习泡罩包装设备的分类、工作原理,遵行泡罩包装设备 SOP,完成滚板式泡罩包装机的正常操作,领会操作注意事项,并学会泡罩包装设备维护与保养。

## 📁　知识准备

### 一、基础知识

　　药品的泡罩包装又称水泡眼包装,简称为 PTP(press through packaging),是药品包装的主要形式之一,适用于片剂、胶囊剂、栓剂、丸剂等固体制剂药品的机械化包装。

　　药品泡罩包装的覆盖材料为铝箔,成泡基材现行通用的为药用 PVC(聚氯乙烯)硬片,也有少量使用 PVDC(聚偏二氯乙烯)复合片、PET(聚酯)、PE(聚乙烯)和 PP(聚丙烯)等材料。由于药品采用 PTP,药品清晰可见,铝箔表面可以印上设计独特、容易辨认的图案,商标说明文字等,同时铝箔体轻,阻隔性能好,有一定的保护作用,取药方便,便于携带,而 PVC 亦有一定阻隔性能,故此包装形式在医药领域得到广泛应用。

　　泡罩包装机包装的特点为:① 保护性好,由于泡罩包装密封性好,所以能防水、防潮、防尘、防锈,延长保质期。② 透明直观,通过透明的泡罩很容易看到商品的形状、大小,衬底可以印刷商品编码、名称、规格件号及条形码等基本信息,便于包装内药品识别和数目清点,避免收发差错。③ 使用方便,泡罩包装开启容易,使用方便,使用单件药品时不影响其他药品的密封性和保护性。④ 重量轻,泡罩包装重量较轻,加之泡罩有一定弹性,因而具有一定缓冲性能,装箱时不需另加缓冲材料,既节省了贮存空间,又降低了包装的成本。

　　药品泡罩包装机是将塑料硬片加热、成型,药品充填,与铝箔热封合、打字(批号)、压断裂线、冲裁和输送等多种功能在同一台机器上完成的高效率包装机械。铝塑泡罩包装机的结构主要包括机架、预热成型装置、气动装置、上料充填装置、PVC 与铝膜放

卷装置及检测装置、热封装置、输送机、冲裁成型等机械装置。目前常用的药品泡罩包装机有三种形式：滚筒式泡罩包装机、平板式泡罩包装机和滚板式泡罩包装机。

## 二、常用设备

**1. 滚筒式泡罩包装机**　成型膜经加热装置加热软化，在滚筒式成型模辊上用真空负压吸出泡罩，充填装置将药品充填入泡罩内，然后经滚筒式热封合装置，在合适的温度及压力下将单面涂有黏合剂的覆盖铝膜封合在带泡罩材料表面，并将药品密封在泡罩内。再经打字、压印装置打印上批号及压出折断线，最后用冲裁装置冲裁成一定尺寸的产品板块。

滚筒式泡罩包装机的特点：① 真空吸塑成型，连续包装，生产效率高，适合大批量包装作业；② 瞬间封合，线接触，消耗动力小，传导到药片上的热量少，封合效果好；③ 真空吸塑成型难以控制壁厚，泡罩壁厚不匀，不适合深泡窝成型；④ 适合片剂、胶囊剂、胶丸等剂型的包装；⑤ 具有结构简单、操作维修方便等优点。

**2. 平板式泡罩包装机**　成型膜经平板式加热装置加热软化，在平板式成型装置中利用压缩空气将软化的薄膜吹塑成泡罩，充填装置将药品充填入泡罩内，然后送至平板式封合装置，在合适的温度及压力下将覆盖膜与成型膜封合，再经打字、压印装置打印上批号及压出折断线，最后用冲裁装置冲裁成规定尺寸的产品板块（图 26-6）。

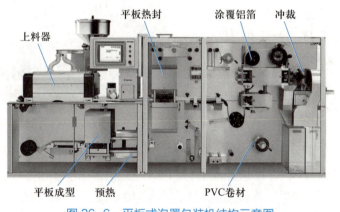

图 26-6　平板式泡罩包装机结构示意图

视频：
平板式泡罩
包装

平板式泡罩包装机的特点：① 热封时上、下模具平面接触，为了保证封合质量，要有足够的温度和压力及封合时间，不宜实现高速运转；② 热封合消耗功率较大，封合牢固程度不如滚筒式封合效果好，适用于中小批量药品包装和特殊形状物品包装；③ 泡窝折伸比大，泡窝深度可达 35 mm，满足粒径较大药品的需求。

**3. 滚板式泡罩包装机**　滚板式泡罩包装机是在滚筒式与平板式泡罩包装机的基础上研发出来的，即采用平板式成型装置吹塑成型（正压成型），滚筒式封合装置封合，它的工作原理与上述两种机械基本相同，其不同之处在于滚板式泡罩包装机泡罩成型模具为平板形，热封合模具为圆筒形（图 26-7）。

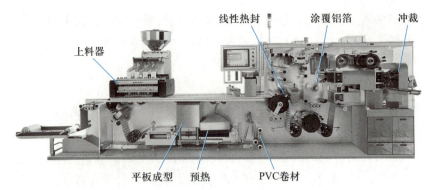

线性热封　　涂覆铝箔　　冲裁

上料器

平板成型　　预热　　PVC卷材

图 26-7　滚板式泡罩包装机结构示意图

　　滚板式泡罩包装机的特点:① 结合了滚筒式和平板式泡罩包装机的优点,克服了两种机型的不足;② 采用平板式成型模具,压缩空气成型,泡罩的壁厚均匀、坚固,适合于各种药品包装;③ 滚筒式连续封合,PVC 片与铝箔在封合处为线接触,封合效果好;④ 高速打字、压痕,无横边废料冲裁,节省包装材料,泡罩质量好。

　　(1) 放卷机构(图 26-8):由电机带动运转,压辊紧压在放卷辊上,因夹持步进的作用使卷材逐渐减少,从而将摆杆抬起,凸轮组件也相应旋转一个角度,调整两个凸轮的交错位置,可延长或减少点击的运转时间,左右移动配重块,使摆杆右端重量略大于配重块的重量。

　　(2) 加热成型机构(图 26-9):成型模具上的孔窝依据所包装药品设计,孔窝底部有排气孔,模具上装有退料钉,使成型

图 26-8　放卷机构

后的 PVC 与模具脱开,模具上层为吹气孔道;下层为冷却水道;吹模底面导位键定位,可做调整;安装成型模时,模具右侧面应与吹模右侧面对齐,且成型模与加热板要平行,分别调节平衡压力调压阀和成型压力调压阀,使平衡满足压力位。

图 26-9　加热成型机构

(3) 加料器(图 26-10)：主要由料仓、料槽、盘刷、滚刷及直流电机等组成,料仓用于贮存药品。开启闸板,药品自行进入料槽,然后借助三只绕垂直轴转动的盘刷将药品刷入已成型的泡罩内,三只盘刷转动,以提高加料器的充填率,滚刷绕水平轴按顺时针方向转动,置于加料器的出口,将薄膜上未能进入泡罩的药品刷入泡罩或刷回加料器。

图 26-10　加料器

图 26-11　热封机构

(4) **热封机构**(图 26-11)：热压辊内装有多个并联的加热管,设定温度为 260~280℃,封合压力为 0.4~0.45 Mpa,热压辊安装于支架上,支架轴穿在支撑轴的轴套内,支撑轴的另一端安装摆臂与气缸连接；当气缸活塞杆伸出时,热压辊落下,压在主动辊上,压力的大小可通过调节热压辊的调压阀来实现；调节气缸上的单向节流阀,使热压辊落下时不与主动辊产生冲撞,调节支架上的调节螺栓,使热压辊与主动辊接触处为一条直线；主动辊上有孔窝,PVC 上的泡罩与孔窝相吻合,主动辊转动时靠泡罩拉动 PVC 前进。

(5) **步进机构**(图 26-12)：该机构由间歇运动机构和步进滚筒组成。采用槽轮将传动机构的连续运动转换为间歇运动,步进滚筒体表面有泡槽,泡槽与塑料泡带结合借以牵引泡带。步进滚筒与冲模运动必须严格协调,步进滚筒必须在冲模回程步进,当运动不协调时,首先松开间歇运动机构的齿轮支板,摆动齿轮支板,使齿轮脱离啮合状态,然后调节进给时间。

(6) **冲裁机构**(图 26-13)：主要由凸模、明模、横切刀、刀模板、倒料板等组成,驱动轴往复一次冲裁一次板块,同时将废料边切碎；冲裁一般为无横边冲裁,板块的下角 $R$ 值略大些,避免板块下角出现尖角。

图 26-12　步进机构

图 26-13　冲裁机构

视频：
铝铝泡罩
包装

## 任务实施

#### ▶▶▶ 泡罩包装机操作

以下内容以 DPH-260 滚板式泡罩包装机为例。

##### 1. 开机前准备

（1）查看设备的使用记录，了解设备的运行情况，确认设备能正常运行。

（2）在机器正面检查模具、上下加热板、热封辊与主动辊间、冲裁口有无异物。在机器背面检查链条、齿轮有无松动，机器是否处在开机位。

（3）在夹持、上下模具、上下加热板、冲裁轴承上加少许润滑油。

（4）打开气阀，检查气压是否达到所需压力，气缸截止阀、调压阀、换向阀、气管是否漏气。

（5）打开进出水阀，检查水流是否畅通，有无漏水。

（6）在机身上挂好"正在运行"的状态标志。

##### 2. 开机操作

（1）打开电源开关，点击操作屏幕进入操作界面，按下"板加热"和"热封加热"，检查屏幕上是否显示温度在上升。等待板温度加热到 140~160 ℃，热封辊加热到 200~240 ℃。

（2）温度达到要求时，按下手动右牵引，按下启动键，空机运行试机，检查模具、加热板、动夹持、主动辊、步进辊、冲裁口动作是否灵活，检查后按下"停止"。

（3）按下手动右牵引，按"点动"约 1.5 s 使上下模具分到 1~2 cm 时松开"点动"，按"夹具"，然后装上 PVC 至静夹持处，关"夹具"，按"启动"吹 PVC 泡，吹至 1.7 m 时，按"停止"。将吹好泡的 PVC 穿过导料槽，从上料机底部穿过，穿至主动辊上再到冲裁口处，多余的 PVC 泡用剪刀剪去。

（4）按手动右牵引，按"启动"，看冲裁出的板材上下间距是否达标，不达标按"松轴"调步进辊至达标为止。

（5）将 PTP 装好拉至主动辊与热封辊间，按下手动右牵引、"热封离合""启动"，做出相应调整，待机器泡罩正常后按"停止"。

（6）复核药品质量，检查药品有无异物，是否达到泡罩标准。

（7）放下上料机构，在料斗内装入药片，按下"充填"、手动右牵引、"启动"，机器进入正常工作。

（8）停机后，换上"停机"状态标志，关气阀，5~15 min 后关进出水阀。

##### 3. 操作注意事项

（1）严禁在机器工作超频时启动，板材冲裁时，冲裁次数不超过 56 次/min。

（2）每次按"启动""点动"时都要按手动右牵引，防止动夹持不在开机位上而

打滑。

（3）穿 PVC 点动松开上下模具时，按"点动"的时间不能过长，松开 1~2 cm 即可，防止开到最大限度损坏机器。

（4）严禁在启动或运行中加注润滑油。

（5）运行中下料的频率可通过振动频率来调节，运行中禁止在冲裁口、热封辊和主动辊间、模具处、批号打印处清理废料。

（6）不得有任何硬物掉入上下加热板、上下模具、主动辊与热封辊间、冲裁口处。

（7）穿 PVC 时要尽量防止 PVC 接触到热封辊，若接触会烫坏 PVC，若热封辊上粘到 PVC，可在运行时用铜刷刷干净。换 PVC 后要用铜刷刷干净热封辊。

（8）在模具、加热板、热封辊、夹持、字夹未确认安装稳固前不得启动设备。

### 4. 设备维护与保养

（1）每次开机前，必须检查油位，如油位未达标，在有关部位加注润滑油。

（2）每周检查链条张紧情况，并注油。

（3）每周检查各传动部位的轴承磨损情况，如磨损严重应及时更换，并加注适量润滑脂。

（4）每月清洗油水分离器，并注油。

（5）生产完毕后填写设备使用工作日志。

## 知识总结

1. 泡罩包装所用材质主要为 PVC 和铝箔。

2. 泡罩包装机可分为三大类：滚筒式泡罩包装机、平板式泡罩包装机、滚板式泡罩包装机。

3. 滚板式泡罩包装机综合了滚筒式泡罩包装机和平板式泡罩包装机的优点，克服了两种机型的不足。

4. 滚板式泡罩包装机采用平板式压缩空气成型，滚筒式连续线性封合。

5. 设备工作时，各冷却部位不可断水，保持水路通畅，做到开机前先供水，然后再对加热部分进行加热。

6. 加热辊面要保持清洁，清除污物应用细铜丝刷进行清理。

## 在线测试

请扫描二维码完成在线测试。

在线测试：
泡罩包装

# 任务 26.3　药用瓶包装

PPT：
药用瓶包装

授课视频：
药用瓶包装

 **任务描述**

　　药用瓶包装(简称瓶包装)因其适合固体、液体、气体多种物态,且是片剂、胶囊、丸剂等常用剂型的药品包装,包装质量、密封效果较好,所以在制剂生产中应用很广,规格、形状多种多样。本任务主要学习瓶包装设备的分类、工作原理,遵行瓶包装设备 SOP,完成瓶包装设备的正常操作,领会操作注意事项,并学会瓶包装设备维护与保养。

## 📁 知识准备

### 一、基础知识

　　目前药品包装主要有三种形式:制袋包装、泡罩包装、瓶包装。制袋包装适合颗粒剂、散剂和软膏剂等剂型;泡罩包装适合片剂、胶囊剂、丸剂等剂型;瓶包装适合固体(片剂、胶囊剂、丸剂等)、液体(混悬剂、乳剂、大容量注射剂等)和气体剂型。瓶包装因其包装质量、密封效果均好,有利于药品的稳定。瓶包装可以实现机械化生产,生产成本低,有利于药品营销,因此被广泛采用。

　　瓶包装按照材质可以分为药用塑料瓶、玻璃瓶、金属瓶等。其中,药用塑料瓶质量轻、不易碎、易清洁、美观、耐腐蚀、耐水蒸气渗透、密封优良,完全可以对所装药物起到安全屏蔽保护作用,因此深受制药企业青睐。药瓶盖体在保证药品质量安全方面发挥重要作用,药瓶塑料盖大多以 PE、PP 为主要原料。目前使用较多的一种塑料盖为防盗保险盖,它是在普通螺纹盖的基础上,在盖底周边增加一圈裙边,并以多点连接,当扭转瓶盖时波形翻边棘齿紧扣于瓶口下端的箍轮上。反旋瓶盖时,裙边锁圈脱落。瓶装药物首次启用前先检查盖锁圈是否完好,可以判别塑料瓶是否曾被打开,药物是否被盗用。开启保险盖使裙边顺利脱落的转矩力必须是轻微和适度的。还有一种为完全组合盖,又称儿童阻开盖。其内盖常用 PP 材料做成半透明螺纹盖,外层盖以 PE 材料做成。内、外层盖的组合结构有多种,如有的外盖盖顶内有多块"塑料弹簧",盖面上有开启方法的示意图,有的在示意图上还印上醒目的红色。安全组合盖使用时必须先要用力掀压,然后反旋打开,达到防止儿童开启误服药物的目的。有的塑料盖事先加铝箔、纸板组成复合内盖。铝箔、纸板由胶黏剂黏结为一体,铝箔表面根据瓶体材质不同而涂上与瓶体同质涂层(PE、PP 或 PET 等)。在药品灌装后拧盖,通过电磁感应局部加热,使铝箔密封于瓶口,达到保护药品的目的。

## 二、常用设备

药品瓶包装线是以粒计数的药品由装瓶机械完成内包装过程的成套设备,主要包括理瓶机、料桶与转盘机构、钩瓶出瓶机构数粒计数机构、输瓶和装瓶机构、塞纸机构及旋盖机构等装置。

1. 理瓶机　将空瓶置入贮瓶桶,利用送瓶输送带将药瓶送入离心式转盘,筛选机构将药瓶整列后,排成一直线,陆续送往转向导引机构,将不同方向的药瓶利用选向钩进行药瓶方向选向,经过压瓶滚轮,使药瓶呈现同一角度并整齐地朝前行进,以利出瓶导引输送带将药瓶带出送至生产线(图 26-14)。

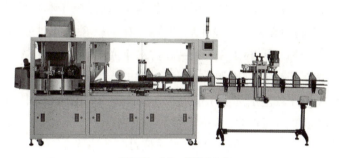

图 26-14　理瓶机

视频:
理瓶机

2. 料桶与转盘机构　如图 26-15 所示,料桶是一个圆柱形的无底薄壁桶,底部装下转盘和上转盘,下转盘表面水平,上转盘呈中间高、两侧低的锥形,由桶壁、下转盘、上转盘共同形成一个与产品相匹配的环形通道,转盘旋转时,由于中间高、两侧低,产品从中间向两侧滚进环形通道,沿桶壁导出。在料桶壁中部偏下的部位装有一个电眼,用以控制桶内药瓶的贮量,其高低可调。转盘由一台交流变频调速电机独立驱动,它们安装在转盘下面的底板上,速度可调。

3. 钩瓶出瓶机构　如图 26-16 所示,药瓶呈卧态从理瓶带输出,途中反瓶会由钩瓶机构调整换向,使药瓶以统一的方向往前输送。而在末端底部碰到立瓶块停止,此时药瓶上部在出瓶输送带的带动下继续向前运动,这样就形成了一个翻转动作,使药瓶直立起来,实现扶正功能。出瓶机构也是由一台电机单独驱动,其速度与其后的输送带的速度应匹配。

图 26-15　料桶

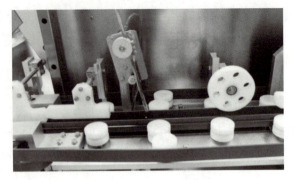

图 26-16　钩瓶出瓶机构

**4. 数粒计数机构**　工作时把药粒倒入顶部料斗,通过适当调整初级、中级和末级振动送料器,使料斗内的药粒逐渐沿着振动槽板,变成连续不断的条状直线下滑至落料口,接着逐粒落入检测通道,采用光电效应的原理,将药粒下落时通过红外线动态扫描传感器所产生的工作信号输入高速可编程控制器,通过电子和机械的配合实现计数功能。每12个轨道的药粒落入一个下料口,两个振动下料口同时分别装瓶,将设定数量药粒全部灌装入药瓶(图 26-17、图 26-18)。对于光电计数装置,根据光电系统的精度要求,只要药粒尺寸足够大(比如>8 mm),反射的光通量足以启动信号,转换器就可以工作。这种装置的计数范围远大于模板式计数装置,在预先设定中,根据瓶装要求任意设定,不需更换机器零件即可完成不同量的调整。

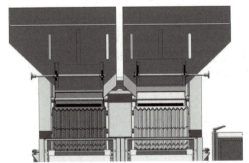

图 26-17　数粒计数机构结构示意图

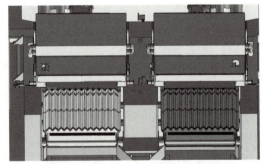

图 26-18　数粒计数机构局部结构示意图

**5. 旋盖机构**　已经装入物料的瓶体排成一列通过输送带,把瓶体分成单体后准确地送入进瓶星轮,同时瓶盖由提升机从瓶盖料桶提升到理盖机构,自动把瓶盖按盖正反向理出,送入瓶盖滑道进入输盖星轮,通过主机凸轮机构各个旋盖轴的旋盖头抓盖,并戴到瓶口上进入主星轮进行旋盖,旋入瓶盖扭矩的大小可以通过调整磁力片的间隙的大小,来达到所需要求。旋好盖的瓶体通过出瓶星轮再输送到输送带上。经剔除机构检测无误后由输送带输送到下一工位(图 26-19、图 26-20)。

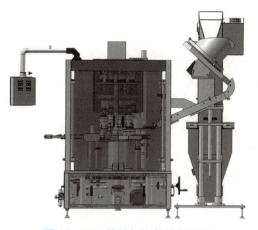

图 26-19 旋盖机构整体装置图

图 26-20 旋盖机构旋盖装置图

视频：
旋盖机构

旋盖开始前,两片夹头上下错开,这时并不旋转→旋盖头接近进盖工位时,升降块控制抓盖夹头迅速下降,与取盖夹头一起完成抓盖动作,与此同时,定位凸轮解脱挡块,摩擦离合器重新转动,经升降袖使两片夹头一起旋转→抓紧盖子的两片夹头在定位凸轮和升降块的控制下,一边旋转一边逐步下降,完成旋盖动作,旋转不到两圈即可旋紧→待螺旋到底时,若夹头仍向下旋转,则摩擦离合器因阻力过大而打滑,避免拧坏瓶盖和药瓶→挡块下降重新顶住定位凸轮,两夹头停转→抓盖夹头和取盖夹头分别在升降块和定位凸轮的控制下先后上升,脱离瓶盖恢复至原始位置。

6. 贴签机 药瓶由进瓶转盘经输瓶轨道进入工作转盘的凹槽→随转盘转至揭标位置,不干胶标签随标签卷料被拉至揭标处(送标)→经突然转向后与卷料分离(取标)→离开卷料的标签粘贴于药瓶上(贴签)→在压滚筒的作用下标签被舒展平整(整平)→贴好签的药瓶继续随转盘转动而被送至出瓶处(图 26-21)。

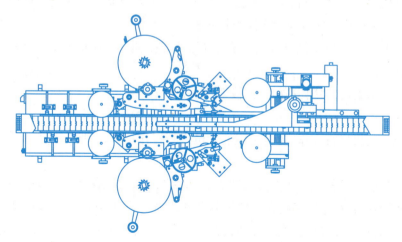

视频：
贴签机

图 26-21 贴签机结构示意图

## 任务实施

#### ▶▶▶ 瓶包装设备操作

以下内容以 LP-100 理瓶机为例。

##### 1. 开机前准备

(1) 查看设备的使用记录,了解设备的运行情况,确认设备能正常运行。

(2) 检查电源供给是否为指定额定电压、额定电流的三相五线制电源。

(3) 检查主要电源是否接到机器上。

(4) 检查设备是否良好接地。

(5) 检查是否有无关的碎物留在电控箱内,电控箱内各接线插座是否插接良好。

(6) 检查位于出、入口端部的紧急制动开关是否弹起。

(7) 检查各转动轴轴承的润滑情况。

(8) 检查传动装置齿轮是否牢固,紧固螺钉是否已全部拧紧。

(9) 机器开动前先检查理瓶机清洁状况,清理理瓶盘及底板。

(10) 检查理瓶盘、出瓶接板是否与所用药瓶规格相符。

(11) 根据瓶高调整拨瓶装置的位置。

##### 2. 开机操作

(1) 按下触摸屏上启动键,机器进行试运行,检查理瓶机运行是否正常,有无异常声响。

(2) 一切正常后关机,将药瓶倒入理瓶仓内,然后进行正常运转。

(3) 开机时先低速运行,然后根据所需的生产能力调节提升速度和理瓶速度直到正常速度为止,使理瓶速度与生产能力相匹配。

(4) 机器运行时要定期观察是否有卡瓶等现象发生,如有发生要立即停机排除故障再开机运行。

(5) 理瓶结束后,关闭电源开关,拔下插头,清洁设备。

##### 3. 操作注意事项

(1) 定人定机进行操作,要有专门的人员进行操作培训,其他人员不允许随便对设备进行操控。

(2) 人员操作设备时要严格按照设备 SOP 操作,不可违章操作。

(3) 机器在自动、手动运行时注意机器可动范围区域内不应有任何障碍物。

(4) 控制盘、操作盘的门在打开的状态下不能对电源、开关、控制盘进行操作。

(5) 机器在检查或者发生异常时要立即切断电源。

(6) 在操作面板上有紧急停止按钮,在紧急情况下使用,按下按钮,所有的机器驱动器都会立即停止,只有在紧急情况下才可以使用此按钮,在正常生产过程中停机时

不能使用此按钮。

（7）停电时，由于机器有惯性，可能还会继续运行一段时间才停止，所以作业人员应当在机器完全停止后再工作。

### 4. 设备维护与保养

（1）通过擦拭、清扫、润滑、调整等对设备进行护理，以维持和保护设备的性能和技术状态。

（2）设备要保持清洁、整齐、润滑良好、安全，做到日常维护、定期维护、定期检查。

（3）设备的三级保养：日常保养、一级保养、二级保养。

（4）日常保养：设备的日常保养由操作者负责，班前班后由操作人员认真检查。擦拭设备各处或注油保养，设备经常保持润滑、清洁。班中设备发生故障，要及时排除，并认真做好交接班记录。

（5）一级保养：对设备进行局部拆卸、检查、清洗；疏通油路，更换不合格密封件；调整设备各部件配合间隙，紧固设备各个部位。

（6）二级保养：擦洗设备、调整精度，拆检、更换和修复少量易损件，清洗润滑系统，换油，检查修理电气控制系统，并进行调整紧固。

 ## 知识总结

1. 瓶包装按照材质可以分为药用塑料瓶、玻璃瓶、金属瓶等。

2. 瓶包装生产线主要包括理瓶机、料桶与转盘机构、钩瓶出瓶机构、数粒计数机构、输瓶和装瓶机构、塞纸机构及旋盖机构等装置。

3. 理正的药瓶通过送瓶轨道传送到数粒计数机构，进行灌装。

4. 数粒计数机构采用光电效应的原理，将药粒下落时通过红外线动态扫描传感器所产生的工作信号输入控制器，通过电子和机械的配合实现计数功能。

5. 瓶盖开启力矩应符合相关标准的规定。

 ## 在线测试

请扫描二维码完成在线测试。

在线测试：
药用瓶包装

# 参考文献

［1］林凤云,李芳,祁秀玲.药剂学［M］.北京:高等教育出版社,2020.

［2］国家药典委员会.中华人民共和国药典:2020年版［M］.北京:中国医药科技出版社,2020.

［3］杨宗发,庞心宇,蒋猛.常用制药设备使用与维护［M］.北京:高等教育出版社,2021.

［4］杨宗发,董天梅.药物制剂设备［M］.3版.北京:中国医药科技出版社,2021.

［5］丁立,郭幼红.药物制剂技术［M］.北京:高等教育出版社,2020.

［6］国家中医药管理局职业技能鉴定指导中心.药物制剂工［M］.北京:中国医药科技出版社,2019.

［7］何小荣,顾勤兰.药品GMP车间实训教程:上册［M］.北京:中国医药科技出版社,2016.

［8］黄家利.药品GMP车间实训教程:下册［M］.北京:中国医药科技出版社,2016.

责任编辑: 吴静

高等教育出版社　高等职业教育出版事业部　综合分社
地　　　址:北京市朝阳区惠新东街4号富盛大厦1座19层
邮　　　编:100029
联系电话:(010)58556233
E-mail: wujing@hep.com.cn
QQ: 147236495
高教社高职医药卫生教师QQ群:191320409　　　　　　　（申请配套教学课件请联系责任编辑）